Grit Kalies
Vom Energieinhalt ruhender Körper

Weitere empfehlenswerte Titel

Quantenmechanik
Band 1
Claude Cohen-Tannoudji, Bernard Diu, Franck Laloë, 2019
ISBN 978-3-11-062600-1, e-ISBN (PDF) 978-3-11-063873-8,
e-ISBN (EPUB) 978-3-11-063930-8

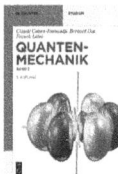

Quantenmechanik
Band 2
Claude Cohen-Tannoudji, Bernard Diu, Franck Laloë, 2019
ISBN 978-3-11-062609-4, e-ISBN (PDF) 978-3-11-063876-9,
e-ISBN (EPUB) 978-3-11-063933-9

Quantenmechanik
Band 3
Claude Cohen-Tannoudji, Bernard Diu, Franck Laloë, 2020
ISBN 978-3-11-062609-4, e-ISBN (PDF) 978-3-11-064913-0,
e-ISBN (EPUB) 978-3-11-064921-5

Quantenelektrodynamik kompakt
Karl Schilcher, 2019
ISBN 978-3-11-048858-6, e-ISBN: 978-3-11-048859-3
e-ISBN (EPUB) 978-3-11-048860-9

Moderne Thermodynamik
Band 1: Physikalische Systeme und ihre Beschreibung
Christoph Strunk, 2018
ISBN 978-3-11-056018-3, e-ISBN (PDF) 978-3-11-056022-0,
e-ISBN (EPUB) 978-3-11-056034-3

Moderne Thermodynamik
Band 2: Quantenstatistik aus experimenteller Sicht
Christoph Strunk, 2018
ISBN 978-3-11-056050-3, e-ISBN (PDF) 978-3-11-056032-9,
e-ISBN (EPUB) 978-3-11-056035-0

Grit Kalies

Vom Energieinhalt ruhender Körper

Ein thermodynamisches Konzept von Materie und Zeit

DE GRUYTER

Autorin
Prof. Dr. Grit Kalies
Hochschule für Technik und Wirtschaft (HTW) Dresden
Friedrich-List-Platz 1
01069 Dresden
grit.kalies@htw-dresden.de

ISBN 978-3-11-065556-8
e-ISBN (PDF) 978-3-11-065696-1
e-ISBN (EPUB) 978-3-11-065570-4

Library of Congress Control Number: 2019938363

Bibliografische Information der Deutschen Nationalbibliothek
Die Deutsche Nationalbibliothek verzeichnet diese Publikation in der Deutschen
Nationalbiografie; detaillierte bibliografische Daten sind im Internet über
http://dnb.dnb.de abrufbar.

© 2019 Walter de Gruyter GmbH, Berlin/Boston
Satz: Integra Software Services Pvt. Ltd.
Druck und Bindung: CPI books GmbH Leck
Einbandabbildung: Vijay kumar/DigitalVision Vectors/getty images

www.degruyter.com

Für Leopold Strohner

Vorbemerkung

Dieses Buch entstand in den Jahren 2010 bis 2019. Es wagt, einige Grundüberzeugungen der modernen theoretischen Physik anzutasten, zum Beispiel die vollkommene Masse-Energie-Äquivalenz, die Relativität von Zeit und Raum, die Zeitdilatation, die flexible Raumzeit, die Reversibilität von Quantenprozessen und die Urknallhypothese.

Hierbei kommt der Neubewertung und Weiterentwicklung der Thermodynamik ein besonderes Gewicht zu. Die Verfasserin hofft, mit dieser Arbeit einen Diskussionsprozess anregen zu können, dessen letzte Ergebnisse freilich noch nicht abzusehen sind.

Leipzig, den 12. August 2019

https://doi.org/10.1515/9783110656961-201

Danksagung

Mein Dank gilt meinen Kolleginnen und Kollegen Prof. Dr. Peter Bräuer († 2016), Dr.-Ing. Mandy Klauck, Prof. Dr.-Ing. Iris Römhild, M. Sc. Thomas Hähnel, M. Sc. Alexander von Wedelstedt, Dr. Matthias Hauser, Dr. Christian Reichenbach, Dr. Karin Kirmse, Dr. Dirk Tuma, Prof. Dr. Ulf Messow, Prof. Dr. Rajamani Krishna, Prof. Dr. Duong D. Do und Prof. Dr. Bogdan Kuchta.

Für die Erstlektüre des Manuskripts und hilfreiche Kommentare danke ich Prof. Dr. Konrad Quitzsch, Prof. Dr.-Ing. Gunther Göbel, Dr. Heiko Kalies, Prof. Dr. Jürgen Schmelzer, Prof. Dr. Jörg Kärger, Prof. Dr. Rhena Krawietz und Prof. Dr. Gero Vogl.

Dem Verlag De Gruyter, vor allem Dr. Leo Bonato (Editor Physics) und Dr. Vivien Schubert (Content Editor), danke ich für die gute Zusammenarbeit. Herzlich bedanke ich mich bei Sabine Franke für ihr unverzichtbares Lektorat.

Mein ganz besonderer Dank gilt meiner Mutter Regina Strohner, meinem Ehemann Heiko Kalies, meinen Söhnen Konrad Kalies und Johann Kalies sowie meiner Freundin Eva Kalies für ihre Geduld, Nachsicht und ihren Zuspruch.

Das Buch widme ich meinem am 8. Oktober 2016 verstorbenen Vater Leopold Strohner.

https://doi.org/10.1515/9783110656961-202

Inhalt

1 Einleitung

Ein Grundanliegen der Physik, die historisch aus der Naturphilosophie hervorge-gangen ist, ist die Beschreibung des Verhaltens von Materie[1] und Licht[2] in Zeit und Raum. Da Materie und Licht als Träger von Energie fungieren, lässt sich die Physik in ihren Teilgebieten wie Mechanik, Quantenphysik, Elektrodynamik, Thermodyna-mik oder Relativitätstheorie als eine Lehre von der Energie und ihren Wirkungen verstehen.

Der Begriff der *Energie* ist heute allgegenwärtig. Wir unterscheiden verschie-dene Formen und sind dazu in der Lage, die Energie in gewisse Anteile zu zerlegen. Dennoch gibt es bisher keine physikalisch allgemeingültige Definition von Energie, und es gilt weiter, was der amerikanische Physiker und Nobelpreisträger Richard Feynman in seinen „Vorlesungen über Physik" einmal so treffend gesagt hat:

> Es ist wichtig, einzusehen, dass wir in der heutigen Physik nicht wissen, was Energie *ist*. Wir haben kein Bild davon, daß Energie in kleinen Klumpen definierter Größe vorkommt. So ist es nicht. Jedoch gibt es Formeln zur Berechnung einer numerischen Größe [...].
>
> [Feynman 2007, S. 46]

Empirisch belegt ist, dass alles Existierende eine gewisse Menge, einen Vorrat an einer physikalischen Größe E besitzt, die die Voraussetzung für ein Wirken dar-stellt, d. h. für Prozesse wie etwa eine Lageveränderung oder Stoffströme. Diese abstrakte Größe wurde, in Abgrenzung zum Newtonschen Kraftbegriff, in der Mitte des 19. Jahrhunderts *Energie E* genannt.[3] Eines der grundlegendsten Axiome der Physik ist der sogenannte Energieerhaltungssatz oder 1. Hauptsatz der Thermody-namik, der es ermöglicht, die Änderungen der extensiven Zustandsgröße E eines thermodynamischen Systems zu bilanzieren.

Wird die Allgemeine Relativitätstheorie zuweilen als Theorie des „sehr Großen" und die Quantentheorie als Theorie des „sehr Kleinen" beschrieben [Leggett 1989, S. 5], so lässt sich die phänomenologische Thermodynamik als eine Theorie der

---

1 Wo relevant, soll die Antimaterie im *Materie*begriff mit enthalten sein.

2 *Licht* wird hier als Überbegriff für elektromagnetische Strahlung jedweder Wellenlänge gebraucht und beschränkt sich nicht auf den sichtbaren Teil des Spektrums.

3 Der Begriff *Energie* ist nicht wörtlich zu nehmen, sondern hat sich verselbständigt. Er geht auf das Kompositum *energeia* zurück, ein von Aristoteles geprägtes Kunstwort aus den Wortbestandteilen en ergô einai („in Werk sein", Tätigkeit). Das Wort *Energeia* bezeichnet dabei den Akt, die wirksame Tätigkeit. Im Unterschied dazu bezeichnet *Dynamis* (lat. potentia, possibilitas) die Potenz, die noch nicht realisierte Möglichkeit. Da die extensive Zustandsgröße Energie E eines Stoffes nicht die Tätig-keit (energeia), also nicht den Prozess präsentiert, sondern lediglich die Potenz (dynamis), das Ver-mögen dazu, einen Prozess zu realisieren, hat man E lange Zeit *Kraft* (dynamis) genannt. Gottfried Wilhelm Leibniz [Leibniz 1686] z. B. unterschied die *lebendige Kraft* oder *Bewegungskraft* (heute die *kinetische Energie* E_{kin}) von der *Fall-* oder *Spannkraft* (heute die *potentielle Energie* E_{pot}).

https://doi.org/10.1515/9783110656961-001

Mitte auffassen, mit der sich die Welt des Komplexen beschreiben lässt, so wie sie uns umgibt. Jede der physikalischen Theorien beruht auf ihren eigenen Postulaten bzw. Axiomen. So sind etwa die Gesetze der Quantentheorie und der beiden Relativitätstheorien Einsteins invariant gegenüber der Zeitumkehr, d. h. reversibel, während die Gesetze der Thermodynamik einen Zeitpfeil kennen.

Die vorliegende Arbeit ist motiviert durch ein Bemühen um miteinander kompatible Energie- und Zeitkonzepte in verschiedenen Teilgebieten der Physik. Da es nur eine objektive Realität gibt, sollte es ein Ziel sein, eine einheitliche Beschreibung der Realität zu ermöglichen – auch unter adäquater Beschreibung von Wechselwirkungen, deren fundamentale Rolle in der Natur, gerade in Hinblick auf die vermehrten empirischen Hinweise auf kollektive Wechselwirkungen, Verschränkungen von Elementarteilchen usw., immer deutlicher wird.

In den Kapiteln 2 und 3 werden die Energiekonzepte der *inneren Energie* der Thermodynamik und der *Ruheenergie*[4] der Speziellen Relativitätstheorie (SRT) Einsteins getrennt voneinander vorgestellt. In einer Bestandsaufnahme, in die auch physik-historische Fakten einbezogen werden, werden jeweils die Annahmen, die Interpretation von Gleichungen, die gewählte Aufteilung der Gesamtenergie und die Bilanzierung von Energieänderungen dargestellt und diskutiert. Anhand von Originalarbeiten und modernen Lehrbüchern wird herausgearbeitet, dass die Interpretation der Lorentz-Transformierten innerhalb der SRT bis heute nicht geklärt ist. Es wird gezeigt, dass Experimente, die als Beweis für eine vollständige Masse-Energie-Äquivalenz gedeutet werden, keinen Beweis dafür darstellen.

In Kapitel 4 werden die Energiebegriffe der Thermodynamik und der Speziellen Relativitätstheorie formal miteinander verknüpft, erneut mit Bezug auf physik-historische Arbeiten. Die von Einstein postulierte vollständige Masse-Energie-Äquivalenz wird in die thermodynamische Methodik übertragen, um den damit verbundenen Energiebegriff anhand von Differentialquotienten und konkreten Fall- und Rechenbeispielen zu prüfen. Die Analyse dokumentiert, dass sich lediglich eine *unvollständige* Masse-Energie-Äquivalenz mit der Gibbsschen Methode zur Erfassung der Energieänderungen eines Systems vereinen lässt. Nicht nur für ein bewegtes, sondern bereits für ein ruhendes System differieren die Energiebegriffe der Thermodynamik und der SRT wesentlich.

Nach einer gedrängten Darstellung und kritischen Diskussion von Begriffen und Anschauungen der modernen Physik erfolgt deshalb in Kapitel 5 eine alternative Interpretation. Statt einer Masse-Energie-Äquivalenz wird eine Materie-Energie-Äquivalenz vorgeschlagen und begründet. Von diesem zentralen Konzept ausgehend, wird ein Modell entwickelt, das die Masse von Elementarteilchen und realen Körpern auf

---

4 Es handelt sich jeweils um Abstraktionen, doch ist es gerade das Ziel und eine Leistung der Physik, die Mannigfaltigkeit der Natur mit wenigen abstrakten Prinzipien und Größen allgemeingültig zu fassen.

Bewegungsenergie zurückführt. Empirische Tatsachen, die bisher nur konstatiert werden konnten, werden physikalisch erklärbar, darunter die Gleichheit von träger und schwerer Masse oder die oszillierende Masse der Neutrinos. Es wird verdeutlicht, dass sich experimentelle Befunde, die heute als Beweis für die SRT gelten, als Beleg für das auf thermodynamischer Grundlage entwickelte Prinzip der Masseentstehung interpretieren lassen. Die Konsequenzen der Materie-Energie-Äquivalenz für die Standardmodelle der Teilchenphysik und der Kosmologie werden in einer polarisierenden Übersicht zusammengefasst.

In Kapitel 6 wird der Zeitbegriff der modernen Physik verhandelt. Nach einer kurzen historischen Darstellung, die unter anderem auf die umfangreiche Kritik am Zeitbegriff der SRT eingeht (vgl. auch Anhang: Die Festlegung einer Überzeugung), wird die Thermodynamik auf Grundlage der Materie-Energie-Äquivalenz und unter Aufgabe des reversiblen Zeitbegriffes weiterentwickelt. Es wird ein Konzept vorgestellt, mit dem sich die Irreversibilität auch auf Quantenebene beschreiben lässt.

Die Arbeit versteht sich als Anstoß und originärer Beitrag zu einer konzeptuellen Neufassung der Physik.

2 Das Konzept der inneren Energie

Im Folgenden wird das Energiekonzept der Thermodynamik dargestellt. Im Zentrum stehen die Annahmen, der entwickelte Formalismus und seine Deutungen. Der Vergleich von verschiedenen Darstellungen in der Literatur soll dazu dienen, offene Probleme und neuralgische Punkte in der Theorie zu identifizieren.

2.1 Die Grundannahmen der klassischen Thermodynamik

In der klassischen phänomenologischen Thermodynamik geht man davon aus, dass sich gewisse makroskopische Bereiche der physikalischen Realität gedanklich voneinander abgrenzen lassen, sodass eine separate physikalische (energetische) Beschreibung möglich wird. Einen solchen Bereich nennt man *thermodynamisches System*.

Ein System enthält etwas, beispielsweise Materie und Strahlung. Die Abgrenzung des Systems von seiner als unendlich groß gedachten Umgebung ist mehr oder weniger idealisiert. In der Natur gibt es nur offene Systeme, doch lassen sich entsprechend der Durchlässigkeit der Systemgrenzen weitere Systemtypen gedanklich abstrahieren, wie etwa das geschlossene, das adiabatisch abgeschlossene oder das abgeschlossene (isolierte) System. Das abgeschlossene System, bei dem weder die Verrichtung von Arbeit noch Wärme- oder Stoffaustausch gestattet sind, stellt dabei die stärkste Idealisierung dar.

Der Begriff des Systems, mit dem sich unter anderem Falk und Ruppel [Falk und Ruppel 1976, S. 117 ff.] sehr ausführlich beschäftigt haben, ist weiter gefasst als der des Körpers. So kann ein System sehr vieles sein bzw. enthalten, zum Beispiel eine Dampfmaschine, ein Haus mit einem rauchenden Schornstein, eine Wasser-Alkohol-Mischung oder sämtliche Salzkristalle der Welt. Auch stärkere Abstraktionen sind möglich, wie etwa ein *Mehrkomponentiges Gas + Flüssigkeit + Feld + Strahlung*, ein *Deformierbarer Festkörper + Strahlung*, ein *Starrer Körper + Feld*, ein *Starrer Körper, Massepunkte + Feld* oder die stärkste Abstraktion: ein *Massepunkt*.

Die weite Bedeutung des Systembegriffs ermöglicht eine flexible Beschreibung, stets abhängig vom Anwendungsbereich und davon, welche konkreten Zustände und Prozesse gerade interessieren.

Der Zustand eines Systems kann sich verändern, wenn

a) das System über seine mehr oder weniger durchlässigen und beweglichen Grenzen mit der Umgebung wechselwirkt,

b) im Inneren des Systems Prozesse ablaufen.

https://doi.org/10.1515/9783110656961-002

Jeder physikalische Zustand des Systems ist eindeutig. Er wird durch einen vollständigen Satz unabhängiger Zustandsgrößen beschrieben. Ändert sich mindestens eine der Zustandsgrößen, ändert sich der energetische Zustand des Systems.

Grundlegend sind in der klassischen Thermodynamik außerdem die Begriffe *thermodynamisches Gleichgewicht* und *reversibler Prozess*. Beide Vorstellungen sind Abstraktionen von der Wirklichkeit, um die Komplexität der Naturerscheinungen genähert beschreiben zu können.

2.2 Definitionen der inneren Energie

Aus thermodynamischer Sicht, so wird in Lehrbüchern oft betont, interessiert nur der innere Zustand des Systems. Die Größe, die den inneren Zustand eines Systems energetisch erfasst, wird seit den Arbeiten von Rudolf Clausius mit U bezeichnet [Clausius 1850, 1865] und nach einem Vorschlag von William Thomson heute *innere Energie* genannt.[5]

In der extensiven Zustandsgröße U sind nach heutiger Anschauung sämtliche Energien *innerhalb* eines Systems erfasst, z. B. die kinetischen Energien der Teilchen im System, die intra- und intermolekularen Wechselwirkungen, die Lageenergien der Teilchen (potentielle Energien), elektrische Energien aufgrund überschüssiger elektrischer Ladungen, magnetische Energien infolge der Ausrichtung von Elementarmagneten, die Energie der Photonen im System usw.

In der Literatur findet man beispielsweise folgende Definitionen, die den physikalischen Inhalt von U angeben:

> Systeme besitzen einen Vorrat an Energie auf Grund äußerer Parameter (Lage in einem Feld, Geschwindigkeit relativ zu anderen Systemen) und aufgrund innerer Parameter. Den gesamten Energievorrat eines Systems auf Grund innerer Parameter nennt man die *innere Energie* des Systems. [Möbius 1985, S. 78]

> Die innere Energie ist die Energie, die im Inneren des Systems gespeichert ist, und hängt nur vom inneren Zustand des Systems ab. [Lüdecke und Lüdecke, 2000, S. 31]

> Die innere Energie beinhaltet die kinetische und potentielle Energie aller Moleküle des Systems. [Tipler 2000, S. 555]

---

5 Clausius hatte U zunächst als „willkürliche Function von v und t" in die Wärmelehre eingeführt und definiert [Clausius 1850, S. 384]. 1865 schließt er sich William Thomsons Vorschlag an: „W. Thomson hat für diese Größe später den Namen *Energie* des Körpers vorgeschlagen, welcher Benennungsweise ich mich, als einer sehr zweckmäßigen, angeschlossen habe, wobei ich aber doch glaube, dass man sich vorbehalten kann, [...], auch den Ausdruck Wärme- und Werkinhalt zu gebrauchen" [Clausius 1865, S. 354].

> Die innere Energie eines Stoffes ist die in den Molekülen (intramolekular), durch die Moleküle (molekular) und zwischen den Molekülen (intermolekular) gespeicherte Energie.
>
> [Herweg und Kautz 2007, S. 51]

Die beiden letzten Definitionen zeigen, dass die Weite des Systembegriffs nicht immer voll ausgeschöpft wird. Zuweilen wird das System gedanklich auf „Stoff" mit Molekülen/Atomen reduziert, zumal Stoffwandlungen und -umwandlungen in der Thermodynamik eine wichtige Rolle spielen.

Unabhängig davon wird die innere Energie U begrifflich und inhaltlich von der *äußeren Energie* des Systems abgegrenzt, welche sich auf die äußeren Koordinaten des makroskopischen Systems als Ganzes bezieht und nur vom äußeren Zustand des Gesamtsystems abhängt.

2.3 Die Problematik der Aufteilung der Gesamtenergie in Anteile

Eine Abgrenzung von innerer Energie U und äußerer Energie, die im Folgenden mit B bezeichnet wird, klingt plausibel, ist aber nicht unproblematisch.

Bereits 1976 haben Falk und Ruppel [Falk und Ruppel 1976, S. 138 ff.] detailliert untersucht, unter welchen Bedingungen sich die Gesamtenergie E eines Systems in Anteile zerlegen lässt. Eine Zerlegung ist möglich, wenn die einzelnen Energieanteile von unterschiedlichen extensiven Zustandsvariablen X_i abhängen und keine der Variablen gemeinsam besitzen.

Unter der Annahme, dass die Energieanteile unabhängig voneinander sind, lässt sich die Gesamtenergie E eines Systems unterteilen in die innere Energie U und die äußere Energie B:

$$E(X_1, \ldots, X_t) = U(X_1, \ldots, X_k) + B(X_{k+1}, \ldots, X_t). \tag{1}$$

Auf die Frage, was die Energieanteile U und B konkret beinhalten und wie und inwieweit die potentiellen Energien des Gesamtsystems erfasst werden, finden sich in der Fachliteratur verschiedene Antworten.

In Thermodynamik-Lehrbüchern (z. B. [Herweg und Kautz 2007, S. 43], [Heintz 2011, S. 113], [Stephan et al. 2013, S. 49], [Weigand et al. 2016, S. 19]) wird die Gesamtenergie E eines Systems oft dargestellt als:

$$E(S, V, n_i, P, L, \boldsymbol{h}, \ldots) = U(S, V, n_i, \ldots) + E_{\text{kin}}(P, L, \ldots) + E_{\text{pot}}(\boldsymbol{h}, \ldots). \tag{2}$$

In Gl. (2) ist U die innere Energie des Systems, die je nach betrachtetem System von anderen extensiven Zustandsgrößen abhängen kann, wobei in den meisten Anwendungsfällen die Abhängigkeit von dem Volumen V, der Entropie S und den Stoffmengen n_i der Komponenten im System genügt. Zur äußeren Energie B zählen die kinetische Energie E_{kin} aufgrund von *Bewegungen des Gesamtsystems* (des Massenschwerpunktes) im Raum, wie etwa die Translation oder Rotation eines Festkörpers oder Fluid-Elementes, und die potentielle Energie E_{pot} aufgrund der *Position des Ge-samtsystems* in äußeren Feldern wie dem Gravitationsfeld oder elektrischen Feld.

E_{pot} wird damit als ein Teil der äußeren Energie B aufgefasst. Wird nur die mechanische Energie des Gesamtsystems erfasst, reduziert sich E_{pot} auf die Lageenergie, die sich im Gravitationsfeld der Erde näherungsweise mittels $E_{pot}(\boldsymbol{h}) = mg\boldsymbol{h}$ mit der Höhe $\boldsymbol{h}$ des Gesamtsystems berechnen lässt. E_{kin} umfasst dann meist die Translationsenergie $E_{trans}(P) = P^2/2m = \frac{1}{2}mv^2$ als Funktion des Impulses P und gegebenenfalls noch die Rotationsenergie $E_{rot}(L)$ als Funktion des Drehimpulses L.

Andere Autoren grenzen die innere Energie U lediglich von E_{kin} ab (z. B. [Falk und Ruppel 1973, 1976], [Tipler und Mosca 2008, S. 231], [Atkins und de Paula 2010, S. 47]). In Atkins' und de Paulas Standard-Lehrwerk für Physikalische Chemie etwa steht:

> In thermodynamics, the total energy of a system is called its internal energy, U. [...] The internal energy does not include the kinetic energy arising from the motion of the system as a whole, such as its kinetic energy as it accompanies the Earth on its orbit round the Sun. That is, the internal energy is the energy "internal" to the system. [Atkins und de Paula 2010, S. 47]

In Tiplers Standard-Lehrwerk für Physik findet man:

> Internal energy is synonymous with rest energy. It is the total energy of the system less any kinetic energy associated with the motion of the system's center of mass.
> [Tipler und Mosca 2008, S. 231]

Die Gesamtenergie E eines Systems ergibt sich in diesem Falle als:

$$E = U + E_{kin}. \tag{3}$$

Da zum Verbleib von E_{pot} des Gesamtsystems keine Aussagen gemacht werden, lässt sich Gl. (3) verschieden interpretieren:

1. E_{pot} ist in der inneren Energie U des Systems mit enthalten.[6]

2. E_{pot} wird null gesetzt – für idealisierte Systeme im feldfreien Raum.

3. E_{pot} kommt durch die Lage des Systems in der Umgebung zustande. Damit hängt E_{pot} auch von der Umgebung ab und ist nicht dem System allein zuzurechnen.

Für ein in Ruhe befindliches System ($v = 0$, $E_{kin} = 0$) entspricht die Gesamtenergie E nach Gl. (3) der inneren Energie U des Systems. In einigen Physik-Lehrbüchern findet man schlicht die Aussage, die innere Energie U stelle „den gesamten Energieinhalt des Systems" [Nolting 2010, S. 164] dar, ohne auf eventuelle äußere Energien einzugehen.

---

6 In Bilanzierungen von ΔU werden bestimmte Auswirkungen auf U durch Veränderung der Lage des Gesamtsystems in äußeren Feldern miterfasst, was zeigt, dass E_{pot} in U zumindest zum Teil mit enthalten sein muss.

Die Aussage entspricht der Gleichung:

$$E = U. \tag{4}$$

Es ist anzunehmen, dass hier unter dem gesamten Energie*inhalt* nur der Energieanteil U verstanden und $E_{kin} = 0$ des Gesamtsystems als gegeben vorausgesetzt wird, zumal U gewöhnlich mit der Ruheenergie E_0 (rest energy) der SRT bei $E_{kin} = 0$ gleichgesetzt wird (s. Kap. 4.1).

Ohne klar definierte Annahmen indes lässt die Aussage, dass U den gesamten Energieinhalt des Systems darstelle, auch zu, dass E_{kin} in der inneren Energie U des Systems mit enthalten ist. Hier soll auch diese gedankliche Möglichkeit nicht ausgeschlossen werden – dies vor dem Hintergrund, dass bisher nicht geklärt ist, ob sich die Gesamtenergie E eines Systems bei hohen Geschwindigkeiten $v \to c$ in einen (äußeren) kinetischen Anteil und die innere Energie U aufteilen lässt (s. Kap. 3.3). Begriffe wie *relativistischer Massenzuwachs* oder *relativistische Länge* legen eine Beeinflussbarkeit von U durch Translationsbewegungen des Gesamtsystems nahe, d. h. $U = U(v)$ bzw. $U = U(P)$, was gegen eine Unabhängigkeit der Energieanteile in den Gleichungen (2) und (3) spricht. Der Begriff der *inneren* Energie U würde mit Gl. (4) allerdings überflüssig werden.

Es wird deutlich, dass die Frage der Aufteilbarkeit von E in der Fachliteratur bisher ungeklärt ist. Die Gleichungen (2)–(4) lassen rein formal drei verschiedene Aussagen bezüglich der inneren Energie U eines Systems zu:

Gl. (2): U ist (dem Namen entsprechend) unbeeinflusst davon, ob sich die äußeren Energien E_{kin} oder E_{pot} des Gesamtsystems ändern, also ob sich das System etwa als Ganzes schneller bewegt oder ob es im Gravitationsfeld oder anderen Feldern verschoben wird, denn mit Gl. (2) gilt auch:
$\Delta E = \Delta U + \Delta E_{kin} + \Delta E_{pot}$.

Gl. (3): U ist beeinflussbar durch die Lage des Gesamtsystems im Feld (E_{pot}).

Gl. (4): U ist beeinflussbar durch die Lage und die Geschwindigkeit des Gesamtsystems (E_{pot} und E_{kin}).

2.4 Bilanzierung von Mengenänderungen der inneren Energie

Unabhängig von der fraglichen Aufteilbarkeit der Gesamtenergie E ist es physikalisch sinnvoll, die *Änderung* des Energieinhaltes eines Systems infolge von Prozessen mittels ΔU zu formulieren. Das steht vor allem dann außer Frage, wenn sich der Bewegungszustand des Gesamtsystems im Raum und die Feldstärke der umgebenden Felder zeitlich nicht merklich ändern, also die äußeren Energien als konstant angenommen werden können ($\Delta B = 0$).

Die thermodynamische Beschreibung von Prozessen erfolgt durch eine Verknüpfung von zwei Axiomen, die aus dem 19. Jahrhundert stammen und bisher nie widerlegt wurden: der 1. und 2. Hauptsatz der Thermodynamik. Sämtliche thermodynamischen Beziehungen, wenngleich sie immer wieder spezifiziert und auf neue Systeme oder Stoffklassen angepasst werden müssen, leiten sich deduktiv von diesen zwei Axiomen ab. Seit einer Arbeit von Constantin Carathéodori [Carathéodori 1909] gilt das Gebäude der klassischen Thermodynamik als methodisch abgeschlossen.

2.4.1 Der 1. Hauptsatz

Nach dem 1. Hauptsatz der Thermodynamik, dem Energieerhaltungssatz – ein Axiom, das in der Mitte des 19. Jahrhunderts durch Julius Robert von Mayer und James Prescott Joule gefunden und durch Rudolf Clausius [Clausius 1850] formuliert wurde –, ändert sich die Menge an innerer Energie U in einem *thermodynamisch abgeschlossenen System* nicht. Der Energieerhaltungssatz ist umfassend empirisch bestätigt.

Bilanziert man die Änderung der Menge an U in einem System, dabei formal beachtend, dass sich U sowohl durch innere Prozesse (Index i) als auch durch Austauschprozesse (Index a) mit der Umgebung ändern kann, d. h. $\Delta U = \Delta_i U + \Delta_a U$, lautet der 1. Hauptsatz der Thermodynamik ganz allgemein:

$$\Delta_i U = 0 \qquad \text{abgeschlossenes System,} \qquad (5)$$

$$\Delta U = \Delta_a U = U_2 - U_1 = \int_1^2 dU = \sum_{i=1}^k Y_i \qquad \text{offenes System.} \qquad (6)$$

Gl. (5) ist der Energieerhaltungssatz, wonach U eine Erhaltungsgröße darstellt. Im abgeschlossenen (isolierten) System ändert sich die Energiemenge U durch innere Prozesse nicht, d. h. U kann weder erzeugt noch vernichtet werden.

Gl. (6) besagt, dass sich die innere Energie U eines offenen Systems durch k verschiedene Austauschprozesse Y_i (Prozessgrößen) mit der Umgebung ändern kann, d. h. durch die Verrichtung von Arbeit wie Volumen- oder Grenzflächenarbeit oder durch Wärmeaustausch oder Stoffaustausch, wobei U_2 die innere Energie nach dem Prozess und U_1 die innere Energie vor dem Prozess darstellt.

Oft wird der 1. Hauptsatz in den Lehrbüchern gleich in der folgenden speziellen Form eingeführt [Prigogine und Defay 1962, S. 50], [Kluge und Neugebauer 1994, S. 49], [Tipler 2000, S. 557], [Gerthsen 2005, S. 217], [Nolting 2010, S. 165][7]:

$$\Delta U = Q + W$$
$$dU = \delta Q + \delta W \qquad \text{geschlossenes System.} \qquad (7)$$

---

[7] Die Tatsache, dass Austausch- bzw. Prozessgrößen kein totales Differential besitzen, wird in der vorliegenden Arbeit durch das Symbol δ kenntlich gemacht.

Im geschlossenen System ist Stoffmengenaustausch mit der Umgebung verboten. Folglich kann sich die Menge an innerer Energie U im geschlossenen System nach Gl. (7) lediglich durch Wärmeaustausch Q mit der Umgebung und/oder Arbeitsverrichtung W am oder vom System ändern, wobei verschiedene Arbeitsformen möglich sind.

2.4.2 Der 2. Hauptsatz

Über den 2. Hauptsatz der Thermodynamik wird die Entropie S, eine weitere extensive Zustandsgröße des Systems, quantitativ bilanziert. S wurde durch Rudolf Clausius in die Theorie eingeführt und benannt. Bei der Namensvergabe lehnte sich Clausius an das Wort *Energie* an (vgl. Fußnote 3) und verwendete ebenfalls ein griechisches, mit „en" beginnendes Wort (en tropía = in Umwandlung) [Clausius 1865, S. 391].[8]

Für die formale Bilanz $\Delta S = \Delta_i S + \Delta_a S$ mit der *Entropieerzeugung* $\Delta_i S$ (Index i für innen) und dem *Entropieaustausch* $\Delta_a S$ (Index a für Austausch) gilt hier nach Clausius ([Clausius 1865, S. 387 f.], [Prigogine und Defay 1962, S. 65], [Kluge und Neugebauer 1994, S. 54])[9]:

$$\Delta_i S \geq 0 \qquad\qquad \text{abgeschlossenes System,} \qquad\qquad (8)$$

$$\Delta_a S = \frac{Q}{T}; \quad \Delta_i S \geq 0 \qquad\qquad \text{offenes System.} \qquad\qquad (9)$$

Gl. (8) besagt, dass die Entropie S keine Erhaltungsgröße ist. Im thermodynamischen Gleichgewicht und bei reversiblen Prozessen gilt $\Delta_i S = 0$. Bei jedem natürlichen, irreversiblen Prozess hingegen entsteht Entropie, d. h. $\Delta_i S$ ist positiv. So wird beispielsweise Entropie erzeugt, wenn Teilchen ausgetauscht werden, eine Dissoziation stattfindet, ein Polymer sich aufrollt oder sich das Volumen des Systems vergrößert. Je größer die Entropieerzeugung $d_i S$, desto stärker wird im Prozess Energie „entwertet", „degradiert" oder „dissipiert" – in dem Sinne, dass sie weniger zur Verrichtung von Arbeit taugt.[10]

---

8 Beide Begriffe, *Energie* und *Entropie*, haben sich verselbständigt und sind nicht wörtlich zu nehmen. Begriffe wie Energie („Tätigkeit") oder Entropie („in Umwandlung") werden dem Wesen einer Zustandsgröße nicht gerecht. Allerdings werden heute auch im Prozess übertragene Energiemengen *Energie* genannt, z. B. chemische, elektrische, Grenzflächen-, Wärme-, Kompressionsenergie usw. Hierfür lässt sich der Name *Energie* („Tätigkeit") wörtlich nehmen.

9 $\Delta_a S$ und $\Delta_i S$ beziehen sich stets auf dieselbe Zustandsgröße S. Man gibt an, unter welcher Prozessführung sich S im System ändert. Bei $\Delta_a S$ wird Wärme ausgetauscht (nicht-adiabatische Prozessführung). Bei $\Delta_i S$ werden natürliche irreversible Prozesse beschrieben, bei denen S *im* System erzeugt wird.

10 In der Literatur werden verschiedene Begriffe verwendet, die oft eine wertende Konnotation haben. Clausius selbst hat die Entropieerzeugung $d_i S$ noch *Disgregation* (lat. Zerstreuung, Auseinanderstreben)

Gl. (9) bilanziert die Entropiemenge $\Delta_a S$, die über die Systemgrenzen ausgetauscht wurde.

Während ΔU Änderungen der inneren Energie *quantitativ* bilanziert, gestattet ΔS über die Entropieerzeugung auch Aussagen über die *Qualität* der inneren Energie (Dissipation der Energie). Das ist eine Besonderheit der Thermodynamik. Dabei macht sich die Irreversibilität von Prozessen in der klassischen phänomenologischen Thermodynamik lediglich in dem positiven Vorzeichen der Entropieerzeugung $\Delta_i S$ bemerkbar.

2.4.3 Die Methodik der Thermodynamik

Setzt man Gl. (9), konkret $\delta Q = T d_a S = T dS - T d_i S$, in Gl. (6) oder Gl. (7) ein, werden der 1. und 2. Hauptsatz zu der *Gibbsschen Fundamentalform* des Systems [Gibbs 1875–78] verknüpft. Diese ist zentral in der Thermodynamik und stellt eine Pfaffsche Differentialform dar. Links steht das totale Differential von U, während rechts die voneinander unabhängigen Austauschprozessterme δY_i (Prozessgrößen) aufsummiert sind, über die das System differentiell kleine Energiebeträge austauschen kann. Werden irreversible Prozesse zugelassen ($d_i S > 0$), lässt sich schreiben:

$$dU = \sum_{i=1}^{k} \xi_i dX_i = \xi_1 dX_1 + \xi_2 dX_2 + \ldots + \xi_k dX_k$$

$$= T dS - p dV + \sum_j \mu_j dn_j + \sigma dA + \ldots - T d_i S. \tag{10}$$

Bei aller Verschiedenheit der Darstellungen im Detail ist es Konsens in der Fachliteratur, dass sich jeder Austauschprozessterm $Y_i = \Delta U = \int_{X_{i,1}}^{X_{i,2}} \xi_i dX_i$ in einer formal analogen Form fassen lässt (z. B. [Falk und Ruppel 1976, S. 134], [Moore 1990, S. 109], [Kluge und Neugebauer 1994, S. 39], [Nolting 2010, S. 150 f.]), die einen Ursache-Wirkung-Mechanismus beschreibt.

Die intensive Zustandsgröße ξ_i (generalisierte Kraft als sogenannte *Qualitätsgröße*) und die extensive Zustandsgröße X_i (generalisierte Koordinate als *Quantitätsgröße*), die gemeinsam in einem Term $\xi_i dX_i$ stehen, nennt man *zueinander energetisch konjugiert* (lat. coniugare = paarweise zusammenbinden). Dies betrifft beispielshalber Temperatur T und Entropie S, Druck p und Volumen V, Grenzflächenspannung σ und Grenzfläche A, chemisches Potential μ_j und Stoffmenge n_j des Stoffes j als auch

---

genannt: „die Disgregation, welche als der Verwandlungswerth der stattfindenden Anordnung der Bestandtheile zu betrachten ist" [Clausius 1865, S. 390]. Das Antonym wäre *Aggregation* (lat. Anhäufung, Vereinigung).

elektrisches Potential und Ladung. Das Denken in Kategorien wie Quantität, Qualität und Relation lässt sich dabei bis auf Aristoteles zurückverfolgen und wurde durch Immanuel Kant systematisiert [Kant 1787].[11] Die Gibbssche Thermodynamik lässt sich als eine mathematische Weiterführung der kantschen Ideen verstehen.

U kann folglich – abhängig vom betrachteten System – eine charakteristische Funktion vieler Zustandsvariablen sein:

$$U = U(X_1, \ldots, X_k) = U(S, V, n_j, A, \ldots).$$ (11)

Durch Anwendung des Eulerschen Satzes für homogene Funktionen lässt sich aus Gl. (10) die integrale (Euler-)Form von U gewinnen[12]:

$$U = \sum_{i=1}^{k} \xi_i X_i = \xi_1 X_1 + \xi_2 X_2 + \ldots + \xi_k X_k$$
$$= TS - pV + \sum_j \mu_j n_j + \sigma A + \ldots - T_i S.$$ (12)

Da vorausgesetzt wurde, dass die äußere Energie B des Systems konstant ist:

$$dB = \underbrace{v\mathrm{d}P + \Omega\mathrm{d}L + \ldots}_{\delta W_{\mathrm{kin}}} + \underbrace{F_\mathrm{h}\mathrm{d}\boldsymbol{h} + \ldots}_{\delta W_{\mathrm{pot}}} = \sum_{i=k+1}^{t} \xi_i \mathrm{d}X_i = 0,$$

werden äußere extensive Zustandsvariablen wie Impuls P, Drehimpuls L oder die Höhe $\boldsymbol{h}$ des Gesamtsystems im Gravitationsfeld in Gl. (10) von vornherein nicht berücksichtigt.

Andererseits berücksichtigt man in thermodynamischen Lehrwerken gewöhnlich auch die energetischen Auswirkungen von äußeren Feldern (elektrische, magnetische) auf das System durch Arbeitsterme, wie z. B. Polarisierungs- oder Magnetisierungsarbeit, womit U auch eine Funktion des elektrischen oder magnetischen Dipolmoments sein kann [Falk und Ruppel 1976, S. 91], [Nolting 2010, S. 153 f.].

---

11 In seiner „Kritik der reinen Vernunft" stellt Immanuel Kant seine „Tafel der Kategorien" mit „Quantität", „Qualität", „Relation" und „Modalität" auf, eine „Verzeichnung aller ursprünglich reinen Begriffe der Synthesis, die der Verstand *a priori* in sich enthält, und um deren willen er auch nur ein reiner Verstand ist, [...]." [Kant 1787, S. 135 f.] Kant prägt auch bereits die Begriffe der extensiven Größe („Eine extensive Größe nenne ich diejenige, in welcher die Vorstellung der Teile die Vorstellung des Ganzen möglich macht [...]." [Kant 1787, S. 205]) und der intensiven Größe („*In allen Erscheinungen hat das Reale, was ein Gegenstand der Empfindung ist, intensive Größe*, d. i. einen Grad." [Kant 1787, S. 208]), wie sie heute in der Gibbs-Thermodynamik genutzt werden. So beschreibt er intensive Größen „als Ursache (es sei der Empfindung oder anderer Realität in der Erscheinung, z. B. einer Veränderung)" [Kant 1787, S. 210]). Damit macht er in der „Relation" eine „Kausalität und Dependenz (Ursache und Wirkung)" [Kant 1787, S. 136] fest.

12 Unbestimmte Integration bedeutet das Auftreten einer unbekannten Integrationskonstante, die nicht null sein muss, auch wenn sie im Formalismus der Thermodynamik gewöhnlich nicht mitgeführt wird. Die Konstante hat, wie alle Terme in Gl. (12), die Dimension einer Energie.

Wenngleich oft geschrieben steht, die innere Energie hänge nur vom inneren, nicht vom äußeren Zustand des Systems ab, müssen bestimmte Auswirkungen der Umgebung auf das Gesamtsystem in U erfasst werden, insoweit sich Felder ändern und der innere Zustand des Systems sich nicht davon abschirmen lässt.

Das totale Differential der Zustandsgröße U lautet:

$$dU = \sum_{i=1}^{k} \xi_i \, dX_i = \sum_{i=1}^{k} \left(\frac{\partial U}{\partial X_i} \right)_{X_1,\dots,X_k(\neq X_i)} dX_i. \tag{13}$$

Mit Gl. (13) entspricht jeder intensiven Zustandsvariable ξ_i, die selbst wieder eine Funktion aller X_i des Systems ist, durch Koeffizientenvergleich ein Differentialquotient, der sowohl eine Differentiations- als auch eine Arbeitsvorschrift darstellt.[13]

Um Zustandsänderungen unter den jeweiligen Prozessbedingungen in der Praxis leichter beschreiben zu können, leiteten Hermann von Helmholtz und Josiah Willard Gibbs in der 2. Hälfte des 19. Jahrhunderts weitere Energieinhaltsfunktionen eines Systems aus der inneren Energie U mittels Legendre-Transformation her [Gibbs 1875–78]. Die vier sogenannten *thermodynamischen Potentiale* innere Energie U, Enthalpie H, freie Energie F (Helmholtz-Energie) und freie Enthalpie G (Gibbs-Energie) stellen das Herzstück der klassischen Gibbs-Thermodynamik dar[14]:

$$
\begin{aligned}
U(S,V) && \Delta U &= (Q)_V \\
H(S,p) &= U + pV & \Delta H &= (Q)_p \\
F(T,V) &= U - TS & \Delta F &= (W_{\text{Nutz}})_{T,V} \\
G(T,p) &= U + pV - TS & \Delta G &= (W_{\text{Nutz}})_{T,p}
\end{aligned}
\tag{14}
$$

Jedes der vier Potentiale in Gl. (14) enthält jeweils die gesamte physikalische Information aus dem 1. und 2. Hauptsatz. Die innere Energie $U(S, V)$ hängt dabei von S und V ab, also von Zustandsvariablen, welche sich in realen Prozessen nur schwer konstant halten lassen. Die freie Enthalpie $G(T, p)$ hingegen hängt von T und p ab, Variablen, die leichter vorzugeben und steuer- und regelbar sind. Man denke nur an Prozesse, die bei einem (halbwegs) konstanten Luftdruck ablaufen oder an eine einfache Thermostatisierung. Bei $T, p = $ konst. lässt sich die energetische Änderung eines Systems infolge der Verrichtung von sogenannter Nutzarbeit W_{Nutz} (elektrische Arbeit, Grenzflächenarbeit usw.) über ΔG erfassen.

---

13 Eine typische Verfahrensweise in der Thermodynamik ist es, empirisch zu ermitteln, wie sich eine Zustandsgröße wie etwa U oder G mit der Variation *einer* anderen Zustandsgröße ändert, während andere Zustandsgrößen konstant gehalten werden.

14 In der einfachsten Variante wird nur Volumenarbeit betrachtet, d. h. es wird von anderen Arbeitstermen abstrahiert. Diese können allerdings, wenn es auf ihre Beschreibung ankommt, stets in die Betrachtung mit einbezogen werden und wurden hier unter W_{Nutz} subsumiert.

Eine grundlegende intensive Zustandsgröße ξ_i ist das chemische Potential μ eines Reinstoffes[15] bzw. μ_j einer Komponente j in einer Mischung. Während μ eines Reinstoffs als molare freie Enthalpie G_m definiert ist, so wird μ_j meist als partielle molare freie Enthalpie G_j einer Komponente j in der Mischung dargestellt [Prigogine und Defay 1962, S. 97]:

$$\mu_j = G_j = \left(\frac{\partial G}{\partial n_j}\right)_{T,p,n_t \neq n_j}. \tag{15}$$

Für U und G lassen sich über die Gleich- bzw. Ungleichgewichtsbedingung (8) die Extremalprinzipien des thermodynamischen Gleichgewichts formulieren:

$$(\mathrm{d}S)_{U,V} = \mathrm{d_i}S \geq 0, \tag{16}$$

$$(\mathrm{d}U)_{S,V} = -T\mathrm{d_i}S \leq 0,$$

$$(\mathrm{d}G)_{T,p} = -T\mathrm{d_i}S \leq 0.$$

Sie gestatten eine Festlegung von Phasengleichgewichten, Adsorptionsgleichgewichten, Reaktionsgleichgewichten usw., etwa über die Gleichsetzung der chemischen Potentiale von Stoffen in verschiedenen Phasen [Prigogine und Defay 1962, S. 105], und geben Auskunft über die Richtung von Prozessen.

Der Entropieerzeugungsterm $\mathrm{d_i}S$ tritt in jeder der Bedingungen in Gl. (16) auf. Darin wird seine wesentliche Rolle in der klassischen Thermodynamik deutlich, was sowohl die Bewertung der Richtung von Prozessen als auch die Kriterien des Gleichgewichts betrifft. Mit $\mathrm{d_i}S = 0$ werden reversible und mit $\mathrm{d_i}S > 0$ irreversible Prozesse beschrieben, wobei im letzteren Fall, da Energie dissipiert wird, entsprechend weniger Energie zur Verrichtung von Arbeit zur Verfügung steht.

$\mathrm{d_i}S > 0$ gilt auch, wenn natürliche Prozesse im abgeschlossenen System ablaufen (vgl. Gl. (8)) und U gemäß Energieerhaltung konstant bleibt. Darauf begründet sich ein eigener Wissenschaftszweig, an dessen Entwicklung zum Beispiel Ilya Prigogine mitgewirkt hat: die Thermodynamik irreversibler Prozesse (z. B. [Nicolis und Prigogine 1977], [Kammer und Schwabe 1984], [Kluge und Neugebauer 1994]).

Jeder irreversible Prozess im abgeschlossenen System, zum Beispiel ein Konzentrationsausgleich per Diffusion oder ein Temperaturausgleich per Wärmeleitung, trägt zur Erhöhung der Entropiemenge S im System bei. Die Grundgleichung der irreversiblen Thermodynamik beschreibt die Entropieproduktionsdichte σ_S, d. h. die zeitliche Entropieerzeugung im Volumen V des Systems [Kammer und Schwabe 1984, S. 41], [Kluge und Neugebauer 1994, S. 278]:

---

15 Ein Reinstoff ist eine weitere Idealisierung. Es kommt nur auf die Genauigkeit des Messverfahrens an, um zu finden, dass vollkommen reine Stoffe nicht existieren – eine Folge der Tendenz eines Systems zur Vermischung unter Entropieerhöhung. Man spricht zuweilen auch von einer *Allgegenwartskonzentration* eines jeden Stoffes in jedem.

$$\sigma_S \equiv \frac{1}{V}\frac{d_i S}{dt} = \sum_\alpha J_\alpha X_\alpha, \qquad \alpha = 1, 2, 3, \dots, k, \tag{17}$$

mit der generalisierten thermodynamischen Kraft X_α (dem lokalen Gradienten einer intensiven Zustandsvariable ξ_i wie T, μ_j oder c_j) und dem thermodynamischen Fluss J_α (dem Transport einer extensiven Größe wie einer Energie-, Stoff- oder Impulsmenge), welche im Gleichgewicht jeweils null sind.

Für den Zusammenhang zwischen Kraft und Fluss lassen sich in der Nähe des Gleichgewichts empirisch belegte, lineare Beziehungen der Form $J_\alpha = \sum_\beta L_{\alpha\beta} X_\beta$; $\alpha, \beta = 1, 2, 3, \dots, k$ ableiten. Experimentell nachgewiesen ist, dass eine thermodynamische Kraft X_α den Fluss J_α erzeugt. Solche *direkten* linearen Prozesse werden etwa über das Newtonsche Reibungsgesetz, das Ohmsche Gesetz, das 1. Fouriergesetz oder das 1. Ficksche Gesetz beschrieben. Zusätzlich kann eine Kraft X_α auch den Fluss J_β oder eine Kraft X_β den Fluss J_α erzeugen (*Kreuz- oder Interferenzprozess*). So kann etwa ein Temperaturgradient nicht nur einen Wärmefluss bedingen, sondern ebenso zu einem Stoffstrom (Diffusion) oder Ladungsfluss führen. Die linearen phänomenologischen Koeffizienten $L_{\alpha\beta}$ genügen der Onsagerschen Reziprozitätsbeziehung $L_{\alpha\beta} = L_{\beta\alpha}$, für die Lars Onsager 1968 den Chemie-Nobelpreis erhielt.

Nicht zuletzt wurde die Entropie S durch Ludwig Boltzmann [Boltzmann 1877], den Begründer der kinetischen Gastheorie, molekular-statistisch gedeutet. Boltzmann wies dabei jedem endlich großen Mikrozustand ein Molekül mit diskreten Energiewerten zu und interpretierte S als die Gesamtzahl der unterscheidbaren Mikrozustände von Molekülen im Zustandsraum, indem er alle möglichen Permutationen **P** berechnete:

$$S = \log \mathbf{P} + \text{konst.} \tag{18}$$

Bekannter ist Max Plancks Interpretation von Boltzmanns Gleichung:

$$S = k_B \ln W \tag{19}$$

mit der thermodynamischen Wahrscheinlichkeit W und der Boltzmannkonstante $k_B = R/N_A$ als dem Quotienten der allgemeinen Gaskonstante R und der Avogadrozahl N_A. Indem die thermodynamischen Potentiale der phänomenologischen Thermodynamik über statistische Größen, die sogenannten *Gibbsschen Gesamtheiten*, beschrieben werden, stellt die statistische Thermodynamik das Bindeglied zwischen der Beschreibung von Molekülen (Individuen) und der phänomenologischen Thermodynamik zur Beschreibung von Systemen dar.

Durch eine Verknüpfung von phänomenologischer, irreversibler und statistischer Thermodynamik ist ein Formelsystem gegeben, das es erlaubt, komplexe Strukturen und Prozesse für viele technische Anwendungen ausreichend genau zu beschreiben, von elektrochemischen Prozessen über Mischphasen- und Grenzflächenprozesse bis hin zur Selbstorganisation von Molekülen [Nicolis und Prigogine 1977], [Prigogine und Stengers 1986].

Auf der Ebene von Elementarteilchen wie Quarks, Gluonen, Neutrinos, Photonen usw. spielen thermodynamische Betrachtungen heute keine Rolle. Im Unterschied zur Thermodynamik vermittelt die Quantentheorie einen reversiblen Zeitbegriff, wonach jeder Prozess auf Quantenebene auf demselben Weg rückgängig gemacht werden kann. Die Unvereinbarkeit der Zeitbegriffe der klassischen Thermodynamik zur Beschreibung von Systemen einerseits und der Quantentheorie zur Beschreibung von Individuen anderseits nennt man auch „Das Paradox der Zeit" [Prigogine und Stengers 1993].

3 Das Konzept der Ruheenergie

In diesem Kapitel wird das Energiekonzept der Speziellen Relativitätstheorie (SRT) Einsteins dargestellt. Im Zentrum stehen wieder die Annahmen, der entwickelte Formalismus und seine Deutungen. Erneut soll der Vergleich von verschiedenen Darstellungen in der Literatur dazu dienen, offene Probleme und neuralgische Punkte in der Theorie zu identifizieren.

3.1 Die Grundannahmen der Speziellen Relativitätstheorie

In der SRT, die eine vereinheitlichte Beschreibung von Mechanik und Elektrodynamik beabsichtigt, ist der Begriff des *Inertialsystems* wesentlich. Inertialsysteme (lat. inertia = Trägheit) sind gleichmäßig und geradlinig bewegte Koordinatensysteme, für welche die drei Newtonschen Axiome gelten, darunter das Trägheitsgesetz.[16]

In seiner Arbeit „Über die Elektrodynamik bewegter Körper" stellt Albert Einstein zwei Postulate als Voraussetzung an den Anfang seiner Theorie:

> [...] daß vielmehr für alle Koordinatensysteme, für welche die mechanischen Gleichungen gelten, auch die gleichen elektrodynamischen und optischen Gesetze gelten, [...].
>
> [Einstein 1905a, S. 891]

> [...] daß sich das Licht im leeren Raum stets mit einer bestimmten, vom Bewegungszustande des emittierenden Körpers unabhängigen Geschwindigkeit V fortpflanze.
>
> [Einstein 1905a, S. 892]

Auch in der modernen Fachliteratur werden diese beiden Postulate gewöhnlich an den Anfang der Vermittlung der SRT gestellt, beispielsweise als

§ 1. „Relativitätsprinzip" [Tipler 2000, S. 1157], „Äquivalenzpostulat" [Nolting 2010, S. 5] oder „Relativitätspostulat" [Gerthsen 2005, S. 613], wonach es kein physikalisch bevorzugtes Inertialsystem gibt und die Naturgesetze in allen Inertialsystemen dieselbe Form annehmen,

§ 2. Prinzip der Unabhängigkeit der Lichtgeschwindigkeit c im Vakuum vom Bewegungszustand der Lichtquelle [Gerthsen 2005, S. 614].

Beide Postulate sind naheliegend und plausibel. § 1 erweitert das Newtonsche Relativitätsprinzip auch auf nicht-mechanische Gesetze. § 2 beschreibt eine Eigenschaft, die von Wellen bekannt ist, da auch die Geschwindigkeit von Schall- und anderen Wellen nicht von der Geschwindigkeit der Quelle abhängt.

---

16 Inertialsysteme werden deshalb in der Literatur mitunter auch als Trägheitssysteme bezeichnet.

https://doi.org/10.1515/9783110656961-003

Zusätzlich setzt Einstein drei Seiten später eine *absolute* Konstanz der Lichtgeschwindigkeit fest, wonach c eine invariante Naturkonstante im Vakuum ist:

> Wir setzen noch der Erfahrung gemäß fest, daß die Größe [...] eine universelle Konstante (die Lichtgeschwindigkeit im leeren Raume) sei. [Einstein 1905a, S. 894]

Das Besondere an dieser Deutung besteht darin, dass § 1 erstmals auf eine Geschwindigkeit angewendet wird, obgleich Geschwindigkeiten gemeinhin stets relativ sind.[17] Der Zusatz „der Erfahrung gemäß" zeigt, dass Einstein empirische Belege für die absolute Konstanz der Lichtgeschwindigkeit „im leeren Raume" voraussetzt.

In Lehrbüchern der modernen Physik finden sich verschiedene Formulierungen des Invarianz-Postulats von c, wie zum Beispiel:

> Die Lichtgeschwindigkeit ist in allen Inertialsystemen gleich, unabhängig von deren Relativgeschwindigkeit zur Lichtquelle. [Demtröder 2005, S. 95]

> Jeder Beobachter mißt für die Lichtgeschwindigkeit c im Vakuum denselben Wert. [Tipler 2000, S. 1157]

In vielen Lehrwerken (z. B. [Nolting 2010, S. 12]) wird heute, um die absolute Konstanz von c von vornherein als gegeben einzuführen, die empirische Bestätigung durch Michelson und Morley [Michelson und Morley 1887] und andere betont und vorangestellt. Oder „das unglaubliche Postulat von der universellen Konstanz der Lichtgeschwindigkeit" [Günther 2010, S. 7] wird erst als „überraschend" und „der Anschauung widersprechend" [Tipler 2000, S. 1157] bezeichnet, um danach auf die empirische Bestätigung zu verweisen.[18]

Die empirische Bestätigung ist umso bedeutsamer, als das Invarianz-Postulat, also die *absolute Konstanz* von c, gern als Dreh- und Angelpunkt oder „Ausgangs- und Angelpunkt" [Scheck 2002, S. 223] der SRT bezeichnet wird.

Was die Interpretation der mittels Lorentz-Transformation erhaltenen Gleichungen betrifft, ist das Invarianz-Postulat indes bei weitem nicht die einzige SRT-Grundannahme mit weitreichenden Konsequenzen. Da in der vorliegenden Arbeit Energiekonzepte grundlegend sind, sollen hier jene Annahmen und Voraussetzungen der SRT noch einmal aufgeschlüsselt werden, die energetisch relevant sind:

---

17 Einstein wendet § 1 konkret auf die Geschwindigkeit c von *Lichtwellen* und damit einer bestimmten Spezies von Elementarteilchen (Photonen) an. Er wendet § 1 explizit nicht auf die Geschwindigkeit v anderer Wellen wie etwa Schallwellen an, die auch vom Bewegungszustand der Quelle unabhängig ist (§ 2).

18 Die empirische Bestätigung einer absoluten Konstanz von c, d. h. auch bezüglich eines bewegten Beobachters, ist umstritten und wird oft relativiert, z. B. von Herbert E. Ives, dem Mitentdecker der atomaren Schwingungsverzögerung mit höherer Geschwindigkeit ([Ives und Stilwell 1938], [Hazelett und Turner 1979]). Hintergrund dafür ist, dass sich aufgrund von Zwei-Wege-Experimenten nicht zeigen lässt, ob c auch relativ zum Beobachter konstant ist. Durch Ein-Weg-Experimente ist dies möglich, wobei etwa das Experiment von Sagnac [Sagnac 1913] eine Abhängigkeit der Lichtgeschwindigkeit c von der Beobachtergeschwindigkeit nahelegt (s. Kap. 5.2.3.3.).

i. Die Idealisierung *Massepunkt*

Der Massepunkt als herkömmliche Näherung der Mechanik hat sich bewährt, um Translationsbewegungen vereinfacht zu beschreiben. Ein Objekt wird als ausdehnungsloser, mit Masse behafteter Punkt gedacht. Aus der Punktmechanik lässt sich die Mechanik des starren Körpers logisch ableiten, indem man den Körper als System von Massepunkten mit festen Lagebeziehungen auffasst.

Dem Massepunkt werden die extensiven energetischen Größen Masse und Impuls zugeordnet (nicht z. B. ein Drehimpuls L, da ein Massepunkt nicht rotieren kann). Die Gesamtenergie E des Massepunktes hängt damit lediglich von seiner Masse m und seinem Impuls P ab.

ii. Die Idealisierung *Leerer Raum*

Ein Vakuum als *materiefreier* Raum ist eine herkömmliche Näherung der Mechanik, wenn Bewegungen von Objekten abstrahierend beschrieben werden, ohne Reibungskräfte berücksichtigen zu müssen.

Die Idee des „leeren Raumes, in welchem elektromagnetische Prozesse stattfinden" [Einstein 1905a, S. 892] ersetzt die Idee des Lichtäthers, welche bis 1905 in Physik und Philosophie vorherrschend gewesen war. Ein Äther als mechanischer Träger von Lichtwellen, in Analogie zu Wasserwellen oder zu Fluiden/kondensierten Stoffen, die Schallwellen transportieren, erschien den meisten Physikern und Philosophen bis 1905 als unverzichtbar. Er diente als ruhendes Bezugssystem, gegenüber dem absolute Geschwindigkeiten denkbar waren. Doch erwies sich die These, zumindest in ihrer konkreten mechanistischen Interpretation, als unhaltbar.

Einstein reagierte auf die experimentelle Unauffindbarkeit eines mechanischen Trägers der Lichtwellen:

> Die Einführung eines „Lichtäthers" wird sich insofern als überflüssig erweisen, als nach der zu entwickelnden Auffassung weder ein mit besonderen Eigenschaften ausgestatteter „absolut ruhender Raum" eingeführt, noch einem Punkte des leeren Raumes, in welchem elektromagnetische Prozesse stattfinden, ein Geschwindigkeitsvektor zugeordnet wird.
> [Einstein 1905a, S. 892]

Er spricht von „durch den leeren Raum [...] gelangenden Lichtzeichen" [Einstein 1905a, S. 893]. Im Unterschied zum später eingeführten ART-Vakuum wird das SRT-Vakuum als *materie- und feldfrei* gedacht:

> Der (Inertial-)Raum – oder genauer gesagt, dieser Raum zusammen mit der zugehörigen Zeit – bleibt übrig, wenn man Materie und Feld weggenommen denkt. Dies vierdimensionale Gebilde (Minkowski-Raum) ist als Träger der Materie und des Feldes gedacht. [Einstein 1917a, S. 120 f.]

Der 1983 festgesetzte Wert von c im SRT-Vakuum beträgt 299792,458 km/s. Auf ein bewegtes Objekt wirken keine äußeren Kräfte. Es ist damit gleichförmig geradlinig bewegt. Von potentiellen Energien E_{pot} wird in der Theorie abstrahiert. Es gilt: $E_{\text{pot}} = 0$.

iii. Die Deutung des Inertialsystems als starrer Körper

Gemäß Einsteins Definition der Inertialsysteme als „zwei Koordinatensysteme, d. h. zwei Systeme von je drei von einem Punkte ausgehenden, aufeinander senkrechten starren materiellen Linien" [Einstein 1905a, S. 897] lässt sich die gleichförmige und geradlinige Bewegung von Inertialsystemen als Bewegung starrer Körper auffassen.

Das klingt wie eine kleinere Ergänzung, ist aber eine der Grundprämissen, wenn es um die Neuinterpretation des Raumes durch die SRT geht. Abstrakte Strecken werden körperlich gedacht, was Einstein die „physikalische Interpretation des Abstandes" nennt [Einstein 1917a, S. 9]. Koordinatensysteme, die in der euklidischen Geometrie Raum für Körper, d. h. *externer Bestimmungsrahmen* für Bewegung und Ausdehnung sind, werden selbst zu starren Körpern. Einstein erläutert:

> Die so ergänzte Geometrie ist dann als ein Zweig der Physik zu behandeln.
>
> [Einstein 1917a, S. 9]

iv. Die Deutung der Zeit als Uhrzeit

In der SRT wird die Zeit als Uhrzeit gedeutet:

> Wir könnten uns allerdings damit begnügen, die Ereignisse dadurch zeitlich zu werten, daß ein samt der Uhr im Koordinatenursprung befindlicher Beobachter jedem von einem zu wertenden Ereignis Zeugnis gebenden, durch den leeren Raum zu ihm gelangenden Lichtzeichen die entsprechende Uhrzeigerstellung zuordnet.　　[Einstein 1905a, S. 893]

Mit dieser Festsetzung werden nicht nur die Inertialsysteme „materialisiert", womit Ortskoordinaten von herkömmlich kinematischen zu dynamischen Größen werden. Auch die Zeit, gemeinhin Dimension für zeitliche Erstreckung, wird nun zu einer dynamischen, physikalischen Variable. Dies deshalb, weil Uhren physikalische Objekte sind, die Kräften ausgesetzt sind, selbst wenn letztere durch Annahme ii eigentlich ausgeschlossen sind.
Obwohl Einstein nivellierend schreibt:

> Die zu entwickelnde Theorie stützt sich – wie jede andere Elektrodynamik – auf die Kinematik des starren Körpers, da die Aussagen einer jeden Theorie Beziehungen zwischen starren Körpern (Koordinatensystemen), Uhren und elektromagnetischen Prozessen betreffen.　　[Einstein 1905a, S. 892],

so prägt er mit den Annahmen iii und iv doch wesentlich andere Begriffe von Raum und Zeit:

> Nach all diesen Festsetzungen haben räumliche und zeitliche Angaben eine physikalisch-reale, keine bloß fiktive Bedeutung.　　[Einstein 1922, S. 32]

Durch eine Gleichsetzung der Zeit mit der Uhrzeit wird der Begriff der *absoluten Zeit*, die nach Isaac Newton „an sich und vermöge ihrer Natur gleichförmig, und ohne Beziehung auf irgend einen äussern Gegenstand" [Newton 1687, S. 25] verfließt, aufgegeben.

v. Die Konstruktion des Raumes aus Inertialsystemen

Einstein sieht den Raum als „Schachtel" bzw. „begrenztes Medium (Behälter)": „Bisher ist unser Raumbegriff an die Schachtel gebunden." [Einstein 1917a, S. 109][19]

Er denkt ein Gefüge aus gleichförmig und geradlinig gegeneinander bewegten Schachteln (Inertialsystemen) und lässt die Dicke der Schachtelwände „auf Null herabsinken" [Einstein 1917a, S. 109 f.]. Die „Idee von der Existenz einer unendlichen Zahl von gegeneinander bewegten Räumen" wird als „logisch unvermeidlich" [Einstein 1917a, S. 110] bezeichnet:

> Nun aber muss man denken, daß es unendlich viele Räume gibt, die gegeneinander bewegt sind.   [Einstein 1917a, S. 110]

In Verbindung mit dem Relativitätsprinzip § 1, wonach kein Inertialsystem bevorzugt ist, bedeutet ein Raum aus gegeneinander bewegten Bezugssystemen, welche einerseits aus starren materiellen Linien zu denken sind (Annahme iii) und deren Schachtelwanddicke andererseits gegen null geht, zugleich die Aufgabe der Idee eines *absoluten Raumes* als ausgezeichnetes Bezugssystem, von dem Isaac Newton in seiner Principia Matematica geschrieben hatte:

> Der absolute Raum bleibt vermöge seiner Natur und ohne Beziehung auf einen äussern Gegenstand, stets gleich und unbeweglich.   [Newton 1687, S. 25]

vi. Die Auffassung vom Primat des Beobachters

Die SRT lässt sich als „Lehre von der Abhängigkeit bzw. von der Invarianz physikalischer Aussagen vom Bezugssystem des Beobachters" [Nolting 2010 S. 5] verstehen.

Es werden Beobachtereindrücke aus gegeneinander bewegten Inertialsystemen (Bezugssystemen) beschrieben, wobei die Beobachter in den Nullpunkten der Koordinatensysteme lokalisiert sind. Es interessiert, was der jeweilige Beobachter von seinem (verschieden bewegten) Nullpunkt aus sieht. Die Physik als messende Wissenschaft fragt: Was sieht der Beobachter? Dass jeder Beobachter von seinem anders bewegten Bezugssystem aus etwas anderes erkennen (messen) muss, ist augenfällig. Mit Kinematik rechnet man gewöhnlicherweise Beobachtereindrücke ineinander um.

---

19 Die Idee vom *Raum als Schachtel* geht auf Descartes zurück und entsprach nicht den vorherrschenden philosophischen Anschauungen zu Einsteins Zeiten. Nach Kant, Hartmann und anderen ist der Raum als Kategorie bzw. *Dimension* (nicht Extension) nur die Voraussetzung für eine Ausgedehntheit, besitzt selbst aber keine Ausdehnung (ist keine „Schachtel") und hat auch keinen Nullpunkt wie ein Koordinatensystem.

Aufgrund der Annahmen iii und iv geht der Anspruch der SRT über reine Bewegungsgeometrie hinaus. Zugleich wird dem im jeweiligen Bewegungszustand *Beobachtbaren* das Primat gegenüber einer eindeutigen objektiven Realität gegeben, was im Grunde einer idealistischen Position entspricht: „alle Körper [...] existieren nicht außerhalb des Geistes; sie haben kein anderes Sein, als dass sie wahrgenommen werden" [Berkeley 1710].[20]

So werden Uhrzeiten, die mittels Lichtuhren in verschieden schnell bewegten Bezugssystemen gemessen werden, nicht als scheinbar andere, sondern als real andere Uhrzeiten interpretiert:

> Wie schnell geht diese Uhr, vom ruhenden System aus betrachtet? [Einstein 1905a, S. 904]

Die Antwort lautet:

> Man schließt daraus, daß eine am Erdäquator befindliche Unruhuhr um einen sehr kleinen Betrag langsamer laufen muß als eine genau gleich beschaffene, sonst gleichen Bedingungen unterworfene, an einem Erdpole befindliche Uhr. [Einstein 1905a, S. 905]

Der beobachtete verlangsamte Uhrengang bei hohen Geschwindigkeiten wird als real eingestuft und gemäß der Annahme Zeit = Uhrzeit als *Zeitdilatation* bezeichnet. Damit wird ein nach dem Relativitätspostulat § 1 und Annahme v als Beobachtungseffekt zu deutendes Phänomen zur Realität erklärt.

Dieses Verfahren der Verwirklichung von Beobachtungseffekten wird freilich inkonsequent angewendet. Die Verkürzung der Länge eines Körpers in Bewegungsrichtung wird als *scheinbar* erklärt:

> Während also die Y- und Z-Dimension der Kugel (also auch jedes starren Körpers von beliebiger Gestalt) durch die Bewegung nicht modifiziert erscheinen, erscheint die X-Dimension im Verhältnis $1:\sqrt{1-(v/V)^2}$ verkürzt, also um so stärker, je größer v ist.
>
> [Einstein 1905a, S. 903]

Im Zuge einer Gleichbehandlung der Lorentz-Transformierten im analogen Formelsystem der SRT wäre neben einer realen Zeitdilatation auch eine reale Längenkontraktion notwendig, doch scheitert letztere gedanklich an den Annahmen ii. (leerer, kräftefreier Raum) und iii. (starrer Körper). Starr und deformierbar schließen sich offensichtlich aus, da „die entsprechenden Charakterisierungen logisch unverträglich sind." [Janich 1989, S. 50]

---

20 Der idealistische Interpretationsansatz der SRT wird auch in Einsteins Zuggleichnissen deutlich. Einstein zeigt, dass sich Gleichzeitigkeit aufgrund ungleicher Lichtwege für verschieden bewegte Beobachter nicht absolut *beobachten* lässt. Er beschreibt damit eine Relativität der Feststellbarkeit von Gleichzeitigkeit, schlussfolgert aber auf die Relativität der Gleichzeitigkeit an sich. Der Ontologe Nicolai Hartmann seziert diese Verfahrensweise: „Gleich bei den ersten Überlegungen der speziellen Relativitätstheorie begegnen wir der Verschiebung des Problems von der Realzeit auf die Konstatierbarkeit bestimmter Verhältnisse ,in' der Zeit." [Hartmann 1950, S. 236 ff.]

Mit Blick auf die energetischen Gesichtspunkte in den hier segmentierten Grundannahmen i-vi der SRT lässt sich feststellen:

1. Die in der SRT beschriebenen Objekte sind stark idealisiert. Während der Begriff *thermodynamisches System* weiter gefasst ist als der Begriff *Körper* (vgl. Kap. 2.1), stellen *der Massepunkt* und *der starre Körper aus Massepunkten* (Annahme i) eine starke Reduktion gegenüber realen makroskopischen Körpern (Materie) mit veränderlichen Volumina, Grenzflächen, Ladungen usw. dar, die stets Feldwechselwirkungen ausgesetzt sind.

2. Die Annahmen ii-vi ersetzen Hendrik Antoon Lorentz' Annahmen zur Deutung seiner eigenen Gleichungen [Lorentz 1892, 1895, 1904]. Nach George Francis FitzGerald und Lorentz werden durch die Lorentz-Transformation energetische Wirkungen eines nicht-leeren Raumes auf bewegte Objekte beschrieben. Bewegen sich Objekte mit höherer Geschwindigkeit, kommt es zur realen Kontraktion in Bewegungsrichtung, zum Beispiel zur Verformung von Elektronen. Beschrieben wird eine Prozessdilatation als Wirkung von Kräften infolge der physikalischen (elektromagnetischen) Eigenschaften des Äthers. Diese Interpretation, die auch von Vertretern der Protophysik [Lorenzen 1968, 1978] priorisiert wird, räumt der Materie das Primat gegenüber der Geometrie ein:

   > [...] die dem Raum und der Zeit zugeschriebene Relativität bezieht sich tatsächlich auf das dynamische Verhalten der Materie und der Kraftfelder, rechtfertigt aber keinen weiteren Schluß. [Hartmann 1950, S. 249]

3. Raum und Zeit werden mit den Annahmen iii und iv als dynamische (physikalische) Größen verstanden. Das bedeutet, dass bereits die Annahmen der SRT die Begriffe Raum und Zeit neu interpretieren, nicht erst die Schlussfolgerungen, wie es Lehrbücher der modernen Physik mitunter nahelegen:

   > Die wichtigsten Resultate [der SRT] werden zu einer Revision der Begriffe: Raum, Zeit, Gleichzeitigkeit führen, [...]. [Nolting 2010, S. 5]

4. Infolge der Idee eines materie- und feldfreien SRT-Vakuums (Annahme ii) und der Auffassung von der Zeit als einer dynamischen Größe (Annahme iv) ist eine Erfassung der Irreversibilität von Prozessen von vornherein ausgeschlossen.

Die Formeln für die Lorentz-Transformation wurden vor 1905 von Hendrik Antoon Lorentz entwickelt. Sie unterscheiden sich nicht von den Lorentz-Transformationen der SRT, doch hat sich die idealistische Deutung Einsteins[21] in den zwanziger Jahren des letzten Jahrhunderts gegenüber der materialistischen von Lorentz durchgesetzt. Die

---

21 „Die Relativierung der Objektivität von Raum und Zeit zu etwas Subjektivem, vom Zustand eines Beobachters Abhängigen ist eine Grundrichtung des physikalischen Idealismus." [Jooß 2017, S. 176]

Gründe dafür sind vielschichtig. Angesichts eines nicht nachweisbaren mechanischen Äthers, was die damalige Physik in eine Denkkrise stürzte, bot die SRT eine pragmatische Lösung. Weiterhin spielten die Anerkennung der Allgemeinen Relativitätstheorie (ART) nach Eddingtons Sonnenfinsternis-Beobachtungen von 1919, Einsteins klug-intuitive Lichtquantenhypothese, Plancks stetige Unterstützung, wissenschaftspolitische Entscheidungen und Einsteins Person selbst eine Rolle (s. Anhang: Die Festlegung einer Überzeugung).

Unabhängig davon wurden die Annahmen und Deutungen der SRT und damit verbundene logische Widersprüche oft kritisiert, unter anderem in dem einige Jahre andauernden Briefwechsel in „Nature", der 1956 und 1957 von Herbert Dingle [Dingle 1956a, 1956b, 1957] angestoßen wurde. Spätestens seitdem der Briefwechsel Anfang der siebziger Jahre beendet wurde (s. Anhang), gilt die SRT allerdings als widerspruchsfrei und wird nicht mehr als Verlegenheitslösung betrachtet. In modernen Lehrbüchern werden die Paradoxien der SRT als scheinbar eingestuft:

> Ein gründliches Verständnis dieser Zusammenhänge löst im allgemeinen alle Paradoxa der speziellen Relativitätstheorie. [Tipler 2000, S. 1164]

3.2 Definitionen der Ruheenergie

In der SRT ist der Begriff der *Ruheenergie* E_0 zentral. Gemäß der Annahmen i und ii (s. Kap. 3.1) handelt es sich um die Ruheenergie E_0 eines Massepunktes oder starren Körpers im leeren Raum, d. h. es gilt: $E_{\text{pot}}(\boldsymbol{h}, \ldots) = 0$.

Unter der Ruheenergie E_0 versteht man heute:

> die Energie, die der Körper auch dann noch hat, wenn er ruht. [...] Das ist grundsätzlich anders als in der alten Newtonschen Mechanik, nach der ein Körper überhaupt nur Energie hat, wenn er sich bewegt, so daß die Energie erst eine Folge der Bewegung ist. Nach EINSTEIN hat ein Körper immer Energie, auch wenn er ruht. [Falk und Ruppel 1973, S. 42]

Erweitert der Begriff *Ruheenergie* der SRT, der am Anfang des 20. Jahrhunderts entwickelt wurde, tatsächlich die Mechanik, so gilt dies ebenso für den Begriff *innere Energie U* der Thermodynamik, der bereits 1850 für ein ruhendes System entwickelt wurde [Clausius 1850]. Im Folgenden wird dargestellt, welche Prämissen der heutigen Deutung der Ruheenergie eines Körpers zugrunde liegen.

3.2.1 Die vollständige Masse-Energie-Äquivalenz

Das Verständnis von der Ruheenergie E_0 beruht auf Einsteins Deutung der Gleichung

$$E_0 = mc^2, \tag{20}$$

die im Rahmen der relativistischen Mechanik erhalten wurde. Hierin ist m die Masse eines Massepunktes oder starren Körpers im Ruhezustand, und c ist die Lichtgeschwindigkeit.[22]

Seit 1905 interpretierte Einstein Gl. (20) in vielen seiner Arbeiten analog:

> Die Masse eines Körpers ist ein Maß für dessen Energieinhalt; [...].   [Einstein 1905b, S. 641]

> Wendet man ferner die letzte der Gleichungen (43) auf einen ruhenden Massepunkt an [...], so sieht man, dass die Energie E_0 eines ruhenden Körpers seiner Masse gleich ist. [...] Masse und Energie sind also wesensgleich, d. h. nur verschiedene Äußerungsformen derselben Sache. Die Masse eines Körpers ist keine Konstante, sondern mit dessen Energieänderungen veränderlich.   [Einstein 1922, S. 49]

Mit dieser Interpretation geht Einstein über den Begriff *elektromagnetische Masse* hinaus, der bereits vor 1905 von vielen Physikern wie Henri Poincaré, Oliver Heaviside oder Hendrik Antoon Lorentz genutzt worden war.

Die sogenannte elektromagnetische Masse wurde vor 1905 als Ursprung von Masse interpretiert (vgl. z. B. [Rothmann 2015]). Bereits 1846 benutzte Wilhelm Eduard Weber die Gleichung $E_0 = mc^2$, wobei es Autoren gibt, welche die Herkunft von $E_0 = mc^2$ auf noch früher als 1846 datieren (z. B. [Theimer 1977]). Sir Joseph John Thomson führte 1881 das Konzept der elektromagnetischen Masse ein [Thomson 1881], wonach Strahlung die Masse eines Körpers vergrößert, eine Auffassung, die auch Oliver Heaviside vertrat [Heaviside 1881]. Auch Henri Poincaré nutzte diese Gleichung zur Beschreibung der „scheinbaren Masse" von elektromagnetischer Energie [Poincaré 1900]. 1904 leitete Friedrich Hasenöhrl die Gleichung $E_0 = \tfrac{3}{4}\, mc^2$ ab [Hasenöhrl 1904], wonach Hohlraumstrahlung Impuls und träge Masse besitzt und zur Masse eines Körpers beiträgt.

Einsteins Deutung, dass „die Energie E_0 eines ruhenden Körpers seiner Masse gleich ist", enthält die Annahme, dass der energetische Zustand eines Körpers durch seine Masse vollständig beschrieben wird. Die gesamte Energie eines ruhenden Körpers, d. h. jegliche elektromagnetische Energie der konstituierenden Teilchen, deren Bewegungsenergien (kinetische Energie) und die vorhandenen Lageenergien (potentielle Energie), wird danach über die Ruhemasse m erfasst.

Einstein schreibt 1905 explizit nicht:

$$E_0 = mc^2 + \text{weitere Terme}, \tag{20a}$$

$$\Delta E_0 = c^2 \Delta m + \text{weitere Terme}. \tag{20b}$$

---

22 Gl. (20) orientiert sich an Einsteins Nomenklatur in [Einstein 1922, S. 49], d. h. die Ruhemasse wird hier nicht mit m_0 bezeichnet, wie in einigen Lehrbüchern üblich (z. B. [Tipler, 2000, S. 1177], [Meinel, 2016, S. 59]).

Da die generalisierende Deutung der Masse in Einsteins Arbeit [Einstein 1905b, S. 641] noch nicht wirklich begründet ist, reicht Einstein bis in die vierziger Jahre der 20. Jahrhunderts hinein weitere Herleitungen nach, um zu bestätigen, „daß die Masse eines Körpers bei Änderung von dessen Energieinhalt sich ändert, welcher Art auch jene Energieänderung sein möge." [Einstein 1906, S. 627]

Über Einsteins Massedeutung, die nicht die einzige Interpretationsmöglichkeit darstellt, wurde seit 1905 schon oft nachgedacht, auch in Verbindung mit Interpretationen zur lorentz-transformierten Masse (s. später Kap. 3.3.2).[23] Im Jahr 1965 wurde gezeigt, dass ein additiver Summand in Gl. (20) im Rahmen der SRT nicht ausgeschlossen werden kann [Ehlers et al. 1965].

Heute werden alle experimentellen Befunde dahingehend gedeutet, den von Einstein geprägten generalisierenden Massebegriff zu stützen (s. Kap. 3.4). In Universität und Schule wird, meist ohne Geschichtsbezug und Erwähnung früherer Interpretationen von Gl. (20), die „vollkommene Äquivalenz von Energie und Masse" gelehrt:

> Eines der wichtigsten Ergebnisse der Relativitätstheorie ist aber die vollkommene Äquivalenz
> von Energie und Masse, [...]. [Gerthsen 2005, S. 640]

> Die Relativitätstheorie zeigt ganz allgemein, dass Energie und Masse als zwei Aspekte der gleichen Sache zu betrachten sind, dass schon ein ruhender Körper bei $v = 0$ mit der Masse m die Energie $E = E_{ruh} = mc^2$ besitzt, und dass zu einer bestimmten Energie immer auch eine bestimmte Masse gehört. Dieser Zusammenhang wird als **Energie-Masse-Äquivalenz** bezeichnet und ist zur wohl berühmtesten Formel der gesamten Physik geworden. [Gerthsen 2005, S. 643]

> Regel: Ein ruhender Körper der Ruhemasse m_0 besitzt die Ruheenergie $E_0 = m_0c^2$. Dazu zählen außer den Ruheenergien der Atome bzw. Moleküle, aus denen er aufgebaut ist, auch deren kinetische Energien und die potenziellen Energien der Wechselwirkungen zwischen ihnen. [Lautenschlager 2012, S. 84]

3.2.2 Anmerkungen zur Methodik

Da Einsteins Deutung der Gleichung $E_0 = mc^2$ eine heuristische Annahme enthält, sollen zunächst ein paar Anmerkungen aus methodischer Sicht folgen:

1. Die synonyme Verwendung von Masse und Materie

   Die synonyme Benutzung der Begriffe *Masse* und *Materie* prägt die Fachliteratur zur SRT: „die *Bewegung* eines materiellen Punktes" [Einstein 1905a, S. 892], „Massepunkt", „Körper" [Einstein 1922, S. 49], „materielle punktartige Körper"

---

[23] Die Deutsche Physikalische Gesellschaft (DPG) führte zum Beispiel im Rahmen ihrer Frühjahrstagung im Februar 2013 in Jena ein eigenes Symposium zum „Begriff der Masse" durch.

[Falk 1973, S. 49], „kräftefreies Teilchen", „materielles Teilchen, „Teilchen der
Masse m", „freies Teilchen", „Massenpunkt" [Nolting 2010, S. 47 ff.], „massives
Teilchen", „ein ruhendes, massives Elementarteilchen" [Scheck 2002, S. 221 ff.].
Einstein spricht auch von ponderablen materiellen Punkten, denen er eine
Ladung zuweist:

> In einem elektromagnetischen Felde bewege sich ein punktförmiges, mit einer elektri-
> schen Ladung ε versehenes Teilchen (im folgenden „Elektron" genannt), [. . .].
> [Einstein 1905a, S. 917]

> [. . .] denn ein ponderabler materieller Punkt kann durch Zufügen einer *beliebig kleinen*
> elektrischen Ladung zu einem Elektron (in unserem Sinne) gemacht werden.
> [Einstein 1905a, S. 919]

Die aus der Mechanik übernommene Wortwahl und Einsteins Deutung von
Gl. (20) veranlassen einige Autoren dazu zu schreiben, Materie *sei* Masse, und
Masse sei keine Eigenschaft von Materie (neben anderen), sondern gewisser-
maßen eine Erscheinungsform der Materie.

Nun beinhaltet bereits der Terminus „materieller Punkt" einen Widerspruch
im Beiwort (*contradictio in adjecto*) dahingehend, dass „materiell" und „Punkt"
(d. i. ausdehnungslos) sich gegenseitig ausschließen. Ein Massepunkt wird auch
dann nicht zu einem realen Teilchen, wenn man ihm eine Ladung hinzufügt. Es
handelt sich dann um eine Punktladung, erneut eine starke Idealisierung. Auch
ein starrer Körper aus Massepunkten ist keine Materie, sondern abstrahiert von
inneren Strukturen, Energiedichte-Schwankungen, Verformbarkeiten usw., wodurch reale Materie gekennzeichnet ist.

2. Die Ruheenergie eines Massepunktes

Gemäß Annahme i der SRT wird Materie auf die Masse reduziert. Von anderen
Eigenschaften, die makroskopische Materie gemeinhin kennzeichnen, wie Volumen, Struktur, Grenzfläche, Form usw., wird abstrahiert.

Insofern sich Einsteins Deutung von Gl. (20) auf die Ruheenergie E_0 eines Massepunktes oder starren Körpers aus Massepunkten bezieht, ist sie aus methodischer Sicht korrekt. Werden einem transportierten Objekt lediglich Masse m und
Impuls P als extensive (energetische) Zustandsgrößen zugeordnet, kann die Ruheenergie bei $P = 0$ voraussetzungsgemäß nur noch von m abhängen, und ein Objekt
kann sich auch nur in m ändern, wenn es beispielsweise Strahlung emittiert oder
absorbiert.

Jede theoretische Beweisführung für eine „vollkommene Äquivalenz von Energie und Masse" allerdings muss im Rahmen der SRT zwangsläufig ein Zirkelbeweis
bleiben, da man stets nur Massepunkten oder starren Körpern Energie jedweder
Art zuführen kann, d. h., es gibt bereits von den Annahmen her außer der Masse
keine Freiheitsgrade, die energetisch relevant sein könnten.

3. Die Ruheenergie von Materie

Wird aus der Energie eines Massepunktes auf die Energie eines Körpers (gedacht als Materie) geschlossen, werden die Voraussetzungen der Theorie in den Folgerungen nicht beachtet. In den Annahmen der Theorie wird Materie auf Masse reduziert und jegliche Energie zwischen den Massepunkten ausgeschlossen (Vakuum als materie- und feldfreier Raum). In den Schlussfolgerungen wird von Masse auf Materie erweitert.

Eine methodisch saubere Schlussfolgerung aus Gl. (20) wäre, dass Masse *eine* energieäquivalente Eigenschaft der Materie darstellt. Dies schließt nicht aus, dass es nicht weitere energieäquivalente Eigenschaften der Materie geben kann, von denen in der SRT abstrahiert wurde.

Real wird nicht Masse bewegt, sondern Materie. Materie *hat* eine Masse, ist aber keine. Ob es weitere Eigenschaften der Materie gibt, die energierelevant sind, kann im Rahmen einer Theorie, die Materie von vornherein als Masse idealisiert, nicht geklärt werden.

4. Die Beweislast

Abstraktionen sind wichtig, weil sie uns zu allgemeingültigen Schlüssen und übergeordneten Prinzipien hinführen können. Seit Newton fassen wir den Körper über seine Masse. Wir geben ihm einen Impuls $P = mv$, kinetische Energie $E_{kin} = \frac{1}{2}mv^2$, potentielle Energie $E_{pot} = mgh$ im Schwerefeld der Erde usw., was im Rahmen der Newtonschen Näherung unbedingt sinnvoll ist. *Mechanisch gleiche* Körper, also Körper gleicher Masse und Geschwindigkeit, werden stets denselben Energie-Impuls-Transport verkörpern, auch wenn sie sich in ihren Abmessungen, optischen Eigenschaften usw. unterscheiden.

Eine generalisierende Deutung der Masse indes überschreitet den Gültigkeitsanspruch der Mechanik und betrifft auch Eigenschaften eines Körpers wie die Grenzfläche oder das Volumen, die Gegenstand der Thermodynamik sind. Um eine solche Aussage nicht im Status der Behauptung zu belassen, bedarf sie umfassender empirischer Überprüfung.

5. Die Beweiskraft von Experimenten

Bezüglich der Beweiskraft von Experimenten im Sinne *einer* Theorie soll ein Einwand von Charles Lane Poor wiederholt werden, der in seinem kritischen Buch „Gravitation versus relativity" im Geiste Karl Poppers fragt:

> How can an experiment, equally well explained by several different theories, be a "crucial test" in favor of one of them? [Poor 1922, S. 56]

Heute werden viele Experimente als Beweis der SRT interpretiert. Auch wenn Einstein etwa das Michelson-Morley-Experiment als „*Experimentum crucis*" [Einstein und Infeld 1938, S. 174] gegen den ruhenden Äther bezeichnet und damit als Beweis für die SRT gedeutet hat, ist die Theorie damit weder falsifiziert noch verifiziert, da Experimente stets nur Teilaussagen zulassen und verschieden interpretierbar sind. Es ist zu fragen, *was genau* gezeigt oder bewiesen wurde.

6. Der Charakter einer Näherungsgleichung

In den Folgerungen aus einem Modell sind die Annahmen zu beachten. Die Gleichung $E_0 = mc^2$ bietet eine einfache Berechnungsgrundlage, um Masse und Energien ineinander umzurechnen.[24]

Solange eine umfassende Bestätigung dafür fehlt, dass m den gesamten Energiegehalt E_0 eines ruhenden Körpers (gedacht als makroskopische Materie, die im Unterschied zu idealisierten Massepunkten im feldfreien Raum nicht ohne potentielle Energien denkbar ist) erfasst und über den Begriff der elektromagnetischen Masse von Thomson, Heaviside oder Poincaré hinausgeht, trägt $E_0 = mc^2$ den Charakter einer Näherungsformel im Rahmen der Newtonschen Näherung, über die sie hergeleitet wurde.

Auf Grundlage der Punkte 1 bis 6 soll die generalisierende Deutung der Masse m für einen ruhenden Körper, d. h. die vollständige Masse-Energie-Äquivalenz, hier als methodisch fragil bezeichnet werden.

3.3 Die Problematik der Aufteilung der Gesamtenergie in Anteile

In der relativistischen Mechanik, die heute zur physikalischen Grundbildung gehört, gilt für die Gesamtenergie E eines bewegten Massepunktes im leeren Raum der *relativistische Energiesatz*[25]

$$E(P) = \sqrt{E_0^2 + c^2 P^2} \tag{21}$$

mit den Grenzfällen

$$v = 0: \qquad E = E_0 = mc^2 \text{ (Ruheenergie der Materie)},$$

$$v = c, \quad m = 0: \quad E = cP \qquad \text{(Energie des Photons).}$$

Gl. (21) lässt sich alternativ darstellen über den Lorentz-Faktor γ

$$\gamma = \frac{1}{\sqrt{1 - (v^2/c^2)}} \geq 1, \tag{22}$$

---

24 Die Massen von Elementarteilchen werden heute mit Gl.(20) sogleich in Einheiten von MeV/c² angegeben. Das betrifft auch die atomare Masseneinheit $1u = 1{,}660539040(20) \cdot 10^{-27}\,\text{kg} = 931{,}4940954(57)\,\text{MeV/c}^2$.
25 In der Form $E^2 = (mc^2)^2 + (cP)^2$ lässt Gl. (21) eine Analogie zum Satz des Pythagoras erkennen, weshalb man auch vom *relativistischen Pythagoras* spricht.

den Hendrik Antoon Lorentz vor 1905 hergeleitet hat, um physikalische Größen eines bewegten Elektrons im nicht-leeren Raum als geschwindigkeitsabhängig zu beschreiben. Mit Gl. (22) werden und wurden in der SRT Größen, wie etwa Energie E, Impuls P, Zeit t, Länge l, Masse m und zuweilen auch Temperatur T und Wärme Q, als bewegungsvariant aus der Sicht von gleichförmig bewegten Beobachtern beschrieben.

Der Energiezuwachs eines Massepunktes mit wachsender Geschwindigkeit v wird in der alternativen Darstellung von Gl. (21) unter Nutzung des Lorentz-Faktors γ für den Impuls P deutlich:

$$E(v) = \gamma E_0 = \gamma mc^2 = \frac{mc^2}{\sqrt{1-(v^2/c^2)}} \geq E_0. \tag{23}$$

Entwickelt man Lorentz' Ausdruck für γ in Gl. (22) in eine Taylor-Reihe, ergibt sich

$$\left(1-\frac{v^2}{c^2}\right)^{-1/2} = 1 + \frac{1}{2}\frac{v^2}{c^2} + \frac{3}{8}\frac{v^4}{c^4} + \dots \tag{24}$$

und dementsprechend für E in Gl. (23) [Einstein 1917a, S. 39; 1922, S. 50]:

$$E(v) = mc^2 + m\frac{v^2}{2} + \frac{3}{8}m\frac{v^4}{c^2} + \dots \tag{25}$$

Bis hierhin ähneln sich die Darstellungen in der Literatur.

3.3.1 Die Abgrenzung von Ruheenergie und kinetischer Energie

Hinsichtlich der Aufteilung der Gesamtenergie E und der konkreten Abgrenzung von kinetischer Energie E_{kin} und Ruheenergie E_0 weichen die Interpretationen voneinander ab.

Einsichtig ist sofort, dass Gl. (25) für $v \ll c$ in die Darstellung der klassischen Mechanik übergeht, da das 3., 4. und jedes weitere Glied aufgrund der Potenzen von c im Nenner gegenüber dem 2. Glied vernachlässigbar klein werden:

> Das zweite Glied dieser Entwicklung entspricht der kinetischen Energie des materiellen Punktes in der klassischen Mechanik. [Einstein 1922, S. 50]

Die meisten Lehrbuch-Autoren gehen von einer Zerlegbarkeit der Gesamtenergie bei jeder Geschwindigkeit v aus:

> Die Gesamtenergie E lässt sich in zwei Anteile aufspalten: In die sogenannte Ruheenergie $m_0 c^2$, die das Teilchen auch für $v = 0$ auf Grund seiner Masse hat, plus die Bewegungsenergie E_{kin} mit $E_{kin} = (m - m_0)c^2$, [...]. [Demtröder 2005, S. 132]

Die kinetische Energie wird beschrieben als (z. B. [Scheck 2002, S. 253], [Gerthsen 2005, S. 642], [Demtröder 2005, S. 132]):

$$E_{kin} = E - E_0. \tag{26}$$

Werden, wie allgemein üblich, Ruheenergie E_0 und innere Energie U miteinander identifiziert, d. h. $E_0 = U$, folgt mit Gl. (3):

$$E = E_0(S, V, n_i, \dots) + E_{kin}(P). \tag{27}$$

Gl. (26) und Gl. (27) bedeuten, dass alle höheren Glieder der Reihenentwicklung in Gl. (25) E_{kin} zugeordnet werden, d. h. der Energiezuwachs, den das System bei höherer Geschwindigkeit erfährt, ist rein kinetischer Natur.

Andere Autoren sprechen von der „Unzerlegbarkeit" der Gesamtenergie E bei hohen Geschwindigkeiten:

> Die Zerlegung [...] der Energie eines Systems in einen „äußeren" oder kinetischen Anteil und einen „inneren" Anteil, also die Abspaltung der inneren Energie als Anteil der Energie des Systems, ist eine Approximation, die nur zutrifft, wenn die Bedingung $c|P| \ll E$ erfüllt ist, die gleichbedeutend ist mit $|v| \ll c$.   [Falk und Ruppel 1976, S. 144]

Der Konflikt, der sich bei einer Gleichsetzung von E_0 und U ergibt, ist folgender: Eine Zerlegung von E in Anteile ist nur möglich, wenn die Energieanteile voneinander unabhängig sind und von unterschiedlichen extensiven Zustandsvariablen abhängen (vgl. Kap. 2.3). Für $v \ll c$ geht Gl. (21) zwar in den Newtonschen Grenzfall über, d. h. [Falk und Ruppel 1976, S. 146]

$$E = E_0\sqrt{1 + \frac{c^2 P^2}{E_0^2}} \approx E_0\left(1 + \frac{1}{2}\frac{c^2 P^2}{E_0^2}\right) = E_0 + \frac{P^2}{2E_0/c^2}, \tag{28}$$

doch ist Gl. (28) nicht gleichbedeutend mit Gl. (27), da $P^2/(2E_0/c^2)$ nicht nur von P, sondern auch von E_0 (und damit von $V, S, n_i, \dots$) abhängt. Lediglich wenn E_0 als Konstante behandelt werden kann, wenn also die durch Änderungen von $S, V, n_i, \dots$ verursachten Änderungen von E_0 sehr klein sind gegenüber E_0 selbst, geht Gl. (28) in Gl. (27) über.[26]

---

[26] Bereits Max Planck hat darauf hingewiesen, dass eine Aufteilung von E nur eine Näherung sein kann, wenn im System auch Wärmestrahlung mittransportiert wird: „Diese Zerlegung ist von nun an, principiell genommen, in keinem einzigen Falle mehr gestattet. [...] wenn dem Körper eine gewisse Geschwindigkeit erteilt wird, so wird diese Wärmestrahlung zugleich mit in Bewegung gesetzt. Für bewegte Wärmestrahlung aber ist, obwohl deren Energie merklich von der Geschwindigkeit der Bewegung abhängt, eine Trennung der Energie in eine innere und eine fortschreitende Energie durchaus unmöglich; folglich ist eine solche Trennung auch für die Gesamtenergie nicht durchführbar." [Planck 1907, S. 542f.]

3.3.2 Das Interpretationsproblem der Lorentz-Transformierten

Die Frage der Aufteilbarkeit der Gesamtenergie E ist nicht trivial. Dies resultiert insbesondere aus den Unsicherheiten bezüglich der Deutung von Lorentz-Transformierten, dem sogenannten *Interpretationsproblem* der SRT:

> Genau für die Lorentz-Kontraktion und die Einstein-Dilatation entsteht aber ein Interpretationsproblem. [Lorenzen 1978, S. 97]

Zu berücksichtigen sind die Annahmen i bis vi in Kap. 3.1, nach denen es sich bei der SRT um eine „Kinematik des starren Körpers" handelt [Einstein 1922, S. 32], wobei die durch Einstein ergänzte Geometrie „als ein Zweig der Physik zu behandeln" ist [Einstein 1917a, S. 9].

Anhand von Beispielen zu Lorentz-Transformierten wird dargestellt und diskutiert, inwieweit Phänomene, die aus den Nullpunkten bewegter Koordinatensysteme heraus beobachtet (gemessen) werden, heute in der Fachliteratur als real oder scheinbar interpretiert werden, da davon Aussagen über eine Beeinflussung von $E_0 = U$ durch die Bewegung abhängen. Im Anschluss wird die Variationsbreite der Lehrbuch-Interpretationen in einer Übersichtstabelle (Tabelle 3.1) veranschaulicht.

a. Die Zeitspanne

Die Anwendung der Lorentz-Transformation auf Zeitintervalle zwischen Ereignissen, die in verschiedenen Inertialsystemen gemessen werden, ergibt (z. B. [Gerthsen 2005, S. 624], [Demtröder 2005, S. 104], [Tipler 2000, S. 1160]), [Nolting 2010, S. 48]):

$$dt = \frac{d\tau}{\sqrt{1-(v^2/c^2)}} = \gamma\, d\tau \geq d\tau. \tag{29}$$

Gemäß der Interpretation der SRT ist $d\tau$ die Zeitspanne zwischen Ereignissen, die in einem Inertialsystem (Ruhesystem) am selben Ort stattfinden, wobei τ die sogenannte Eigenzeit ist. dt ist die Zeitspanne zwischen denselben Ereignissen, beobachtet aus einem anderen Inertialsystem. Zwei Ruhesystem-Signale im Zeitabstand $\Delta\tau = \tau_1 - \tau_2$ erreichen den bewegten Beobachter in dem größeren zeitlichen Abstand $\Delta t = \gamma\,\Delta\tau$.

Beschrieben werden Beobachtungen (Messungen) von verschiedenen Inertialsystemen aus, die aufgrund des Relativitätspostulats § 1 symmetrisch sein müssen:

> Jeder der Beobachter sieht die Uhr des anderen, bewegten Beobachters langsamer laufen als seine eigene. [Gerthsen 2005, S. 622]

> *Jedes schwingende System hat in seinem eigenen Ruhsystem die größte Frequenz.*
> [Falk und Ruppel 1973, S. 326]

Gleichwohl werden die beobachteten Zeiten in den Lehrbüchern als real beschrieben (vgl. Tabelle 3.1):

Bewegte Uhren gehen langsamer – die Zeitdilatation   [Gerthsen 2005, S. 620]

Bewegte Uhren laufen langsamer.   [Demtröder 2005, S. 103]

Der Effekt wird in den Lehrbüchern als *Zeitdilatation* oder Zeitdehnung bezeichnet. Beobachtungen wie die verzögerte Alterung von Myonen [Rossi und Hall 1941] oder Gangunterschiede von Caesium-Atomuhren an Bord eines Linienflugzeugs [Hafele und Keating 1972], die Ives-Stilwell-Experimente und viele andere empirische Tatsachen werden als experimentelle Beweise der Zeitdilatation der SRT angeführt.

Die empirischen Tatsachen stehen dabei zugleich im Einklang mit einer Interpretation von Lorentz' Gleichungen, wonach eine reale Verlangsamung rhythmischer Prozesse, also eine *Prozessdilatation* bei höherer Geschwindigkeit im nicht-leeren Raum aufgrund der Einflüsse der Umgebung stattfindet. Betrachtet man die Effekte aus materialistischer Sicht, so lässt sich ein verzögerter Zerfall von Elementarteilchen oder eine gemessene Uhrengangänderung als eine empirische Bestätigung dafür interpretieren, dass periodische, physikalische Vorgänge wie atomare Schwingungen durch Bewegungen im Raum beeinflussbar sind.

Die Symmetrie der Beobachtungen, die das Relativitätsprinzip § 1 fordert, bei gleichzeitiger Behauptung realer Zeitdilatation, hat bereits viele Kontroversen ausgelöst, allem voran zum Zwillingsparadoxon, das u. a. Henri Bergson [Bergson 1922], Herbert Dingle [Dingle 1972] oder Louis Essen [Essen 1988], der Erfinder der Caesium-Atomuhr, als echtes Paradoxon beschrieben haben (s. Kap. 6.2). In Lehrbüchern wird das Zwillingsparadoxon als scheinbar erklärt und aufgelöst über eine Asymmetrie der Zwillinge, da nur einer der Zwillinge real beschleunigt sei, also das Inertialsystem verlasse.[27]

An dieser Stelle interessiert vor allem die energetische Aussage von Gl. (29). Eine reale Schwingungsänderung bei höherer Geschwindigkeit, ganz unabhängig davon, ob sie als Prozess- oder Zeitdilatation interpretiert wird, wäre mit einer Abhängigkeit der Ruheenergie $E_0 = U$ der Uhr (des Systems) von der Geschwindigkeit verbunden. Die Gleichungen (26) und (27) wären dementsprechend Näherungsgleichungen, die nur im Falle von $v \ll c$ genutzt werden können.

b. Die Länge

Die Anwendung der Lorentz-Transformation auf die Länge eines Stabes, welche in verschiedenen Inertialsystemen gemessen wird, ergibt (z. B. [Gerthsen 2005, S. 627], [Demtröder 2005, S. 102], [Tipler 2000, S. 1163]), [Nolting 2010, S. 23]):

---

[27] Paul Langevin, Édouard Guillaume und andere (z. B. [Guillaume 1917]) haben darauf hingewiesen, dass sich, kinematisch betrachtet, auch Beschleunigungen nicht absolut setzen lassen. Die Kinematik kennt stets nur relative Bewegungen.

$$l(v) = \sqrt{1 - (v^2/c^2)} \ l = \frac{l}{\gamma} \le l. \tag{30}$$

Gemäß der Interpretation der SRT ist l die Länge des Stabes im Ruhesystem, die sich, beobachtet aus einem demgegenüber bewegten Inertialsystem, auf $l(v)$ verkürzt. Die Ruhelänge ist damit stets die größte gemessene Länge des Stabes. Die Kontraktion tritt nur in Bewegungsrichtung auf.

Einige Lehrbuch-Autoren erweitern die Aussage in Gl. (30) von der Länge auf das Volumen, „da Abmessungen eines Körpers senkrecht zur Bewegungsrichtung nicht verändert werden" [Meinel 2016, S. 33]:

$$V(v) = \sqrt{1 - (v^2/c^2)} \ V = \frac{V}{\gamma} \le V.$$

Beschrieben werden Beobachtungen (Messungen) von verschiedenen Inertialsystemen aus, die aufgrund des Relativitätspostulats § 1 symmetrisch sein müssen:

> Jeder der Beobachter muss den Stab des anderen um genau den gleichen Faktor gegen seinen eigenen verkürzt finden. [Gerthsen 2005, S. 626]

> Diese Längenverkürzung ist wirklich relativ [...]. Für O erscheint L_2 kürzer als L_1 zu sein, für O' hingegen erscheint L_1 kürzer als L_2, d. h., die Lorentz-Kontraktion ist symmetrisch. [Demtröder 2005, S. 102]

Im Unterschied zur Änderung des Uhrengangs, die als real interpretiert wird, wird die Längenkontraktion in den Lehrbüchern mehrheitlich als scheinbar beschrieben (s. Tabelle 3.1):

> Die Länge eines bewegten Maßstabes erscheint dem ruhenden Beobachter kürzer zu sein, als wenn derselbe Maßstab relativ zu ihm ruhte. [Demtröder 2005, S. 102]

> Ein in Σ ruhender Stab der Länge l erscheint in Σ' um den Faktor $(1 - \beta^2)^{1/2} < 1$ verkürzt. [Nolting 2010, S. 23]

Die Deutungen in den Physiklehrbüchern folgen damit der Interpretation Einsteins (vgl. Punkt vi. in Kap. 3.1) Doch gibt es Ausnahmen, wie die Lehrbücher von Helmut Günther ([Günther 2010, 2013]), in denen explizit eine reale Längenänderung bewegter Stäbe angenommen wird und die „physikalischen Postulate der relativistischen Raum-Zeit" [Günther 2013, S. 33] hervorgehoben werden. In anderen Lehrwerken, wie z. B. [Tipler 2000, S. 1162f.], wird bei der Erklärung der Längenkontraktion darauf verzichtet, sie explizit als scheinbar oder real zu kennzeichnen: „Die Länge des Stabs ist also kleiner, wenn sie in einem Bezugssystem gemessen wird, in dem sich der Stab bewegt." In solchen Fällen wurde in Tabelle 3.1 ein Fragezeichen gesetzt.

Handelt es sich nur um eine scheinbare Längenänderung, entsprechend den Inhalten der Kinematik und Einsteins Annahmen i und iii in Kap. 3.1, ist mit Gl. (30) keine energetische Aussage verbunden. Eine reale Längenkontraktion (und Volumenabnahme) des Stabs in Bewegungsrichtung hingegen wäre mit einer Abhängigkeit der Ruheenergie $E_0 = U$ des Stabs von der Geschwindigkeit verbunden. Die Gleichungen (26) und (27) wären wieder Näherungsgleichungen, die umso genauer sind, je kleiner v ist.

c. Die Masse

Die Anwendung der Lorentz-Transformation auf die Masse eines Massepunktes oder starren Körpers, die in verschiedenen Inertialsystemen gemessen wird, ergibt (z. B. [Tipler 2000, S. 1176], [Demtröder 2005, S. 130], [Nolting 2010, S. 53]):

$$m(v) = \frac{m}{\sqrt{1 - (v^2/c^2)}} = \gamma\, m \geq m. \tag{31}$$

Gemäß der Interpretation der SRT ist m die Masse, die im Ruhesystem gemessen wird (die Ruhemasse). $m(v)$ wird „bisweilen auch als geschwindigkeitsabhängige, *relativistische Masse*" [Nolting 2010, S. 53] oder „effektive Masse" [Gerthsen 2005, S. 645] bezeichnet.

Beschrieben werden Beobachtungen (Messungen) von verschiedenen Inertialsystemen aus, die aufgrund des Relativitätspostulats § 1 symmetrisch sein müssen.

In einigen, vor allem neueren Lehrbüchern wird deshalb auf die Deutung von $m(v)$ in Gl. (31) als einer realen Massenzunahme mit der Geschwindigkeit verzichtet:

> Da $m(v)$ lediglich eine abkürzende Schreibweise darstellt, werden wir von der Definition [...] **keinen** Gebrauch machen. Sie muss auch als eher unglücklich betrachtet werden, da sie die Tatsache verschleiert, dass „Masse" als direktes Maß für „Menge an Materie" vom Koordinatensystem unabhängig sein muss.   [Nolting 2010, S. 53]

> In den meisten älteren Lehrbüchern wird von der „relativistischen Massenzunahme" gesprochen. Eines der wichtigsten Ergebnisse der Relativitätstheorie ist aber die vollkommene Äquivalenz von Energie und Masse [...]. Deshalb reservieren wir den Begriff Masse ausschließlich für die Masse eines Teilchens (oder eines Systems von Teilchen) im Ruhezustand.   [Gerthsen 2005, S. 640]

Als Masse wird dann nur noch die Ruhemasse m bezeichnet:

> Wir betrachten schließlich noch die träge Masse m des Teilchens als Lorentz-Invariante, da nur „Raum und Zeit" in der Speziellen Relativitätstheorie einer kritischen Revision unterworfen werden, nicht dagegen „Materie".   [Nolting 2010, S. 49 f.]

Andererseits wird selbst in Lehrbüchern, die den Begriff der relativistischen Masse ablehnen [Gerthsen 2005, S. 640], mit der „Geschwindigkeitsabhängigkeit der Elektronenmasse" argumentiert, und es gibt Übungsaufgaben zur Berechnung der geschwindigkeitsabhängigen Elektronenmasse [Gerthsen 2005, S. 457 f.].

Experimente werden als empirische Beweise des Massenzuwachses gemäß SRT angeführt:

> Alle diese Befunde entsprechen genau einem der wichtigsten Postulate der Relativitätstheorie [...]. [Gerthsen 2005, S. 458 f.]

Eine gemessene Massenzunahme bei hohen Geschwindigkeiten kann indes nicht als Beweis für die SRT geltend gemacht werden, da auch sie in Einklang mit Lorentz' Interpretation seiner Gleichungen steht, wonach bei hoher Geschwindigkeit eine reale Veränderung der Materie und eine Massenzunahme im nicht-leeren Raum stattfindet.

Andere Lehrbücher sprechen offen von einer realen Massenzunahme (vgl. Tabelle 3.1):

> Die Masse eines bewegten Teilchens nimmt daher mit seiner Geschwindigkeit v zu. Man nennt $m_0 = m\,(v = 0)$ die **Ruhemasse** des Teilchens. Die Massenzunahme macht sich allerdings erst bei sehr großen Geschwindigkeiten bemerkbar [...]. Die Arbeit, die zur Beschleunigung einer Masse m aufgewendet werden muss, wird also mit wachsender Geschwindigkeit immer weniger zur Erhöhung der Geschwindigkeit v, sondern immer mehr zur Vergrößerung der Masse benötigt. [Demtröder 2005, S. 130]

Wieder andere legen sich nicht fest und bieten beide Interpretationsmöglichkeiten an:

> Diese Gleichung macht deutlich, daß die Masse eines Körpers anwächst, wenn sich seine Geschwindigkeit erhöht. [...] Wenn u aber in die Größenordnung von c kommt, verhält der Körper sich so, als ob er eine größere Masse hätte. [Tipler 2000, S. 1176]

> Die zweite Gleichung wird gelegentlich so *interpretiert*, als ob es eine **relativistische Masse** gäbe. [Kurzweil et al. 2008, S. 55]

Handelt es sich nur um eine scheinbare Massenänderung und kann sich die Masse des Körpers (als intrinsische Eigenschaft) während seines Transports nicht ändern, entsprechend den Inhalten der Kinematik, ist mit Gl. (31) keine energetische Aussage verbunden. Eine reale Massenzunahme bei höheren Geschwindigkeiten hingegen bedeutet eine Abhängigkeit der Ruheenergie $E_0 = U$ von der Geschwindigkeit. Die Gleichungen (26) und (27) wären wieder Näherungsgleichungen.

d. Die Temperatur

Thermodynamisch lässt sich die Temperatur T als Abhängigkeit der Ruheenergie $E_0 = U$ von der Entropie S bei Konstanz aller anderen extensiven Zustandsgrößen eines Systems ausdrücken (vgl. Gl. (13)):

$$T = \left(\frac{\partial E_0}{\partial S}\right)_{X_1, \ldots, X_k (\neq S)} \qquad \text{ruhendes System.} \qquad (32)$$

Analog lässt sich die Abhängigkeit der Gesamtenergie E eines bewegten Systems von der Entropie S formulieren:

$$T(v) = \left(\frac{\partial E}{\partial S}\right)_{X_1, \ldots, X_k (\neq S)} \qquad \text{bewegtes System.} \qquad (33)$$

Verwendet man Gl. (23) für die Gesamtenergie E der SRT und verzichtet auf die Kennzeichnung der Konstanten, folgt (z. B. [Ott 1963, S. 70], [Falk und Ruppel 1976, S. 145], [Neugebauer 1980, S. 120]):

$$T(v) = \frac{1}{\sqrt{1 - (v^2/c^2)}} \frac{\partial E_0}{\partial S} = \frac{1}{\sqrt{1 - (v^2/c^2)}} T = \gamma T \geq T. \qquad (34)$$

T ist die „Ruhetemperatur", $T(v)$ die geschwindigkeitsabhängige relativistische Temperatur, wobei erneut Beobachtungen aus verschiedenen Inertialsystemen beschrieben werden, die aufgrund des Relativitätspostulats § 1 symmetrisch sein müssen.

Gl. (34) war seit 1963 zunächst vorherrschend in der Fachliteratur. Vor 1963 gab es den Vorschlag, zum Beispiel von Max Planck [Planck 1907, S. 554] und Albert Einstein [Einstein 1907, S. 453], die folgende Beziehung zu verwenden:

$$T(v) = \frac{T}{\gamma} \leq T, \qquad (35)$$

Nach 1963 wurde auch die folgende Gleichung vorgeschlagen [Landsberg 1966], [van Kampen 1968]:

$$T(v) = T. \qquad (36)$$

Seit Bestehen der SRT wurden gleichsam alle denkbaren Varianten auch gedacht und vorgeschlagen: Dem bewegten Beobachter erscheint ein System kälter [Planck 1907, Einstein 1907], wärmer [Ott 1963] oder gleichwarm [Landsberg 1966, van Kampen 1968].

Dabei unterscheiden sich die jeweiligen Darstellungen außerdem darin, wie die Wärme $Q = T\Delta S$ aus der Sicht der Beobachter definiert wird [Gallen und Horwitz 1971].[28]

In neueren Physik-Lehrwerken wird meist keine Auskunft über die Lorentz-Transformation der Temperatur gegeben. Wenn es doch geschieht, wird Gl. (36) bevorzugt, d. h. T wird als lorentz-invariant beschrieben.

---

[28] Für den beobachteten Druck folgert Einstein „$p = p_0$", für die Wärme „$dQ = dQ_0 \cdot \sqrt{1 - (q^2/c^2)}$" [Einstein 1907, S. 449 f.].

e. Die Entropie

Da in der Thermodynamik der Entropiebegriff zentral ist, soll hier eine Argumentation von Max Planck wiedergegeben werden, in welcher ein Körper aus
zwei verschiedenen Inertialsystemen beobachtet wird, die als ungestrichenes
und (aufgrund des Markierungsstriches) als gestrichenes Bezugssystem bezeichnet werden:

> Wir denken uns den Körper aus einem Zustand, in welchem er für das ungestrichene Be-
> zugsystem ruht, durch irgend einen reversibeln adiabatischen Process in einen zweiten
> Zustand gebracht, in welchem er für das gestrichene Bezugsystem ruht. Bezeichnet man
> die Entropie des Körpers für das ungestrichene System im Anfangszustand mit S_1, im End-
> zustand mit S_2, so ist wegen der Reversibilität und Adiabasie $S_1 = S_2$. Aber auch für das ge-
> strichene Bezugsystem ist der Vorgang reversibel und adiabatisch, also haben wir
> ebenso: $S_1' = S_2'$.
>   Wäre nun S_1' nicht gleich S_1, sondern etwa $S_1' > S_1$, so würde das heissen: Die Entropie
> des Körpers ist für dasjenige Bezugsystem, für welches er in Bewegung begriffen ist, größer
> als für dasjenige Bezugsystem, für welches er sich in Ruhe befindet. Dann müsste nach die-
> sem Satze auch $S_2 > S_2'$ sein; denn im zweiten Zustand ruht der Körper für das gestrichene
> Bezugsystem, während er für das ungestrichene Bezugsystem in Bewegung begriffen ist.
> Diese beiden Ungleichungen widersprechen aber den oben aufgestellten beiden Gleichun-
> gen. Ebenso wenig kann $S_1' < S_1$ sein; folglich ist $S_1' = S_1$, und allgemein: $S' = S$, [...] d. h. die
> Entropie des Körpers hängt nicht von der Wahl des Bezugsystems ab." [Planck 1907, S. 552]

Man erkennt recht gut, wie aufgeschlossen und bemüht im Sinne der SRT argumentiert wird, die als neue Theorie womöglich eine Erklärung bietet,[29] doch
wie ohnmächtig zugleich, wenn es darum geht, die Ansätze der Thermodynamik mit der SRT in Einklang zu bringen. Da es aufgrund der Vorgabe von Reversibilität und Adiabasie des betrachteten Vorgangs thermodynamisch nicht
anders sein kann, wird S als lorentz-invariant *gesetzt*, während T durch Planck
transformiert wird (vgl. Gl. (35)). S hängt damit nicht von der Wahl des Bezugs-
systems ab, T aber schon.[30]

Einstein hat sich Plancks Sichtweise angeschlossen [Einstein 1907, S. 452].
Auch heute noch wird die Entropie S als lorentz-invariant beschrieben. S ändert
sich danach weder real noch aus der Sicht von Beobachtern in bewegten
Inertialsystemen.

---

29 Die Ergebnisse des Versuches von Michelson und Morley [Michelson und Morley 1883] waren zu
erklären.

30 Thermodynamisch sind S und T zueinander energetisch konjugiert, d. h. paarweise zusammen-
geleimt im Austauschprozess Wärme $\delta Q = T dS$ (vgl. Gl. (10)). Betrachtet man beispielsweise die
nicht-charakteristische Darstellung der molaren Entropie $S_m^{id}(T, p) \approx S_m(T_0, p_0) + C_{p,m} \ln \frac{T}{T_0} - R \ln \frac{p}{p_0}$
für ein ideales Gas, wird nicht einsichtig, warum sich S nicht mit T ändern sollte. Doch geht dies
womöglich am Gegenstand der Diskussion vorbei, wenn die Transformationen als scheinbar gedeutet werden.

Weil die SRT aufgrund ihres dynamischen Zeitbegriffes von vornherein nur reversible Prozesse beschreiben kann, ließe sich argumentieren, die Lorentz-Invarianz von S sei nur folgerichtig. Im Falle einer realen Veränderung von energetischen Größen wie der Länge, Masse oder Temperatur eines Stabs mit der Geschwindigkeit (vgl. Tabelle 3.1), also eines realen makroskopischen Prozesses, müsste es mit dem 2. Hauptsatz der Thermodynamik, einem bisher nicht widerlegten Axiom, allerdings zu einer Entropieproduktion kommen.

3.3.3 Kurzübersicht zum Interpretationsproblem

Die Ergebnisse von Kap. 3.3.2 sollen kurz kommentierend zusammengefasst werden. Tabelle 3.1 zeigt, dass das „Interpretationsproblem" der SRT [Lorenzen 1978, S. 97] heute ebenso existiert wie vor hundert Jahren.

Tabelle 3.1: Matrix der Realität und Scheinbarkeit von vier Lorentz-Transformierten in bewährten Lehrbüchern der modernen Physik.

Lehrbuch	Zeitspanne dτ		Länge l		Masse m		Temperatur T	
	real	scheinbar	real	scheinbar	real	scheinbar	real	scheinbar
Falk & Ruppel 1973, 1976	x		?	?	x		x	
Tipler 2000	x		?	?	?	?		
Gerthsen 2005	x			x		x		
Demtröder 2005	x			x	x			
Nolting 2010	x			x		x		
Günther 2010, 2013	x		x		x			

x: Diese Interpretation wird vorgeschlagen; ?: Der Autor legt sich nicht fest.

Tabelle 3.1 lässt annehmen, dass ein Konsens hinsichtlich der Zeitdilatation als Realeffekt bestünde. Auch das ist nicht der Fall, wie die folgende Interpretation des Physik-Nobelpreisträgers Anthony J. Leggett zeigt: „dass ein physikalisches Phänomen wie der Teilchenzerfall, der, wenn das Teilchen ruht, mit einer bestimmten Rate erfolgt, einem Beobachter, relativ zu dem sich das Teilchen bewegt, mit einer reduzierten Rate vonstatten zu gehen scheint." [Leggett 1989, S. 35]

Gemeinsam haben die Lehrbücher der modernen Physik, dass sie die SRT anerkennen und lehren. In Bezug auf die Inhalte der Lehre ergibt sich jedoch ein heterogenes Bild. Dabei liegt es in der Natur der Sache, dass keine der Darstellungen in Tabelle 3.1, obwohl widersprüchlich, das Recht auf die richtige Lesart für sich beanspruchen kann, wenn bereits die Annahmen in sich logisch widersprüchlich sind (s. Kap. 3.1). Jeder Autor lehrt sein Verständnis, lavierend zwischen experimentellen Befunden, die als Beweis gedeutet werden, und Interpretationsvarianten. So wird die Relativitätstheorie, zumindest in ihrer Darstellung, auch zu einer Subjektivitätstheorie.

Sind bei dτ, l und m lediglich die Deutungen vakant, so sind es im Fall von T auch die Lorentz-Transformierten selbst. Bisher hat sich keiner der Vorschläge als zwingend oder richtig durchsetzen können. Die thermodynamischen Größen erweisen sich gleichsam als widerständig, sich in die vierdimensionale Minkowski-Raumzeit einzufügen, wobei bereits die Definition „eines endlichen vierdimensionalen Systemvolumens" eine Herausforderung darstellt [Neugebauer 1980, S. 113].[31]

Die Beschreibung einer nicht-lokalen, makroskopisch-thermodynamischen Größe wie der Temperatur T in der Minkowski-Raumzeit, etwa als zeitartiger Vierer-Vektor, bedeutet nicht mehr und nicht weniger als eine Verknüpfung von SRT und Thermodynamik. Dies gestaltet sich schwierig, weil die Annahmen beider Theorien grundlegend differieren (vgl. die Kapitel 2.1 und 3.1). Werden in der SRT Beobachtereindrücke aus verschieden bewegten Inertialsystemen beschrieben, die zum Teil als real gedeutet werden, so ist in der Thermodynamik jeder Zustand eines Systems (im Universum) eindeutig. Ist die SRT eine Theorie ohne Wechselwirkungen und die Zeit in der SRT eine dynamische Größe, womit Prozesse stets reversibel sein müssen, so werden thermodynamische Prozesse von realer Materie mit dem Anstieg der Entropie S als irreversibel beschrieben.

In einigen Lehrwerken wird ausgeführt, die Thermodynamik und die SRT seien nach über einhundert Jahren Forschung jetzt miteinander vereinbar:

> Es hat über hundert Jahre gedauert, bis nach endlosen kontroversen Diskussionen auch die Thermodynamik in das theoretische Konzept der Speziellen Relativitätstheorie eingebettet werden konnte, nämlich durch eine Arbeit der Physiker J. DUNKEL, P. HÄNGGI und S. HILBERT in Nature Physics, 2009. [Günther 2013, S. IX]

Die angeführte Arbeit von Dunkel, Hänggi und Hilbert in „Nature Physics" [Dunkel et al. 2009], in der thermostatistische Verfahren der Mittelwertbildung vorgeschlagen werden,[32] stellt indes nur einen weiteren Vorschlag in der langen Reihe der

---

31 „Systeme endlicher *räumlicher* Ausdehnung werden durch einen Weltlinienschlauch *endlicher* Dicke charakterisiert; es gibt aber in zeitlicher Richtung i. allg. keinen natürlichen Anfang und kein natürliches Ende dieses Schlauches. [...] Wir verwenden dazu zwei raumartige dreidimensionale Hyperflächen." [Neugebauer 1980, S. 113 f.]

32 „Within a conceptually satisfying and experimentally feasible framework, thermostatistical averaging procedures should be defined over lightcones rather than isochronous hypersurfaces." [Dunkel et al. 2009]

mathematischen Vorschläge dar. Trotz stetiger Bemühungen ist eine Geometrisierung der Temperatur und anderer thermodynamischer Größen bisher nicht gelungen, wie auch neuere Arbeiten immer wieder unterstreichen (z. B. [Wang 2013]), geschweige denn eine „geometrische Interpretation der Irreversibilität" [Neugebauer 1980, S. 107]. Es ist auch unvermeidlich einzuräumen, dass dies bereits vom Ansatz her nicht möglich ist, weil Irreversibilität bei reziproken Beobachtereindrücken ausgeschlossen ist.

Da sich die Thermodynamik nicht in das Konzept der SRT einfügen lässt, spielt sie seit der offiziellen Anerkennung der SRT eine Nebenrolle in der Grundlagenphysik und wird zur Erklärung von Vorgängen im Universum nicht mehr herangezogen:

> **Irreversibilität** als Grundlagenproblem wird bis heute nicht akzeptiert; der erhebliche Aufwand, der vor etwa hundert Jahren für einige Jahrzehnte dafür getrieben wurde, diente lediglich seiner endgültigen Verdrängung. [Straub 1990, S. 8]

Die Darstellungen in Kap. 3.3 zeigen:

1. Eine Zerlegbarkeit der Gesamtenergie E in die Anteile innere Energie und kinetische Energie bleibt im Rahmen der SRT ungeklärt.

2. Das Interpretationsproblem hinsichtlich der Deutung der Lorentz-Transformierten in der SRT besteht seit mehr als einhundert Jahren.

3. Die thermodynamischen Größen lassen sich, anders als in Lehrbüchern (z. B. [Günther 2013]) oder in renommierten Zeitschriften (z. B. [Dunkel et al. 2009]) versichert wird, nicht in das theoretische Konzept der SRT einbetten.

3.4 Bilanzierung von Mengenänderungen der Ruheenergie

Entsprechend Einsteins generalisierender Interpretation:

> Die Masse eines Körpers ist keine Konstante, sondern mit dessen Energieänderungen veränderlich. [Einstein 1922, S. 49]

wird heute bereits in der Oberstufe gelehrt:

> Masse und Energie sind zwei Erscheinungsformen eines übergeordneten physikalischen Phänomens. Masse kann durch Umwandlung aus anderen Energieformen entstehen, umgekehrt kann Masse in Energie umgewandelt werden. [Lautenschlager 2012, S. 84]

In der Folge soll der angenommene Prozess der Umwandlung von Masse in Energie (und umgekehrt), nach dem auch veränderte potentielle Energien eines ruhenden Systems, beispielsweise eines Körpers, dessen Masse beeinflussen, diskutiert werden.

3.4.1 Die Umwandlung von Masse in Energie und vice versa

Nach Einsteins Interpretation von Gl. (20) trägt jede Energie in einem realen ruhenden System zu dessen Masse bei:

a) die elektromagnetische Energie der Teilchen im System (Atome, Elektronen, Photonen usw.)

b) die kinetische Energie der Teilchen im System

c) die potentielle Energie der Teilchen im System und des Systems selbst.

Aus Gl. (20) folgt (z. B. [Tipler 2000, S. 1180], [Nolting 2010, S. 54]):

$$\Delta E_0 = c^2 \, \Delta m. \tag{37}$$

Gl. (37) wird heute genutzt, um Mengenänderungen der Ruheenergie zu bilanzieren, welche in der modernen Physik gemäß Einsteins generalisierendem Massebegriff mit der inneren Energie $U = E_0$ eines Systems identifiziert wird (z. B. [Falk und Ruppel 1973, S. 43]).

Nach Angaben in Lehrbüchern und Fachartikeln wurde die allgemeine Gültigkeit von Gl. (20) bzw. Gl. (37) bereits vielfach empirisch bestätigt, etwa über Messungen von Atommassendifferenzen. Es wird eine Abweichung von höchstens 0,00004 % angegeben bzw. eine Genauigkeit von

$$1 - \Delta mc^2 / E \leq (-1.4 \pm 4.4) \cdot 10^{-7} \qquad \text{[Rainville et al. 2005, S. 1096]}.$$

Aufgrund des großen Umrechnungsfaktors $c^2 \approx 9 \cdot 10^{16} \, \text{m}^2/\text{s}^2$ sind 0,00004 % der Ruheenergie eines Körpers bereits eine sehr große Energiemenge.

Nutzt man die Gleichung $E_0 = mc^2$, besäße beispielshalber eine Feder von 100 Gramm eine Ruheenergie von $9 \cdot 10^{12} \, \text{kJ}$. Davon sind 0,00004 % noch immer $3,6 \cdot 10^6 \, \text{kJ}$, während typische Arbeitsbeträge beim Spannen einer Feder weit unter 1 kJ liegen. Die Größenordnungen der Massenänderung, die eventuell mit einer Federspannarbeit verbunden sind, liegen damit im Graubereich der experimentellen Bestätigung von Gl. (37). Dies trifft auch auf andere Arbeitsformen wie Volumenarbeit oder Grenzflächenarbeit zu, die an makroskopischen Systemen wie Körpern verrichtet werden.

Im Folgenden wird gefragt, ob es experimentelle Evidenz dafür gibt, dass sich jegliche energetische Änderung von Materie in einer Änderung der Masse m niederschlägt, d. h. energetische Auswirkungen von Prozessen vollständig durch Δm erfasst werden.

3.4.2 Die Frage der experimentellen Evidenz

Die Bedeutung von Gl. (37) wird üblicherweise an experimentellen oder theoretischen Beispielen illustriert. An dieser Stelle soll jeweils im Einzelfall diskutiert werden, was genau die Beispiele illustrieren.

a. Der Massenverlust bei Kernreaktionen

Der Energiegewinn bei Kernspaltungs- oder Fusionsreaktionen unter Massenverlust wird oft als experimenteller Beleg für die vollständige Äquivalenz der Ruhemasse m und der Ruheenergie E_0 eines realen Systems angeführt (z. B. [Gerthsen 2005, S. 670], [Nolting 2010, S. 55]). In Einsteins Buch „Grundzüge der Relativitätstheorie" merkt der Übersetzer im Anhang an:

> Inzwischen ist der „Massendefekt" (Bindungsenergie) der Atomkerne und die daraus gezogene Folgerung (Möglichkeit der Gewinnung von Kernenergie) eines der eindrucksvollsten Beispiele für die von der Relativitätstheorie vorausgesagte Äquivalenz von Masse und Energie geworden.
>
> [Einstein 1922 (1956), S. 131]

Geht es um die Demonstration des Energiegewinns bei Kernreaktionen, nutzt man in der Literatur einfache Reaktionsgleichungen ohne Angabe von Prozessbedingungen. Wird etwa ein Uran-Isotop mit der Massenzahl 235 mit einem thermischen (langsamen) Neutron N beschossen, können bei der exothermen Reaktion zum Beispiel ein angeregter Krypton-Kern Kr*, ein Bariumkern Ba, drei freie Neutronen N und Energie in Form von radioaktiver elektromagnetischer Strahlung entstehen:

$$^{235}_{92}\text{U} + {}^{1}_{0}\text{N} \rightarrow {}^{89}_{36}\text{Kr}^* + {}^{144}_{56}\text{Ba} + 3\,{}^{1}_{0}\text{N} + 210\,\text{MeV}. \tag{R1}$$

Diskussion

Bei dem Prozess der Kernspaltung wird Strahlung freigesetzt, und die kinetische Energie der entstehenden materiellen Bruchstücke kann sich erhöhen (z. B. Atombombe). Einerseits wird also Licht (Strahlung jeglicher Wellenlänge) freigesetzt, wobei sich alle energierelevanten Eigenschaften der Materie ändern. Andererseits bleibt die kinetische Energie an die materiellen Bruchstücke gebunden. Da im letzteren Fall keine Energie nach außen abgegeben wird, ließe sich die Zunahme der kinetischen Energie der Bruchstücke auf Kosten der Ruheenergie auch als systeminnerer Prozess auffassen.[33]

Im Prozess ändert sich die Masse der Kerne, d. h. der Tochterkerne gegenüber dem Mutterkern, wenn Photonen an die Umgebung abgegeben werden. Zugleich ändern sich weitere Eigenschaften der Materie, wie etwa ihre Raumausfüllung und -verteilung, ihre Lage, Entropie, „Grenzfläche" usw., da nicht Masse reagiert, sondern Materie. Diese geänderten Eigenschaften der Materie sind energetisch relevant. Ob sie auch masserelevant sind, lässt sich durch das Experiment nicht entscheiden.

---

[33] Ein Analogon aus der Teilchenphysik ist die bekannte Oszillation der Neutrinos zwischen (bisher) drei Zuständen, dem Elektron-, Myon- und Tau-Neutrino. Neutrinos ändern ihre Ruhemasse zugunsten ihrer kinetischen Energie und umgekehrt. Auch hier bleibt die Energie an die Teilchen, d. h. die Neutrinos, gebunden.

Ein Massenverlust Δm der Tochterkerne gegenüber dem Mutterkern ist messbar. Auch ist die Masse *eine* energieäquivalente Eigenschaft der Materie. Inwieweit Δm allerdings sämtliche Beiträge erfasst, die bei der Änderung von E_0 zu Buche schlagen, bleibt ungeklärt, da der Massenverlust bei Kernreaktionen auch mit dem Begriff der elektromagnetischen bzw. „scheinbaren Masse" von Thomson, Heaviside, Poincaré, Hasenöhrl u. a. vereinbar ist, wonach Strahlung mit zur Masse eines Systems beiträgt (vgl. Kap. 3.2.1).

b. Massenverlust der Sonne

Der Massenverlust der Sonne durch Energieabstrahlung wird als Beleg für Gl. (37) angeführt und mit ca. $4 \cdot 10^{12}$ kg/s angegeben [Nolting 2010, S. 54].
Diskussion
Es handelt sich um „Stoffaustausch", d. h. die Abgabe elektromagnetischer Strahlung durch das System Sonne, welches neben anderen Eigenschaften dabei auch seine Masse verändert. Der Massenverlust der Sonne ist erneut mit dem Begriff der elektromagnetischen bzw. „scheinbaren Masse" verträglich (vgl. Kap. 3.2.1).

c. Massenänderung durch Erwärmung/Abkühlung

Es werden Massenänderungen eines Systems infolge von Temperaturerhöhung (Wärmeaustausch) als Beleg für Gl. (37) angeführt.
Diskussion
Bei Wärmestrahlung oder -strömung handelt es sich um Stoffaustausch (Stoffmenge oder Photonenstoffmenge), wobei das IR-Licht als elektromagnetische Strahlung zur Veränderung der Masse und aller anderen mikro- und makroskopischen Eigenschaften der Materie beiträgt. Bei Wärmeleitung wiederum wird kinetische Energie in das System übertragen, die zur Veränderung vieler messbarer Eigenschaften der Materie beiträgt und masserelevant ist:

> Und doch lässt sich jetzt ganz allgemein beweisen, dass die Masse eines jeden Körpers von der Temperatur abhängig ist. Denn die träge Masse wird am directesten definirt durch die kinetische Energie. [Planck 1907, S. 543]

Die Massenänderungen durch Wärmeaustausch sind meist zu klein, um sie experimentell erfassen zu können, wie schon Max Planck vermutet hat:

> In Folge der Grössenordnung von c^2 ist freilich die durch einfache Erwärmung oder Abkühlung eines Körpers bedingte Massenänderung desselben so minimal, dass sie sich der directen Messung wohl für immer entziehen wird. [Planck 1907, S. 566]

Massenänderungen infolge von Erwärmung/Abkühlung sind mit dem Begriff der elektromagnetischen Masse von Thomson, Heaviside, Poincaré, Hasenöhrl u. a. und der realen Massenzunahme von Teilchen mit der Geschwindigkeit gemäß der Lorentz-Theorie verträglich.

d. Massenänderung durch chemische Reaktionen

Massenänderungen bei chemischen Reaktionen werden als Beleg für Gl. (37) verstanden:

> Ein stärkerer Einfluss wäre schon von der Heranziehung chemischer Wärmetönungen zu erwarten, obwohl auch hier der Effect kaum messbar sein dürfte.   [Planck 1907, S. 566]

Max Planck berechnet die Abnahme der Masse bei der Erzeugung von 1 mol Wasser mittels der stark exothermen Knallgasreaktion $H_2 + \frac{1}{2}O_2 \rightarrow H_2O$ „bei Atmosphärendruck" [Planck 1907, S. 566]. Er gibt eine „Wärmeentwicklung im CGS-Maassystem" an und berechnet über $\Delta m = Q/c^2$ eine theoretische Massenabnahme von „$3.2 \cdot 10^{-6}$ mgr", d. h. $3{,}2 \cdot 10^{-9}$ g.

Diskussion

Als Beleg für die vollständige Masse-Energie-Äquivalenz kann das Beispiel nicht dienen, da hier eine Enthalpieänderung in eine Massenänderung umgerechnet wird, d. h. keine Änderung der inneren Energie U des Systems. Die Verbrennungswärme von Wasserstoff entspricht einer Reaktionsenthalpie, die heute mit −285,83 kJ/mol angegeben wird und üblichen Standardreaktionsenthalpien bei 298 K von bis zu einigen hundert kJ/mol entspricht (vgl. auch [Möbius 1985, S. 79]).

Es werden Waagen mit einer Genauigkeit von mehr als neun Nachkommastellen benötigt, um die plausiblen Massenänderungen bei chemischen Reaktionen zu messen. Um eine vollständige m-U-Äquivalenz zu beweisen, müssten sie allerdings noch weit genauer sein, denn nachzuweisen ist, dass sich 100 % der veränderten Systemenergie als Massenänderung zeigen. Bei chemischen Reaktionen ändern sich neben der Masse m wieder alle Eigenschaften der Materie. Bei $p =$ konst. („Atmosphärendruck") wie im Beispiel von Max Planck ändert sich beispielsweise auch das Systemvolumen, da Volumenarbeit verrichtet wird.

e. Massenänderung durch Paarerzeugung und -vernichtung

Die Paarerzeugung und Paarvernichtung (Annihilation) wird sehr oft als Beweis für die vollständige Masse-Energie-Äquivalenz herangezogen. So wird etwa der Zerfall eines ruhemasselosen Photons υ hoher Energie „$E_\upsilon \geq 2m_ec^2 = 1{,}022$ MeV" in ein Elektron e^- und ein Positron e^+ als Beleg für Gl. (37) angeführt, wobei sich die Energiedifferenz $E_\upsilon - 2m_ec^2$ in der kinetischen Energie von e^- und e^+ wiederfinde. Umgekehrt können sich e^- und e^+ unter Bildung eines Photons υ auch vernichten [Nolting 2010, S. 54].

Diskussion

Auch wenn es beabsichtigt ist, einen Prozess zu beschreiben, wird in der Ungleichung mit Zusatzangabe lediglich eine energetische Gleichheit von zwei Zuständen formuliert, wonach die Energie des Photons υ der Energie der zwei Masseterme von e^- und e^+ zuzüglich der kinetischen Energie der beiden Teilchen entspricht:

$$E_\nu(1{,}022\ \text{MeV}) = 2m_e c^2 + E_{\text{kin, e}}.$$

Wandelt sich ein Photon ν der Energie $h\nu$ in zwei Elementarteilchen um, ist dies ein Prozess in der Zeit, der durch Prozessbedingungen zu spezifizieren ist, um belastbare Aussagen zur Energiebilanz zu machen (s. Kap. 4.3). Bei der Paarerzeugung entsteht nicht „Masse". Es entstehen Materieteilchen mit Eigenschaften neben der Masse, die womöglich energierelevant sind.

Als Beweis für Einsteins generalisierende Deutung von $\Delta E_0 = c^2 \Delta m$ in der Art:

> [...] daß die Masse eines Körpers bei Änderung von dessen Energieinhalt sich ändert, welcher Art auch jene Energieänderung sein möge. [Einstein 1906, S. 627]

> Die Masse eines Körpers ist keine Konstante, sondern mit dessen Energieänderungen veränderlich. [Einstein 1922, S. 49]

kann eine Umwandlung von elektromagnetischer Strahlung in Elementarteilchen und umgekehrt nicht geltend gemacht werden. Die Gleichung $h\nu = mc^2$, die Nolting implizit benutzt, legt im Gegenteil eher den Begriff der elektromagnetischen bzw. scheinbaren Masse nach Thomson [Thomson 1881], Poincaré [Poincaré 1900] und Hasenöhrl [Hasenöhrl 1904] nahe, wonach elektromagnetische Strahlung zur Masse eines Körpers beiträgt:

> Ebenso wie die elektromagnetische Masse der statischen Energie des ruhenden Elektrons proportional ist, ist auch die durch Strahlung bedingte scheinbare Masse dem Energieinhalte des ruhenden Hohlraumes proportional. [Hasenöhrl 1904, S. 1040][34]

Über die Masserelevanz von elektromagnetischer Strahlung (Photonen) hinaus ist, bezogen auf ein System, noch nicht bestätigt, dass zugeführte potentielle Energie, die E_0 des Systems erhöht, zu einer äquivalenten Ruhemassenänderung beiträgt. Genau genommen schließt eine Gleichung wie $h\nu = mc^2$ Einsteins Deutung von einer allgemeingültigen Masse, die für jede mögliche Energieform verbindlich ist, sogar aus. Eine vertiefte Diskussion dazu erfolgt in Kapitel 4.5.5.

f. Massenänderung durch vollkommen inelastischen Stoß

Oft wird zur Veranschaulichung von Gl. (37) der vollkommen inelastische zentrale Stoß von Teilchen angeführt, die ihre kinetische Energie E_{kin} in Ruheenergie $E_0 = U$ umwandeln (z. B. [Tipler 2000, S. 1179 f.], [Demtröder 2005, S. 132 f.]).

---

34 Wenn Einstein im letzten Satz seines Nachtrags zur SRT von 1905 schreibt: „Wenn die Theorie den Tatsachen entspricht, so überträgt die Strahlung Trägheit zwischen den emittierenden und absorbierenden Körpern." [Einstein 1905b, S. 641], repliziert er damit Deutungen, die bereits vor 1905 bekannt waren. Schreibt er hingegen ein paar Zeilen zuvor: „Die Masse eines Körpers ist ein Maß für dessen Energieinhalt", gibt er der Masse eine eigene Interpretation und erweitert den Massebegriff.

Diskussion

Bei Geltung der Energieerhaltung muss die „verlorene" kinetische Energie E_{kin} durch den Stoß in Ruheenergie E_0 umgewandelt werden, wenn Feld und Reibung ausgeschlossen werden. Im Rahmen der Newtonschen Näherung, über die Gl. (37) hergeleitet wurde, ist es korrekt, dass sich für einen Massepunkt jede Erhöhung von E_0 in einer Änderung der Masse m äußern muss. Betrachtet man reale Materie, führt ein inelastischer Stoß zu vielen weiteren Eigenschaftsänderungen der Materie; es wird Deformationsarbeit geleistet, die Ausdehnung und innere Struktur ändern sich usw. Anhand des Gedankenexperiments kann nicht entschieden werden, ob eine Erhöhung von E_0 bei realer Materie zu hundert Prozent in einer Erhöhung der Masse m erfasst wird.

g. Massenzuwachs im Gravitationsfeld

Zur Illustrierung von Gl. (37) wird ein „Massenzuwachs, wenn man 100 kg um 1 km in die Höhe hebt" von $\Delta m = 10^{-11}$ kg angegeben [Nolting 2010, S. 54].

Diskussion

Gl. (37) wird rein rechnerisch angewendet, um die „vollkommene Äquivalenz von Energie und Masse" [Gerthsen 2005, S. 640] zu demonstrieren, nach der jede Energieänderung eines Objekts unweigerlich seine Ruhemasse m ändert. Experimentelle Evidenz für den Massenzuwachs eines Körpers mit der Höhe an sich und den Zahlenwert von $\Delta m = 10^{-11}$ kg gibt es nicht. Stattdessen birgt die postulierte Massenzunahme mit der Höhe einige fragwürdige Prämissen (s. Kap. 4.5.3).

Unabhängig davon lässt sich feststellen: Sowie die Ruhemasse eine Funktion der Höhe h im Gravitationsfeld ist, d. h. $m = f(h)$, ist ein Nebeneinander von Ruheenergie $E_0(m) = U$ und äußerer Energie $E_{pot}(h)$ gemäß Gl. (2) hinfällig. Jeder Zuwachs an potentieller Energie durch die geleistete Hubarbeit $\delta W_h = dE_{pot}$ wäre dann nicht mehr, wie in der Mechanik gedeutet, in der Lage bzw. im Gravitationsfeld zwischen den Körpern, sondern im Körper selbst mit der Ruheenergie $E_0 = mc^2$ gespeichert.

Experimentell lässt sich, beginnend mit Arbeiten von Robert Pound u. a. [Pound und Rebka 1960], [Pound und Snider 1965] nachweisen, dass sich Elementarteilchen in verschieden starken Gravitationsfeldern anders verhalten und zum Beispiel im stärkeren Feld langsamer schwingen, was man auch gravitative Rotverschiebung[35] nennt. Ändern sich die Schwingungsübergänge im System, wird die Systemenergie entsprechend beeinflusst, d. h. durch eine Lageänderung im Feld ändern sich viele Eigenschaften der Materie (z. B. die De-Broglie-Wellen-

---

35 Die gravitative Rotverschiebung wird heute oft als Beweis einer gravitativen *Zeitdilatation* gedeutet. Die Änderung von Schwingungsfrequenzen, etwa von Atomuhren im Gravitationsfeld, bleibt aber zunächst lediglich ein Beweis dafür, dass Materie unter dem Einfluss realer Kräfte ihre Eigenschaften ändert.

länge, die Atomstruktur, der Bohrsche Atomradius usw.). Inwieweit dieser energetische Beitrag allein durch Δm erfasst ist, ist nicht geklärt.

Das Fallbeispiel in Punkt g ist nicht gleichwertig mit dem in Punkt f, wo sich idealisierte Massen im feldfreien Raum stoßen. Für reale Materie, die Kräften ausgesetzt ist, gibt es womöglich mehr Eigenschaften neben m, mehr Freiheitsgrade, um die Energieerhaltung zu gewährleisten. Der mechanische Ausdruck der Speicherung der Energie „in der Lage" trifft es recht gut, da die Gravitation das Ergebnis einer Wechselwirkung *zwischen* Objekten im Raum darstellt.

h. Massenänderung durch Kompression, Spannung, Zerteilung, Deformation usw.

Identifiziert man E_0 mit der inneren Energie U eines Systems, wie in vielen Lehrwerken üblich (z. B. [Tipler und Mosca 2008, S. 231]), ist jede Änderung von U mit einer Massenänderung verbunden.

Eine gespannte Feder mit gleichem Materiegehalt wiegt dann mehr als eine nicht gespannte, wie in Lehrbuchbeispielen vorgerechnet wird (z. B. [Tipler und Mosca 2008, S. 229]). Ein zerschnittener Körper wiegt mehr als ein unzerschnittener, ein komprimierter Ballon mehr als ein unkomprimierter, wobei genau genommen jeweils die Prozessbedingungen zu beachten sind. Stoffmenge und Masse driften unweigerlich auseinander. Über Wägung ließe sich bei verschieden bearbeiteten Körpern nicht auf die exakte Stoffmenge schließen. Ebenso ließe eine bekannte Stoffmenge keine Auskunft über die genaue Masse eines Objekts zu (s. Kap. 4.4).

Diskussion

Die Beispiele entsprechen dem generalisierenden Massebegriff Einsteins, der eine „vollkommene Äquivalenz von Energie und Masse" [Gerthsen 2005, S. 640] impliziert. Die postulierten Massenänderungen durch Verrichtung mechanischer Arbeit (Federspann-, Verformungs-, Volumen-, Grenzflächenarbeit usw.), Polarisierungs- und Magnetisierungsarbeit usw. Sind zu klein, um bisher experimentell nachgewiesen worden zu sein. Typische mechanische Arbeitsbeträge von weniger als 1 Joule bis 10 kJ wären nach $\Delta m = \Delta E_0 / c^2$ mit Massenänderungen im Bereich von 10^{-17} bis 10^{-13} kg verbunden. Waagen mit dieser Genauigkeit reichten allerdings noch nicht aus, denn nachzuweisen bleibt, dass der Zuwachs an potentieller Energie zu 100 % einer Massenzunahme entspricht.

i. Massendefekt durch Bindung

In den vorangegangenen Lehrbuchbeispielen (Punkte g und h) wird entsprechend Einsteins Interpretation von $E_0 = mc^2$ vorgerechnet, dass ein Zuwachs an potentieller Energie (durch Höhenzuwachs, Federspannung usw.) zu 100 % einer Massenzunahme eines Systems entspricht. Im Unterschied dazu wird heute der Massendefekt durch Bindung (vgl. auch Punkt a) mit einer Abnahme der potentiellen Energie interpretiert.

Die gegenwärtige Deutung soll hier anhand der Bildung von Atomkernen des Eisen-Isotops ^{56}Fe illustriert werden.

^{56}Fe ist das häufigste der vier natürlichen stabilen Eisen-Isotope. Sein Atomkern weist einen der größten bekannten Massendefekte auf, d. h. der Atomkern besitzt eine messbar geringere Masse als die Summe der Massen seiner Bestandteile im freien Zustand (26 freie Protonen mit $m_{\text{Proton}} \approx 1.6726 \cdot 10^{-27}$ kg, 30 freie Neutronen mit $m_{\text{Neutron}} \approx 1.6749 \cdot 10^{-27}$ kg). ^{56}Fe wird deshalb auch als Endstufe bei der Energieerzeugung durch Kernfusion in den Sternen betrachtet. Zugleich spricht man von einer der höchsten Bindungsenergien pro Nukleon.

Die experimentelle Tatsache, dass eine Bindung umso stabiler ist, je größer der Massendefekt ist, wird in der Literatur folgendermaßen interpretiert:

> Albert Einstein lieferte mit seiner berühmten Formel $E = mc^2$ eine Erklärung für diesen so genannten Massendefekt. Die Gleichung drückt aus, dass die scheinbar fehlende Masse tatsächlich in Form von Bindungsenergie vorliegt.　　[Düllmann und Block 2018, S. 58]

Zur Beschreibung von Wechselwirkungen, auch zwischenmolekularer Art, werden Potentialkurven (Lennard-Jones-Potential etc.) genutzt, in denen die potentielle Energie als Funktion des Abstands der Bindungspartner dargestellt wird. Die Bindungsenergie, die beim Prozess der Bindung freigesetzt wird und so zum Massendefekt beiträgt, wird als Minimum der (negativen) potentiellen Energie interpretiert.

Diskussion

Gemäß dieser Interpretation ist die (negativ zu zählende) potentielle Energie von der (konstanten) Ruhemasse der Nukleonen im Atomkern oder der Masse von Atomen und Molekülen in Stoffen abzuziehen. Summarisch ergibt sich in Bindungszuständen damit gleichsam eine geringere Ruheenergie und folglich auch geringere Ruhemasse von Teilchen.

Dies ist eine Interpretation, die unter anderem von Albert Einstein vorgeschlagen wurde. Doch ist es nicht die einzig mögliche, da sich der messbare Massendefekt auch anders interpretieren lässt. Experimentell nachgewiesen ist lediglich, dass vom System elektromagnetische Strahlung nach außen abgegeben wird, was mit dem Massebegriff aus der Zeit vor 1905 verträglich ist. Auch bei einer Kernfusion ändern sich mit der Masse weitere Eigenschaften der Materie. Inwieweit Δm sämtliche Beiträge erfasst, die bei der Änderung von E_0 eines Systems zu Buche schlagen, kann durch einen experimentell bestätigten Massendefekt nicht geklärt werden.

Es soll zusammengefasst werden:

1. $E_0 = mc^2$ als vollständige Masse-Energie-Äquivalenz eines Körpers, Atomkerns usw. lässt sich mit den aufgeführten Experimenten prinzipiell nicht nachweisen,

da über Prozesse lediglich energetische Änderungen bilanzierbar sind, während sich Aussagen über die Gesamtenergie eines Systems nicht treffen lassen.

2. Für $\Delta E_0 = c^2 \Delta m$ als massenäquivalente Änderung der gesamten Ruheenergie eines Systems gibt es bisher keine experimentelle Evidenz. Solange es keinen Gegenbeweis gibt, ist es denkbar und thermodynamisch plausibel, dass Materie (anders als Massepunkte) neben m weitere Freiheitsgrade wie Lage, Grenzfläche, Volumen usw. besitzt, um die Energieerhaltung zu gewährleisten. Immerhin sind diese Wesensmerkmale real und spiegeln energetische Eigenschaften der Materie wider.

Gemäß Annahme ii der SRT werden idealisierte Massepunkte im feldfreien Raum beschrieben ($E_{pot} = 0$). Einstein hat die Gültigkeit von Gl. (20) und Gl. (37) heuristisch auf reale Teilchen und reale Körper (makroskopische Materie) erweitert. Es ist in Betracht zu ziehen, dass es sich dabei um eine Überinterpretation handeln könnte.

4 Verknüpfung der Energiekonzepte

Die Spezielle Relativitätstheorie (SRT) und die Thermodynamik werden für gewöhnlich getrennt gelehrt und als inhaltlich nicht angrenzend bewertet. Die Ursache dafür ist, dass die Beschreibungsansätze stark divergieren und Unverträglichkeiten auch begrifflicher Art vorhanden sind, die trotz anhaltender Bemühungen, eine relativistische Thermodynamik zu begründen, bisher nicht aufgehoben werden konnten. Vermittelt man SRT und Thermodynamik gemeinsam in einem Lehrbuch, dann aus rein äußerlichen Gründen:

> Die Zusammenstellung von *Spezieller Relativitätstheorie* und *Thermodynamik* mag zunächst etwas verwundern. Sie erfolgt natürlich nicht aufgrund einer engen thematischen Beziehung zwischen diesen beiden Disziplinen, [...].   [Nolting 2010, Vorwort]

Unabhängig davon werden in der Literatur, da ein ruhender Körper ($E_{kin} = 0$) nicht erst aus Sicht der SRT [Einstein 1905b], sondern bereits aus thermodynamischer Sicht [Clausius 1850] stets Energie besitzt, die Ruheenergie E_0 der SRT und die innere Energie U der Thermodynamik miteinander identifiziert. Weil Einsteins Deutungen von Gl. (20) und Gl. (37) beliebige thermodynamische Systeme wie etwa reale Körper betreffen, ist eine explizite Schnittstelle zwischen der SRT und der Thermodynamik gegeben:

> Die Masse M ist also ein Maß für die innere Energie E_0 eines Körpers.
> [Falk und Ruppel 1973, S. 43]

> Die gesamte Energie eines Systems ist nach der *Einstein*schen Beziehung $E = mc^2$ gegeben; [...].   [Möbius 1985, S. 79]

> A particle with mass m has an intrinsic rest energy E given by $E = mc^2$ [...] A system with mass M also has a rest energy $E = Mc^2$. If a system gains or loses internal energy ΔE, it simultaneously gains or loses mass ΔM, where $\Delta M = \Delta E/c^2$.   [Tipler und Mosca 2008, S. 235]

4.1 Gleichsetzung von innerer Energie und Ruheenergie

Betrachten wir ein System, das zum Beispiel ein Körper sein kann, mit einer gewissen Ausdehnung, einer gewissen Abgrenzung zur Umgebung und einem bestimmten Materie- und Strahlungsgehalt. Über eine Gleichsetzung der Energiebegriffe von SRT und Thermodynamik für das ruhende System

$$E_0 = U \qquad \text{bzw.} \qquad \Delta E_0 = \Delta U \tag{38}$$

lassen sich die Gleichungen (10) und (37) miteinander verknüpfen.

https://doi.org/10.1515/9783110656961-004

In der differentiellen Form gilt:

$$c^2 \, \mathrm{d}m = \mathrm{d}U = \sum_{i=1}^{k} \xi_i \, \mathrm{d}X_i = \sum_{i=1}^{k} \left(\frac{\partial U}{\partial X_i} \right)_{X_1,\ldots,X_k(\neq X_i)} \mathrm{d}X_i$$

$$= T \, \mathrm{d}S - p \, \mathrm{d}V + \sum_j \mu_j \mathrm{d}n_j + \sigma \, \mathrm{d}A + \ldots - T \, \mathrm{d}_\mathrm{i}S. \tag{39}$$

In Gl. (39) links steht ein energetischer Ausdruck, der im Rahmen der Newtonschen Näherung hergeleitet wurde und beansprucht, sämtliche energetischen Änderungen eines realen Systems zu erfassen. Insbesondere wird deutlich, dass links keine Informationen über die räumliche Dimension eines Systems vorhanden sind.

In Gl. (39) rechts steht ein Summenausdruck, der die empirisch belegten Hauptsätze der Thermodynamik miteinander verknüpft und den zu erweitern ein Thermodynamiker stets bereit ist, im Wissen darum, dass sich der energetische Zustand eines Systems, das nur mehr oder weniger von der Umgebung abgeschirmt ist, durch viele Austauschprozesse ändern kann.

Da Originalarbeiten oft einen tieferen Einblick vermitteln, soll vor der Diskussion von Gl. (39) ein kurzer Exkurs in die Physikgeschichte erfolgen, hin zu den Urhebern der heutigen Deutung von $E_0 = mc^2$.

4.2 Die Interpretationen von Einstein und Planck

Im Jahre 1905 hatte Albert Einstein einige wichtige Aufsätze veröffentlicht, nicht nur zur SRT [Einstein 1905a] mit Nachtrag [Einstein 1905b], sondern auch grundlegende Arbeiten zur Brownschen Molekularbewegung und seine genial-heuristische Lichtquantenhypothese [Einstein 1905 c], die Max Plancks Strahlungsgesetz [Planck 1900] physikalisch deutete.[36]

Da Einstein sich bereits verdient gemacht hatte, erhoffte sich Max Planck mit der SRT einen Ausweg aus der Erklärungsnot der damaligen Physik. Er gab dabei Einsteins Relativitätstheorie der Beobachterpositionen (SRT) den Vorrang gegenüber Lorentz' Relativitätstheorie, nach der sich im Äther bewegte Objekte real ändern, beispielsweise real in Bewegungsrichtung kontrahieren. Lorentz' Theorie wurde von Planck als Vorstufe der SRT Einsteins eingeordnet:

> Dagegen steht ein solcher Ersatz in vollem Umfang in Aussicht bei der Einführung eines anderen Theorems: des von H. A. LORENTZ und in allgemeinster Fassung von A. EINSTEIN ausgesprochenen Princips der Relativität.   [Planck 1907, S. 546]

---

36 1919 erhielt Max Planck den Physik-Nobelpreis des Jahres 1918 für die Entdeckung des Planckschen Wirkungsquantums h.

1907 gab es viele Physiker, die Lorentz' Äthertheorie als eine denkbare Deutung des Michelson-Morley-Experiments ansahen. Dazu gehörte auch Friedrich Hasenöhrl, der 1904 auf der Grundlage der Arbeiten von Poincaré und Abraham eine scheinbare Masse der Hohlraumstrahlung postuliert hatte. Er wundert sich über die klare Position Plancks [Planck 1907], der für die SRT Partei ergreift und zugleich andere Arbeiten auf der Grundlage von Lorentz' Relativitätstheorie nicht zitiert:

> Jedenfalls ist auch in meinen früheren Arbeiten zuerst der Begriff einer von der inneren Strahlung und damit von der Temperatur abhängigen Masse aufgestellt [. . .] worden. Es ist mir demnach unverständlich, warum Herr Planck [. . .] meine Arbeiten mit keinem Worte erwähnt.
> [Hasenöhrl 1908, S. 215]

Der Inhalt des Aufsatzes von 1907 [Planck 1907], in dem die Thermodynamik und die neue SRT tastend verknüpft werden, lässt sich im Wesentlichen so zusammenfassen[37]:

Planck wendet den 1. Hauptsatz der Thermodynamik auf bewegte schwarze Hohlraumstrahlung an, da auch Strahlung den beiden Hauptsätzen der Thermodynamik gehorcht:

> [. . .], dass ein von jeglicher ponderabler Materie entblösstes, lediglich aus elektromagnetischer Strahlung bestehendes System sowohl den Grundgesetzen der Mechanik wie auch den beiden Hauptsätzen der Thermodynamik in einer Vollständigkeit gehorcht, die bei keiner einzigen der bisher aus diesen Sätzen gezogenen Folgerungen etwas zu wünschen übrig lässt. [S. 542]

In der Änderung der Gesamtenergie E des Systems berücksichtigt Max Planck neben der Wärme $T\mathrm{d}S$ die Volumenarbeit $-p\mathrm{d}V$ und die Beschleunigungsarbeit $v\mathrm{d}P$ [S. 547]:

$$\mathrm{d}E = T\mathrm{d}S - p\mathrm{d}V + v\mathrm{d}P \tag{40}$$

Er beschreibt die Sicht auf bewegte Körper (Hohlraumstrahlung), die „reversibel und adiabatisch auf die Geschwindigkeit v gebracht" [S. 553] wurden, über lorentztransformierte Größen [S. 551f.] wie die Entropie $S(v) = S$, das Volumen $V(v) = V/\gamma$ oder die Temperatur $T(v) = T/\gamma$. Er berechnet die „Translationsarbeit" für das „gestrichene Bezugsystem", die „Compressionsarbeit", die „zugeführte Wärme" [S. 560] und die Entropie ruhender Strahlung [S. 563]. Schließlich gelangt er zu der Gleichung [S. 564]

$$m = [\ldots] = \frac{E_0 + pV}{c^2}, \tag{41a}$$

die sich nach der Ruheenergie umformen lässt:

$$E_0 = mc^2 - pV. \tag{41b}$$

---

[37] Genutzt wird im Folgenden nicht die Symbolik in Plancks Arbeit [Planck 1907, S. 546f.], sondern die bisherige Nomenklatur im vorliegenden Band.

Diskussion

Auch wenn Max Planck Gl. (41a) im Sinne der generalisierten Masse der SRT deutet, ist er damit über einige Umwege und Transformationen, die heute z. T. als fehlerhaft bewertet werden, wie etwa die Temperatur-Transformation in Gl. (35), zu einem Ergebnis gelangt, das ein plausibles Ergebnis im Sinne der Thermodynamik darstellt.

Im Ruhezustand bei einem Impuls von $P = 0$ würde sich Gl. (41b) direkt ergeben, d. h. ohne eine Ableitung über verschiedene Lorentz-Transformationen [Planck 1907, S. 547–564], wenn man den Eulerschen Satz für homogene Funktionen auf Gl. (40) anwendete (vgl. Gl. (12)). Dazu wäre lediglich die ausgetauschte Wärme $T\mathrm{d}S$ mit der ausgetauschten Strahlung und dementsprechend die im System vorhandene Strahlung mit dem Term mc^2 gleichzusetzen.[38] Dem liegt der Begriff der *scheinbaren Masse* $m = m_{h\nu}$ der elektromagnetischen Strahlung nach Poincaré u. a. zugrunde [Poincaré 1900].

Nach Gl. (41b) ist $E_0(m, V)$ von den zwei unabhängigen extensiven Variablen m und V abhängig. Wegen $m(T)$ wäre die innere Energie $U = E_0$ einer im ruhenden System eingeschlossenen schwarzen Hohlraumstrahlung damit umso größer, je heißer und komprimierter die Strahlung ist. Die Ergebnisse sind intuitiv und entsprechen Gl. (39) rechts, da mit Gl. (40) von vornherein nur Volumenarbeit (keine weiteren Arbeitsterme) und reversible Prozesse ($T\mathrm{d}_iS = 0$) bei $\mathrm{d}n_j = 0$ betrachtet wurden.

Die Differenzierung $E_0(m, V)$ [Planck 1907, S. 564] geht endgültig verloren mit Einsteins Arbeit von 1907 [Einstein 1907], der bereits 1905 [Einstein 1905b, S. 641] eine Äquivalenz von $E_0 = U$ mit einer generalisierten Systemmasse m gefolgert hatte. Wie in Kap. 3.2.1 beschrieben, war diese Deutung 1905 noch nicht zwingend, weshalb weitere Herleitungen von $E_0 = mc^2$ folgten, die im Rahmen der SRT Zirkelschlüsse bleiben müssen.

In den Herleitungen werden potentielle Energien entweder vernachlässigt:

[...]; wir wollen jedoch annehmen, daß sowohl die potenzielle Energie der konservativen Kräfte als auch die kinetische Energie der Schwerpunktsbewegung der Massen stets als unendlich klein relativ zu der „inneren" Energie der Massen $m_1 \ldots m_n$ aufzufassen seien.
[Einstein 1906, S. 629 f.]

oder ein zusätzlicher Summand in $E_0 = mc^2$ wird negiert:

Da wir über den Nullpunkt von E_0 willkürlich verfügen können, sind wir nicht einmal imstande, ohne Willkür zwischen einer „wahren" und einer „scheinbaren" Masse des Systems zu unterscheiden. Weit natürlicher erscheint es, jegliche träge Masse als einen Vorrat von Energie aufzufassen.
[Einstein 1907, S. 442]

---

38 Planck war sich bewusst, dass Wärmestrahlung „auch eine gewisse träge Masse besitzt" [Planck 1907, S. 545].

Mit Hinweis auf die Natürlichkeit der Methode wird der Volumenterm in Gl. (41b) null gesetzt und damit implizit als in der Masseäquivalenz erfasst eingestuft. Einsteins Verfahrensweise ist willkürlich, doch unausweichlich, weil eine Theorie, die idealisierte Massepunkte oder starre Körper aus Massepunkten beschreibt, mit einem Zusatzterm in $E_0 = mc^2$ nichts anfangen kann.

Wie auch in späteren Arbeiten wiederholt Einstein 1907 seine Ansicht von 1905 [Einstein 1905b, S. 641], denn jede andere Aussage käme einer Abschwächung und letztlich einer Abwertung der SRT gleich. Da die elektromagnetische Masse bereits vor 1905 bekannt war, war das neue Ergebnis der SRT ja gerade Einsteins allgemeingültige Deutung von $E_0 = mc^2$, worin der Begriff der elektromagnetischen Masse erweitert wurde. Rückte man hiervon ab, bliebe wenig.

Natürlich kann es oft sinnvoll oder notwendig sein, eine Betrachtung auf das Wesentliche zu beschränken. Einsteins Deutung indes mündet in eine allgemeingültige Aussage, die Exaktheit behauptet. Sie ist nicht nur methodisch, sondern auch physikalisch fragwürdig, denn es handelt sich gerade nicht um die Festsetzung eines willkürlich verfügbaren Nullpunktes von E_0, wie Einstein schreibt [Einstein 1907, S. 442], sondern um eine folgenschwere Änderung des Abhängigkeitsgefüges physikalischer Zustandsgrößen.

Vor 1905 hängt die elektromagnetische Masse m einer Hohlraumstrahlung von der Temperatur T ab [Hasenöhrl 1904], was im Sinne der Gibbsschen Thermodynamik impliziert, dass m davon abhängt, wie viel Wärmeenergie $\delta Q = TdS$ in das System transportiert bzw. von dem System abgegeben wurde. Mit Einsteins Interpretation ist m zusätzlich vom Volumen V des Systems abhängig:

$$\text{vor 1905: } m(T) \tag{42a}$$

$$\text{seit 1905: } m(T, V). \tag{42b}$$

Die Masse wird damit zu einem zweiten energetischen Summenparameter neben der Ruheenergie $E_0 = U$ eines Systems.

4.3 Die Masse als zweiter energetischer Summenparameter

Nach Gl. (39) ist U eines Systems einerseits eine Funktion der extensiven Zustandsgröße Masse m, andererseits eine Funktion vieler extensiver Zustandsvariablen:

$$U(m) = U(S, V, n_j, A, \ldots). \tag{43}$$

Bei einer vollständigen Masse-Energie-Äquivalenz übernimmt m alle Abhängigkeiten von $E_0 = U$, d. h. es gilt:

$$m = f(S, V, n_j, A, \ldots) \tag{44}$$

Stellt man die Frage: Wo steckt die Energie? – so lautet Einsteins Antwort: Sie steckt in der Masse. Diese wiederum sei eine Funktion aller Zustandsgrößen der Materie. Seit Einstein haben wir uns daran gewöhnt zu denken, die Masse sei äquivalent zur Energie.

Dennoch gibt es bisher keinen empirischen Beweis für die physikalische Realität dieser Annahme (s. Kap. 3.4.2). Ist wirklich jede extensive Zustandsgröße, jede energetische Eigenschaft der Materie an Masse gebunden? Die Grenzfläche, das Volumen? Die Lage, die Federspannung? Das elektrische und magnetische Dipolmoment? Energie steckt zum Beispiel in der Grenzfläche eines Festkörpers, konkret potentielle Energie. Doch bedingt ein höherer Grenzflächeninhalt (erhöhte Lageenergie der Teilchen an der Grenzfläche) simultan auch eine äquivalente Massenzunahme eines Körpers? Wird man der komplexen Natur der Materie gerecht, wenn man Materie energetisch auf Masse reduziert?

Fraglich ist auch, wozu ein zweiter energetischer Summenparameter eines Systems neben der inneren Energie benötigt wird. Thermodynamisch besitzen extensive Zustandsgrößen wie V oder A eine eigenständige energetische Qualität, zumal die Masse eines Stoffes gewöhnlich über seine Stoffmenge n erfasst wird, indem man n über die stoffspezifische molare Masse $M = m/n$ in eine Masse m umrechnet.

Was prädestiniert die Masse zu ihrer subsumierenden Sonderrolle unter allen Eigenschaften der Materie?

$E_0 = mc^2$ ist leicht handhabbar (definierter Umrechnungsfaktor c^2, der sich auf eins normieren lässt) und ermöglicht eine einfache Berechnung des Energieinhalts eines Systems, was in der Thermodynamik nicht möglich ist, da hier nur Energieänderungen bilanziert werden können.

Andererseits reduziert der Energiebegriff der SRT die Materie energetisch auf ihre Masse. In der Folge wird diskutiert, welche Konsequenzen aus thermodynamischer Sicht mit einer vollständigen Masse-Energie-Äquivalenz, die heute in der Quantentheorie, SRT, ART und folglich in den Standardmodellen der modernen Physik genutzt wird, verbunden sind.

Die genutzten Unterpunkte sind nicht gänzlich unabhängig voneinander, sondern dienen dazu, bestimmte Aspekte stärker zu betonen.

a. Innere Prozesse sind mittels $dU = c^2\, dm$ nicht erfassbar.

Der Zustand eines thermodynamischen Systems ist nicht nur durch Energieaustausch mit der Umgebung, sondern auch durch innere Prozesse veränderlich. In Gl. (39) rechts ist mit dem Entropieterm Td_iS ein Kriterium für den Ablauf innerer Prozesse gegeben, welche mit der Grundgleichung der irreversiblen Thermodynamik Gl. (17) beschrieben werden können.

Auf der linken Seite von Gl. (39) fehlt ein solches Kriterium, weshalb es unmöglich wird, damit innere Prozesse zu erfassen. In einem abgeschlossenen System gilt bei einer vollständigen m-U-Äquivalenz mit $\Delta U = 0$ stets zugleich

$\Delta m = 0$. Die Ruhemasse m des Systems muss von inneren Prozessen unberührt bleiben, was makro- und mikroskopische Prozesse gleichermaßen betrifft. Ist es in einer Ecke des Systems heißer, weshalb ein Temperaturausgleich im System erfolgt, oder finden Stofftransporte oder chemische Reaktionen im System statt, so lassen sich diese inneren Prozesse mit Gl. (39) links nicht erfassen.

Insbesondere liefert $dU = c^2 dm = 0$ auch keine Aussage darüber, ob im System quantenmechanische Prozesse (Paarvernichtung oder -erzeugung, Umwandlung von Neutrino-Typen usw.) ablaufen, bei denen sich die Teilchenruhemassen m_T im System ändern. Zwar wird gerade die Zerstrahlung von Elementarteilchen mit Ruhemasse gern als Beweis für die Gültigkeit der vollständigen Masse-Energie-Äquivalenz gedeutet, doch ist sie nicht als innerer Prozess im abgeschlossenen System ($\Delta m = 0$) denkbar, wenn es um einen Beleg für die Gültigkeit von $\Delta E_0 = c^2 \Delta m$ geht. Mit Thomson, Poincaré, Hasenöhrl oder auch Einstein („Wir hätten also auch z. B. anzunehmen, daß in einem Hohlraum eingeschlossene Strahlung nicht nur Trägheit, sondern auch Gewicht besitze." [Einstein 1907, S. 443]) gilt, dass sich die Ruhemasse m des Systems bei der Paarvernichtung nicht ändert, da auch elektromagnetische Strahlung zu m beiträgt.

b. Irreversibilität lässt sich nicht beschreiben.

Mit dem Entropieterm $T d_i S$ in Gl. (39) rechts ist ein Kriterium für die Qualität der inneren Energie und die Richtung von Prozessen gegeben. Dass ein solches Kriterium in Gl. (39) links fehlt, ist bereits (trotz gegenteiliger Anstrengungen) ein Ausschlusskriterium dafür, Irreversibilität im Rahmen einer relativistischen Thermodynamik beschreiben zu können.

Aus den Annahmen der SRT (s. Kap. 3.1) folgt, dass der 2. Hauptsatz der Thermodynamik Gl. (8) keine Berücksichtigung finden kann. Wenn die Zeit eine dynamische Größe ist, die von Bewegungszuständen der Beobachter in Inertialsystemen abhängt, ist die absolute Zeit zugunsten der Minkowski-Raumzeit aufzugeben:

> Dies vierdimensionale Gebilde (MINKOWSKI-Raum) ist als Träger der Materie und des Feldes gedacht. […] Da es in diesem vierdimensionalen Gebilde keine Schnitte mehr gibt, welche das „Jetzt" objektiv repräsentieren, wird der Begriff des Geschehens und Werdens zwar nicht völlig aufgehoben, aber doch kompliziert. Es erscheint deshalb natürlicher, das physikalisch Reale als ein vierdimensionales Sein zu denken statt wie bisher als das *Werden* eines dreidimensionalen Seins. [Einstein 1917a, S. 121]

Das vierdimensionale Sein „erscheint […] natürlicher" als das Werden, leugnet indes jegliche, in der Natur offenkundige Richtungsabhängigkeit von makroskopischen Prozessen. Lässt sich jeder Prozess zugleich als (symmetrische) Massenänderung auffassen, wird er auch zwingend symmetrisch. Es lässt sich dann weder abschätzen, ob er freiwillig oder erzwungen abläuft, noch lassen sich

Gleichgewichtskriterien im Sinne von Gl. (16) entwickeln. Der 2. Hauptsatz der Thermodynamik geht in beliebiger Reversibilität unter.[39]

Dass die zeitsymmetrischen (reversiblen) Naturgesetze der Mechanik, Relativitätstheorie oder Quantentheorie im Widerspruch zur täglich erlebten Anisotropie der Zeit stehen, hat bereits viele Philosophen und Naturwissenschaftler beschäftigt, wie z. B. Henri Bergson [Bergson 1922] oder Ilya Prigogine [Prigogine 1979, Prigogine und Stengers 1993]. Eine dynamische SRT-Zeit, die vom Zustand des Beobachters abhängt und mit dem veränderlichen Messinstrument (der Uhr) identifiziert wird (s. Annahme iv in Kap. 3.1), lässt ein Werden nicht zu.

c. Es kommt zu einem Differenzierungsverlust.

Verglichen mit realen Eigenschaften von Materie (Geruch, Geschmack, Farbe, Form usw.) stehen auf beiden Seiten von Gl. (39) Abstraktionen. Doch ist der Abstraktionsgrad auf der linken Seite weitaus höher. Mit nur einem Energieäquivalenzterm statt vielen ist unweigerlich ein Verlust an Differenzierung verbunden.

Man vergleiche einen kompakten Siliziumwürfel ($m = 1\,\text{kg}$, $\rho = 2{,}336\,\text{g/cm}^3$, $A = 340\,\text{cm}^2$) mit porösem Siliziummaterial ($m = 1\,\text{kg}$, $A = 100000\,\text{m}^2$).[40] SRT-mechanisch sind beide „gleich", da sie aufgrund gleicher Ruhemasse die gleiche Menge an innerer Energie repräsentieren. Physikochemisch sind sie grundverschieden, wenn es um ihre potentielle Energie im Raum geht, von der in der SRT abstrahiert wurde.

d. Der Informationsverlust führt zu physikalischer Uneindeutigkeit.

Mit einer geringeren Differenzierung ist notwendig ein Informationsverlust verbunden. In der Gibbsschen Thermodynamik existieren mit Gl. (14) vier Energieinhaltsfunktionen U, H, F und G, um die energetische Veränderung eines Systems unter den jeweiligen Prozessbedingungen zu beschreiben. Sie ermöglichen es, den Fokus auf bestimmte Austauschterme, z. B. die Änderung nur einer extensiven Zustandsgröße zu legen, gleichwohl sich in einem natürlichen Vorgang meist mehrere Zustandsgrößen gleichzeitig ändern (miteinander gekoppelte Prozesse).[41]

Die Fähigkeit, Prozesse isoliert beschreiben zu können, ist eine Besonderheit der thermodynamischen Methodik, da sich makroskopische Prozesse (von Stoffen) hinsichtlich energetischer Eigenschaften besser ausdifferenzieren lassen als hochgradig gekoppelte mikroskopische Prozesse, wie etwa die Erzeugung von

---

39 Einige Kritiker bescheinigen der SRT deshalb eine Nichtbeachtung des 2. Hauptsatzes der Thermodynamik, beispielsweise eine „confusion constante entre le temps reversible et le temps irréversible" [Guillaume 1917, S. 98].

40 Spezifische Oberflächen von 100 m^2/g und mehr sind für poröse Festkörper realistisch.

41 Zum Beispiel führt eine Zufuhr von Stoff meist auch zu einer Volumen-, Grenzflächen-, Entropieänderung usw. des Systems, es sei denn, über geeignete Prozessbedingungen wird dafür Sorge getragen, diese Systemparameter konstant zu halten.

Elementarteilchen aus Strahlung, bei denen sich zugleich Ruhemasse, Ladung, Spin, Struktur, Ausdehnung usw. ändern können.

An einem Beispiel soll veranschaulicht werden, dass der Informationsverlust, der mit einer Masse-Energie-Äquivalenz verbunden ist, zu einem Konflikt mit der thermodynamischen Methodik führt.

An einem kugelförmigen Tropfen werde Grenzflächenarbeit $\delta W_A = \sigma dA$ verrichtet, indem er breitgezogen wird. Die Stoffmenge im System bleibe konstant. Da unter Arbeitsaufwand Moleküle aus dem Inneren an die Grenzfläche gebracht werden, erhöht sich die innere Energie U des Tropfens. Die Energieänderung des ruhenden Systems lässt sich über die folgenden Gibbsschen Fundamentalgleichungen beschreiben, wobei an dieser Stelle, wie in der SRT, nur reversible Prozesse ($d_i S = 0$) betrachtet werden sollen:

$$
\begin{aligned}
dU &= TdS - pdV + \sigma dA, \\
dH &= TdS + Vdp + \sigma dA, \\
dF &= -SdT - pdV + \sigma dA, \\
dG &= -SdT + Vdp + \sigma dA.
\end{aligned}
\tag{45}
$$

Wählt man die Prozessführung so, dass sich die jeweilige Energieinhaltsfunktion U, H, F oder G lediglich um den Arbeitsterm σdA erhöht, beschreibt man, wie die verrichtete Grenzflächenarbeit die jeweilige Energieinhaltsfunktion ändert[42]:

$$
dU = (\sigma dA)_{S,V}, \quad dH = (\sigma dA)_{S,p},
\tag{46}
$$

$$
dF = (\sigma dA)_{T,V}, \quad dG = (\sigma dA)_{T,p}.
\tag{47}
$$

Wird der neue Zustand, wie in Gl. (46), unter Konstanthalten der Entropie ($S =$ konst.) erreicht, findet kein Wärmeaustausch mit der Umgebung statt. Dann fokussiert man auf die Auswirkung von Arbeitstermen δW_i auf das System, wobei sich die Systemtemperatur T ändern kann. Wird der neue Zustand hingegen bei $T =$ konst. realisiert (s. Gl. (47)), findet neben den möglichen Arbeitsprozessen ein Wärmeaustausch zwischen System und Umgebung statt.

Verrichtete Grenzflächenarbeit bei $p =$ konst. (jeweils die zweite Beziehung in den Gleichungen (46) und (47)) wiederum bedeutet, dass zugleich auch Volumenarbeit verrichtet wird, während dies bei $V =$ konst. ausgeschlossen ist.

---

42 Die technische Realisierung solcher Prozesse steht auf einem anderen Blatt. Da sich S und V schlecht konstant halten lassen, während p, $T =$ konst. technisch besser realisierbar ist, verwendet man häufiger G als U. Hier soll die innere Energie U weiter mitgeführt werden, da nur U den gleichen Energieinhalt wie E_0 repräsentiert.

Es wird deutlich, dass man Auskunft darüber erhält, *auf welchem Wege* der Zustand mit der größeren Grenzfläche erreicht wird, wobei der Betrag der Energieänderung des Systems von den gewählten Prozessbedingungen abhängt.

Erfasst man die Grenzflächenänderung hingegen über eine Massenänderung, erhält man diese Auskunft nicht, denn mittels einer generalisierten Masse $m = f(S, V, n, A, \ldots)$ lässt sich nicht entscheiden, welche der thermodynamischen Zustandsgrößen des Systems sich während des Prozesses geändert haben oder womöglich konstant gehalten wurden.

Unter welchen Bedingungen kommt es zur Massenänderung? Da es hierauf keine Antwort gibt, folgt eine Unbestimmtheit von $c^2 dm = dU$ in Gl. (39).

Bei verschiedenen Prozessführungen gelten für dU verschiedene Gleichungen:

$$c^2 dm = dU = (\sigma dA)_{S, V},$$

$$c^2 dm = dU = (-p dV + \sigma dA)_{S, p},$$

$$c^2 dm = dU = (T dS + \sigma dA)_{T, V}, \tag{48}$$

$$c^2 dm = dU = (T dS - p dV + \sigma dA)_{T, p}.$$

Wird jeweils gleich viel Grenzflächenarbeit σdA am System geleistet, folgt bei jeder Prozessführung ein anderer Betrag von dU bzw. ΔU. Damit sind dm bzw. Δm jeweils verschieden. Misst man hingegen jeweils die gleiche Massenänderung Δm, ohne die Prozessführung zu kennen, bleibt ΔA unbestimmt. Gl. (48) macht deutlich, dass eine unbekannte Prozessführung zu physikalischer Uneindeutigkeit führt.

Aus thermodynamischer Sicht ist keine genaue Angabe über die Änderung des Energieinhalts eines Körpers möglich, wenn man die Rahmenbedingungen eines Prozesses nicht kennt. In welchen Eigenschaften hat sich das System geändert? Hat sich beim Vergrößern der Grenzfläche auch das Volumen geändert? Wurde Wärme ausgetauscht? Über Δm ist keine Antwort möglich, denn mit einer generalisierten Masse gehen notwendig alle Abstufungen und Feinheiten verloren.

4.4 Veranschaulichung der generalisierten Masse am Beispiel

Oft wird betont, dass alltägliche Energieumsätze aufgrund des großen Umrechnungsfaktors $c^2 \approx 9 \cdot 10^{16} \, \text{m}^2/\text{s}^2$ mit nur unmerklichen Änderungen der Masse einhergehen.

Die energetischen Effekte der täglichen Arbeitsprozesse auf der Erde sind, verglichen etwa mit Fusionsreaktionen auf der Sonne, wirklich sehr klein. Um zu veranschaulichen, was eine Masse-Energie-Äquivalenz, d. h. $m = f(S, V, n, A, \ldots)$, grundsätzlich bedeutet, soll der Effekt am Beispiel der Grenzflächenarbeit in einem Gedankenexperiment vergrößert werden.

Gegeben seien zwei Systeme des Kohlenstoffisotops ^{12}C in jeweils drei Zuständen (s. Tabelle 4.1):

Tabelle 4.1: Vergleich von Zustandsgrößen.

	System 1		System 2		
Zustand	n [mol]	A [m^2]	n [mol]	A [m^2]	m [g]
1		0	1		12
2	1	1200	2	0	24
3		2400	3		36

Zur besseren Übersichtlichkeit sind die Werte in Tabelle 4.1 gerundet.

System 1: Es liegt eine Stoffmenge von 1 mol vor. Die Grenzfläche des Festkörpers zu Luft werde von $A = 0,01$ m$^2 \approx 0$ m^2 über 1200 m^2 auf 2400 m^2 erhöht.

System 2: Die Stoffmenge von 1 mol werde auf 2 mol und 3 mol erhöht. Diesmal bleibe A vernachlässigbar klein und konstant.

In der rechten Spalte von Tabelle 4.1 ist die Masse der beiden Systeme im jeweiligen Zustand angegeben, wenn eine generalisierte Masse gültig ist. 1 mol des Kohlenstoffisotops ^{12}C wiegt, entsprechend der SI-Konvention von 1971, die bis zum Mai 2019 gültig war, genau 12 g. Aus diesem Grunde weisen beide Systeme in ihrem jeweiligen Zustand 1 eine Masse von 12 g auf, wenn A vernachlässigbar klein ist.

Um den postulierten Effekt der Abhängigkeit der Masse von der Grenzfläche zu illustrieren, wird nun die Grenzflächenspannung an der Grenzfläche Kohlenstoff/Luft mit $\sigma = 9{\cdot}10^{11}$ N/m unrealistisch hoch gewählt und als konstant angenommen.[43]

Erhöht man die Grenzfläche von System 1 im adiabatischen, isochoren Prozess ($dS = 0$, $dV = 0$) bei $dn \approx 0$, würde mit einer vollständigen m-U-Äquivalenz gelten (vgl. Gl. (48)):

$$c^2 dm = \sigma dA, \qquad\qquad m = f(A). \qquad\qquad (49)$$

Wird nun Grenzflächenarbeit $W_A = \sigma \Delta A$ verrichtet, wodurch A von System 1 auf 1200 m^2 anwächst, wäre dies mit einem äquivalenten Massenzuwachs verbunden:

$$\Delta m = \frac{\sigma \Delta A}{c^2} = \frac{9 \cdot 10^{11} \text{J/m}^2 \cdot 1200 \text{ m}^2}{9 \cdot 10^{16} \text{m}^2/\text{s}^2} = 12 \text{ g} \qquad\qquad (50)$$

---

43 Reale Grenzflächenspannungen σ von Festkörpern zu Luft liegen im [mN/m]-Bereich. Im Allgemeinen ist σ nicht konstant und hängt zum Beispiel von T und p ab, ist aber stets positiv. Im Beispiel geht es darum, große glatte Zahlen zu erhalten, um den Grundeffekt einer Zunahme der Masse mit der Grenzfläche zu demonstrieren.

Anhand von Tabelle 4.1 sollen die Auswirkungen der theoretischen Prozesse auf die Masse des Festkörpers diskutiert werden:

1. Bei System 1 wächst m mit der Grenzfläche A, während die Stoffmenge konstant ist. Im Zustand 2 rührt die Masse von 24 g bereits hälftig von der verrichteten Grenzflächenarbeit her, in Zustand 3 zu zwei Dritteln. Die molare Masse $M = m/n$ des Festkörpers auf Kohlenstoffbasis wächst damit von 12 g/mol (gewöhnlich für ^{12}C) über 24 g/mol auf 36 g/mol.

2. Über die molare Masse M eines Stoffes rechnen Physiker und Chemiker gewöhnlich Stoffmengen und Massen ineinander um. Die Zahlen illustrieren, dass die Kopplung von Stoffmenge und Masse eines Systems (hier ein Festkörper) mit einer vollständigen Masse-Energie-Äquivalenz, d. h. $m = f(S, V, n, A, \ldots)$, aufgehoben wird.

3. M wäre nicht mehr stoffcharakteristisch, sondern auch von A, V usw. abhängig. Ein- und derselbe chemische Stoff hätte bei unterschiedlicher Oberfläche, Formung, Zerteilung usw. folglich eine andere Masse und dementsprechend eine andere molare Masse.

4. Ist M nicht stoffspezifisch, hat ein- und derselbe Stoff (dasselbe chemische Element) in unterschiedlichen Formungszuständen unterschiedliche Massenzahlen – mit Auswirkungen auf das Periodensystem der Elemente.

   Wenn vom Leiter der Arbeitsgruppe „Avogadrokonstante an der PTB Braunschweig" geäußert wird:

   > Atome eines bestimmten Isotops haben exakt die gleiche Masse; sie sind in keiner Hinsicht unterscheidbar. [Bettin 2017, S. 55],

   so entspricht dies nicht Einsteins generalisierendem Massebegriff, nach dem zum Beispiel die Atome an der Grenzfläche zu Luft aufgrund ihrer höheren potentiellen Energie eine größere Masse aufweisen müssten als Atome, die sich im Inneren einer Siliziumkugel befinden.[44]

5. Bei System 2 wird die Systemmasse im adiabatischen Prozess ($dS = 0$) durch einen Zuwachs der Stoffmenge von 1 mol über 2 mol auf 3 mol erhöht. Die Angabe einer molaren Masse von 12 g/mol für ^{12}C ist hier nur möglich, wenn der energetische Beitrag der Grenzfläche A und des Volumens V, die nach Einstein mit zur Masse beitragen, vernachlässigt wird.

   Bei isothermer Prozessführung ($dT = 0$) statt adiabatischer ($dS = 0$) hingegen wird Wärme $Q = T\Delta S$ mit der Umgebung ausgetauscht (vgl. Gl. (48)):

---

[44] Im Mai 2019 wurde das Internationale Einheitensystem (SI) reformiert, indem nun jede der sieben SI-Basis-Einheiten auf Naturkonstanten zurückgeführt wurde, darunter das Mol auf die Avogadrokonstante N_A. Dazu wurde in einer makroskopischen Kugel aus reinem Silizium-28 die Anzahl der Atome gezählt.

$$c^2 \, \Delta m = \Delta U = (T\Delta S + \sigma \Delta A)_{T,V}. \tag{51}$$

Arbeitsverrichtung am Festkörper bei T = konst. bedeutet dabei stets:

$$(\Delta U)_{T,\,n} \neq 0, \tag{52}$$

anders als beim idealen Gas mit $(\Delta U)_{T,\,n} = 0$. Dass Gl. (52) für jede reale Zustandsänderung infolge von W_A, W_V usw. gilt, ist ein wesentlicher Gesichtspunkt, da die SRT energetische Annahmen enthält, die denen des idealen Gases ähneln (s. Kap. 4.6).

4.5 Plausibilitätsprüfung von Differentialquotienten in Prozesstermen

Es soll der Frage nachgegangen werden, inwieweit Abhängigkeiten wie $m = f(A)$, $m = f(V)$, $m = f(n)$ oder $m = f(S)$ physikalisch plausibel sind.

Dazu werden Differentialquotienten diskutiert, die sich aus der Auffassung von m als einem zweiten energetischen Summenparameter ergeben. Unterscheiden sich U und m lediglich um einen konstanten Faktor c^2, lassen sich mit Gl. (39) die folgenden totalen Differentiale für $U = f(S, V, n, A, \dots)$ und $m = f(S, V, n, A, \dots)$ bilden:

$$dU = \left(\frac{\partial U}{\partial S}\right)_{V,n,A} dS + \left(\frac{\partial U}{\partial V}\right)_{S,n,A} dV + \left(\frac{\partial U}{\partial n}\right)_{S,V,A} dn + \left(\frac{\partial U}{\partial A}\right)_{S,V,n} dA + \dots \tag{53}$$

$$dm = \left(\frac{\partial m}{\partial S}\right)_{V,n,A} dS + \left(\frac{\partial m}{\partial V}\right)_{S,n,A} dV + \left(\frac{\partial m}{\partial n}\right)_{S,V,A} dn + \left(\frac{\partial m}{\partial A}\right)_{S,V,n} dA + \dots \tag{54}$$

Vergleicht man Gl. (53) bzw. Gl. (54) mit den Gibbsschen Fundamentalformen (vgl. Gl. (10))

$$dU = T \, dS - p \, dV + \mu \, dn + \sigma \, dA + \dots - T \, d_i S, \tag{55}$$

$$dm = \frac{T}{c^2} \, dS - \frac{p}{c^2} \, dV + \frac{\mu}{c^2} dn + \frac{\sigma}{c^2} \, dA + \dots - \frac{T}{c^2} \, d_i S, \tag{56}$$

folgen acht Differentialquotienten als generalisierte Kräfte ξ_i und ξ_i', die in Tabelle 4.2 aufgeführt sind. Zusätzlich enthält Tabelle 4.2 vier Kräfte, die sich aus den zwei bereits diskutierten Lehrbuchbeispielen ergeben, nach denen die Masse m eines Körpers beim Anheben im Gravitationsfeld der Erde [Nolting 2010, S. 54] oder einer Feder beim Spannen [Tipler und Mosca 2008, S. 229] wächst.

In der zweiten Spalte von Tabelle 4.2 stehen die bekannten generalisierten Kräfte ξ_i (intensive Zustandsgrößen), die sich aus der Verknüpfung der Hauptsätze der Thermodynamik mit dem totalen Differential der inneren Energie U ergeben.

Daneben sind jeweils die Kräfte ξ_i' aufgelistet, die aus $dU = c^2 \, dm$ entsprechend der Speziellen Relativitätstheorie folgen. Für die Namensgebung der SRT-Kräfte ξ_i' wurde dem Eigennamen von ξ_i das Attribut „reduziert" beigefügt, was hier lediglich bedeutet, als die klassischen Kräfte durch c^2 geteilt werden. Auch jeder dieser

Tabelle 4.2: Vergleich von Differentialquotienten.

Prozess	generalisierte Kraft	
	Thermodynamik	SRT
	ξ_l	$\xi_i{}'$
$\delta Q = T\,dS$ Wärme	$T = \left(\dfrac{\partial U}{\partial S}\right)_{V,n,A}$ Temperatur	$T' = \dfrac{T}{c^2} = \left(\dfrac{\partial m}{\partial S}\right)_{V,n,A}$ reduzierte Temperatur
$\delta W_V = -p\,dV$ Volumenarbeit	$-p = \left(\dfrac{\partial U}{\partial V}\right)_{S,n,A}$ Druck	$-p' = -\dfrac{p}{c^2} = \left(\dfrac{\partial m}{\partial V}\right)_{S,n,A}$ reduzierter Druck
$\delta W_n = \mu\,dn$ Stoffaustausch	$\mu = \left(\dfrac{\partial U}{\partial n}\right)_{S,V,A}$ chemisches Potential	$\mu' = \dfrac{\mu}{c^2} = \left(\dfrac{\partial m}{\partial n}\right)_{S,V,A}$ reduziertes chem. Potential
$\delta W_A = \sigma\,dA$ Grenzflächenarbeit	$\sigma = \left(\dfrac{\partial U}{\partial A}\right)_{S,V,n}$ Grenzflächenspannung	$\sigma' = \dfrac{\sigma}{c^2} = \left(\dfrac{\partial m}{\partial A}\right)_{S,V,n}$ reduzierte Grenzflächenspannung
$\delta W_h = F_h\,dh$ Hubarbeit	$F_h = \left(\dfrac{\partial U}{\partial h}\right)_{n,?}$ Gewichtskraft	$F_h{}' = \dfrac{mg}{c^2} = \left(\dfrac{\partial m}{\partial h}\right)_{n,?}$ reduzierte Gewichtskraft
$\delta W_x = F_x\,dx$ Federspannarbeit	$F_x = \left(\dfrac{\partial U}{\partial x}\right)_{n,?}$ Federspannkraft	$F_x{}' = \dfrac{kx}{c^2} = \left(\dfrac{\partial m}{\partial x}\right)_{n,?}$ reduzierte Federspannkraft

Differentialquotienten muss plausibel sein, wenn die generalisierte Masse der SRT nicht im Widerspruch zu den Hauptsätzen der Thermodynamik stehen soll.

Da die Masse-Energie-Äquivalenz der SRT einen reversiblen Zeitbegriff bedingt (s. Kap. 4.3 Punkt b), werden zunächst nur reversible Prozesse betrachtet. Hier lässt sich die Entropie S konstant halten (isentropischer Prozess), wenn man adiabatisch arbeitet ($Q = 0$). Bei einem realen, irreversiblen Prozess hingegen würde stets Entropie erzeugt werden, sodass sich S nicht konstant halten ließe. Eine Einbeziehung der Irreversibilität in die Betrachtung erfolgt in Kap. 6.

In der Folge sollen die Differentialquotienten in Tabelle 4.2 diskutiert werden. Zunächst werden die Arbeitsterme W_A, W_V, W_h und W_x betrachtet, danach der Teilchenaustausch W_n und schließlich die Wärme Q.

4.5.1 Grenzflächenarbeit

Die Grenzflächenspannung σ ist eine stoffeigene intensive Zustandsgröße, die dem Quotienten aus aufzuwendender Arbeit und Grenzflächenzunahme entspricht:

$$\sigma = \frac{\delta W_A}{\mathrm{d}A}, \quad [\mathrm{J/m^2}] = [\mathrm{N/m}]. \tag{57}$$

Physikalisch ist σ als eine mechanische Spannung in der Grenzfläche (gedacht entlang einer Linie) und damit als ein zweidimensionales Analogon zum Druck p [J/m^3] deutbar. Die konkreten energetischen Auswirkungen von W_A auf ein System lassen sich erfassen, wenn man die Prozessbedingungen spezifiziert:

$$\sigma \equiv \left(\frac{\partial U}{\partial A}\right)_{S,V,n} = \left(\frac{\partial H}{\partial A}\right)_{S,p,n} = \left(\frac{\partial F}{\partial A}\right)_{T,V,n} = \left(\frac{\partial G}{\partial A}\right)_{T,p,n}. \tag{58}$$

Mit den vier Termen auf der rechten Seite von Gl. (58) wird beschrieben, um welchen Betrag sich die Systemenergie unter den jeweiligen Prozessbedingungen ändert, wenn sich die Grenzfläche A ändert. Bei S = konst. ist kein Wärmeaustausch gestattet. Dann können die energetischen Änderungen erfasst werden, die durch Arbeitsprozesse hervorgerufen werden, wobei sich im System auch die Temperatur T und damit die mittlere kinetische Energie $\langle E_{\mathrm{kin}}\rangle$ der Teilchen ändern kann. Bei T = konst. indessen bleibt $\langle E_{\mathrm{kin}}\rangle$ im System konstant, was auf $(\partial F/\partial A)_{T,V,n}$ und $(\partial G/\partial A)_{T,p,n}$ zutrifft.

Dabei ist zu berücksichtigen, dass Grenzflächen keine scharfen zweidimensionalen Gebilde zwischen zwei Phasen darstellen, in denen sich Zustandsgrößen sprunghaft ändern. Stattdessen handelt es sich stets um mehr oder minder ausgedehnte, dreidimensionale Bereiche mit einem kontinuierlichen Übergang physikalischer Größen (Dichte, Stoffmenge usw.) zwischen zwei Phasen. So ist die „Grenzfläche" einerseits eine lokale Größe, existiert aber andererseits aufgrund der unterschiedlichen Wechselwirkungen[45] in zwei aneinander grenzenden Phasen. Das thermodynamische System besteht aus Feld + Körper.

In der Fachliteratur ist es üblich, physikalische Größen auch nach dem Inhalt der zugehörigen Differentialquotienten zu benennen. Aus diesem Grunde wird die Grenzflächenspannung zuweilen „(flächen-)spezifische Grenzflächenenergie" oder auch „(flächen-)spezifische Oberflächenenergie" genannt. Letzteres verführt dazu, „Oberfläche" alleinig in einem Körper zu lokalisieren, obgleich Grenzfläche stets ein Phänomen beider Phasen und des Feldes zwischen ihnen ist. Auch der Begriff „spezifische freie Grenzflächenenthalpie" wird zuweilen genutzt, da er (statt Grenzflächenspannung) deutlich macht, unter welchen Bedingungen eine Grenzflächenänderung eines Systems stattfindet.

Benennt man die reduzierte Grenzflächenspannung σ' in Tabelle 4.2 in analoger Weise, folgt eine „(flächen-)spezifische Grenzflächenmasse", deren Inhalt bereits am Beispiel von ^{12}C veranschaulicht wurde (vgl. Tabelle 4.1). An der Benennung

---

45 Die Coulomb-Kraft ist mehr als 10^{36} mal stärker als die Gravitationskraft. Doch ist auch letztere langreichweitig und trägt zur Wechselwirkung bei.

wird jetzt nicht mehr ersichtlich, welche Prozessführung hinter dem Grenzflächen-
zuwachs eines Systems steht.

Folgt man der thermodynamischen Methode gemäß Gl. (58), gilt unter den jeweiligen Prozessbedingungen:

$$\sigma' = \frac{\sigma}{c^2} = \left(\frac{\partial m}{\partial A}\right)_{S,V,n} \neq \left(\frac{\partial m}{\partial A}\right)_{S,p,n} \neq \left(\frac{\partial m}{\partial A}\right)_{T,V,n} \neq \left(\frac{\partial m}{\partial A}\right)_{T,p,n}, \quad [\mathrm{kg/m^2}]. \tag{59}$$

Bei jeder von $S, V, n = $ konst. abweichenden Prozessführung beträgt die Änderung
des Energieinhalts des Systems durch δW_A nicht dU, also auch nicht c^2dm, da in
der SRT lediglich eine m-U-Äquivalenz, nicht aber eine m-H-, m-F- oder m-G-Äqui-
valenz postuliert wird.

Behauptet man zum Beispiel

$$\sigma' = \frac{\sigma}{c^2} = \left(\frac{\partial m}{\partial A}\right)_{S,p,n}, \tag{60}$$

folgen unauflösliche logische Widersprüche der Art $m = H = U$ trotz $H \equiv U + pV$ und
$pV > 0$, da bei realer Materie, im Unterschied zu Massepunkten, weder das Volumen
V noch der Druck p null sind.

Widersprüche sind auch dann der Fall, wenn man die Bedingungen für Prozesse, die zu einer Massenänderung dm führen sollen, welche äquivalent zu dU ist,
gar nicht spezifiziert. Dann nämlich behauptet man im Grunde:

$$\sigma' = \frac{\sigma}{c^2} = \left(\frac{\partial m}{\partial A}\right)_{S,V,n} = \left(\frac{\partial m}{\partial A}\right)_{S,p,n} = \left(\frac{\partial m}{\partial A}\right)_{T,V,n} = \left(\frac{\partial m}{\partial A}\right)_{T,p,n}, \tag{61}$$

was logisch unverträglich ist mit Gl. (59).

Von einer Deutung gemäß Gl. (61) sind auch Kernspaltungsreaktionen wie (R1)
betroffen, bei denen sich die Abmessungen von Mutter- und Tochterkernen und
damit im weitesten Sinne die Grenzflächen ändern und neben der physikochemischen Arbeit (Kernreaktion) auch mechanische Arbeit, wie z. B. Grenzflächenarbeit
oder Volumenarbeit, verrichtet wird. Werden die Prozessführungen nicht spezifiziert, kann „eines der eindrucksvollsten Beispiele für die von der Relativitätstheorie
vorausgesagte Äquivalenz von Masse und Energie" [Einstein 1922 (1956), S. 131]
nicht als Beweis geltend gemacht werden, wenngleich die Lehrbücher davon ausge-
hen [Tipler 2000, S. 1180 ff.], [Nolting 2010, S. 55], [Gerthsen 2005, S. 670]. Oft wird
beispielsweise implizit eine Reaktion oder Kernreaktion bei Luftdruck (p = konst.)
angenommen, womit eine Änderung der Enthalpie H, aber keine Änderung der inneren Energie U eines Systems beschrieben wird.

Es bleibt fraglich, inwieweit eine „Grenzflächenmasse" (neben einer Grenzflächenenergie) grundsätzlich plausibel ist. Jede Rauigkeit, Unebenheit, Porosität

usw. ist zwingend energetischer Natur. Inwieweit sie „massiver Natur" ist, erhellt sich dabei nicht.

Bei einer vollständigen m-U-Äquivalenz folgte für den Fall, dass lediglich Grenzflächenarbeit verrichtet wird, aus $dU = \sigma\, dA$ die integrale Form $U = \sigma A$ bzw. die Äquivalenz $mc^2 = \sigma A$. Da σ variabel ist (s. Fußnote 43), wäre auch der Anstieg $m = f(A)$ variabel: mal steiler, wenn σ groß ist, und mal flacher, wenn σ klein ist (anders als in Tabelle 4.1). Doch unabhängig davon würde mit $\sigma, \sigma' > 0$ stets gelten, dass m mit A wächst.

Nun sind m und A allerdings keineswegs „wesensgleich" oder „nur verschiedene Äußerungsformen derselben Sache" [Einstein 1922, S. 49]. Aus physikalischer Sicht handelt es sich um zwei grundlegend verschiedene Eigenschaften der Materie mit den voneinander unabhängigen Einheiten [kg] und [m^2], die sich unabhängig voneinander messen lassen. Die Einheit Joule [J] der Energie hingegen konstituiert sich aus den drei SI-Basiseinheiten Kilogramm [kg], Meter [m] und Sekunde [s]. Eine Zunahme der Masse mit der Grenzfläche erscheint deshalb als nicht plausibel und bleibt, aufgrund fehlender empirischer Beweise, bisher eine Behauptung.

In der Folge soll gezeigt werden, dass es – anders als in Einsteins Interpretation – durchaus möglich ist, die durch Grenzflächenarbeit veränderte Grenzfläche A als nicht masserelevant zu deuten.

Es wird ein breitgezogener Tropfen betrachtet, der sich spontan zu einer Kugel formt, um seine Grenzflächenenergie zu minimieren und so eine geringere Lageenergie im Raum einzunehmen – ein Prozess, der zum Beispiel für Wasser mit einer hohen Oberflächenspannung von $\sigma = 72{,}75$ mN/m bei 20 °C gut bekannt ist.[46]

Bei einer Grenzflächenverringerung gilt $A_{nach} < A_{vor}$ bzw. $W_A = \sigma\,(A_{nach} - A_{vor}) < 0$. Im Arbeitsprozess wird der Energiebetrag W_A vom System an die Umgebung abgegeben, sodass sich die folgende Reaktionsgleichung formulieren lässt:

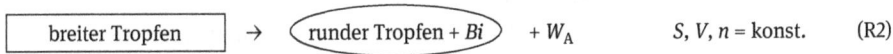

$$\boxed{\text{breiter Tropfen}} \quad \rightarrow \quad \left(\text{runder Tropfen} + Bi\right) \quad + W_A \qquad\qquad S,\, V,\, n = \text{konst.} \qquad \text{(R2)}$$

Die durchgezogenen Linien in (R2) symbolisieren, dass dem System bei S, V, n = konst. kein Wärmeaustausch gestattet ist. Da mit der Ausbildung des runden Tropfens zusätzliche Bindungen geknüpft werden, entsteht im System Energie auf Kosten der Ruheenergie der Moleküle, die sogenannte *Bindungsenergie*, hier mit Bi abgekürzt, die zu einer Erhöhung der Systemtemperatur T beiträgt.

Die innere Energie U des Systems hat sich verringert, weil über den reversiblen adiabatischen und isochoren Arbeitsprozess der Energiebetrag W_A freigesetzt wurde. Zugleich ist die Vorstellung plausibel und mit dem Begriff der elektromagnetischen

---

46 Von Quecksilber und Wasser kennt man auch die spontane Vereinigung von kleinen Tropfen zu einem größeren, wobei die Menge an Grenzfläche Flüssigkeit/Luft minimiert wird.

Masse und allen Experimenten in Kap. 3.4.2 vereinbar, dass sich die Masse m des Systems im Prozess *nicht* geändert hat. Zwar ist bei der zwischenmolekularen Wechselwirkung Bindungsenergie entstanden, doch ist sie bei S = konst. im System verblieben und trägt zur Systemmasse bei, da m gemäß Hasenöhrl, Poincaré und anderen auch von der Temperatur abhängt.

Die gesunkene Grenzfläche ΔA des Systems hätte dann, anders als in Tabelle 4.1, keine Auswirkungen auf die Masse m. Für die Differentialquotienten in Tabelle 4.2 würde gelten:

$$\left(\frac{\partial U}{\partial A}\right)_{S,V,n} > 0, \quad \left(\frac{\partial m}{\partial A}\right)_{S,V,n} = 0. \tag{62}$$

Gl. (62) wäre gleichbedeutend mit einer *unvollständigen* Masse-Energie-Äquivalenz, wonach die potentielle Energie der Moleküle an der Grenzfläche A nicht zur Masse beiträgt.

Wird die Kugelbildung eines Tropfens unter isothermen Prozessbedingungen realisiert, gilt:

$$\boxed{\text{breiter Tropfen}} \;\rightarrow\; \left(\text{runder Tropfen}\right) + Q + W_A \qquad T, V, n = \text{konst.} \tag{R3}$$

Die gestrichelten Linien in (R3) symbolisieren, dass nun eine Wärmeabgabe Q vom System an die Umgebung stattfindet, d. h. der Betrag Bi, der in (R2) zu einer Temperaturerhöhung beigetragen hat, wird vom System als Wärme Q abgegeben. Wieder ist plausibel und mit dem Begriff der elektromagnetischen Masse und den Experimenten in Kap. 3.4.2 vereinbar, dass in diesem Falle die Masse des Systems zulasten der abgegebenen Bindungsenergie sinkt, während die verringerte Lageenergie des Systems erneut nicht masserelevant ist.

Im Falle von T = konst. gilt eine Gleichsinnigkeit der Differentialquotienten:

$$\left(\frac{\partial U}{\partial A}\right)_{T,V,n} > 0, \quad \left(\frac{\partial m}{\partial A}\right)_{T,V,n} > 0, \tag{63}$$

d. h., mit sinkender Grenzfläche sinken U und m des Systems. Sie sinken allerdings nicht äquivalent zueinander, da die Abnahme von m nur auf die Wärmeabgabe Q an die Umgebung, die Abnahme von U aber zusätzlich auf die vom System verrichtete Arbeit W_A zurückzuführen ist. Der abgegebene Energiebetrag W_A bei T = konst., d. h. bei $\langle E_{kin} \rangle$ = konst., manifestiert sich allein in der gesunkenen Grenzfläche A, d. h. in der geringeren potentiellen Energie E_{pot} des Systems.

(R3) illustriert zugleich, dass eine Freisetzung von elektromagnetischer Energie (Kernenergie) unter Massenverlust, wie in (R1) dargestellt, nicht als Beweis für eine vollständige Masse-Energie-Äquivalenz geltend gemacht werden kann, da

1. neben der Masse auch andere Eigenschaften der Materie energierelevant sein können,

2. in R1 keine Prozessbedingungen angegeben sind, doch meist T, p = konst. unter Abgabe elektromagnetischer Strahlung vom System an die Umgebung zugrunde gelegt wird, womit eine Änderung der freien Enthalpie G beschrieben wird, keine Änderung der inneren Energie U,

3. empirisch lediglich die Massenänderung und die Freisetzung der elektromagnetischen Strahlung belegt sind, wobei die Natur der Bindungsenergie nicht geklärt ist.

Dieser Umstand, die aufgezeigten Unstimmigkeiten in der Beweislegung einer vollständigen m-U-Äquivalenz unter Nichtangabe von Prozessbedingungen als auch die Annahmen der SRT ($E_{pot} = 0$) lassen es zu, die Grenzfläche eines Systems (als Ausdruck seiner Lageenergie im Raum) als eine eigenständige energetische Qualität neben der Ruhemasse aufzufassen.

4.5.2 Volumenarbeit

Die Argumentation ist analog zur vorherigen und kann deshalb etwas gekürzt werden. Der Druck p ist eine systemeigene intensive Zustandsgröße, die dem Quotienten aus aufzuwendender Arbeit und Volumenänderung entspricht:

$$-p = \frac{\delta W_V}{dV}, \quad [J/m^3] = [N/m^2]. \tag{64}$$

p stellt eine auf die Fläche wirkende Kraft dar. Der Differentialquotient ist definitionsgemäß negativ, da sich diesmal, anders als im Falle der Grenzfläche, die Systemenergie vergrößert, wenn sich das Volumen verringert.

Die konkreten energetischen Auswirkungen von W_V auf ein System lassen sich wieder erfassen, wenn man die Prozessbedingungen spezifiziert:

$$-p \equiv \left(\frac{\partial U}{\partial V}\right)_{S,n} = \left(\frac{\partial F}{\partial V}\right)_{T,n}. \tag{65}$$

Mit dU und dF wird jeweils die Energieportion erfasst, um die sich die Systemenergie unter den jeweiligen Prozessbedingungen erhöht, wenn sich das Volumen verringert. Bei S = konst. ist kein Wärmeaustausch gestattet, weshalb sich im Arbeitsprozess die Temperatur T und folglich auch die mittlere kinetische Energie $\langle E_{kin} \rangle$ der Teilchen im System ändert. Bei T = konst. indessen bleibt $\langle E_{kin} \rangle$ im System konstant, was auf $(\partial F/\partial V)_{T,n,A}$ zutrifft. Hier ist die Betrachtung nicht auf einen Prozess fokussierbar, da zur Realisierung von T = konst. neben der Volumenarbeit ein Wärmeaustausch stattfinden muss.

Folgt man wieder der thermodynamischen Methode, gilt für den reduzierten Druck gemäß Tabelle 4.2:

$$-p' = -\frac{p}{c^2} = \left(\frac{\partial m}{\partial V}\right)_{S,n} \neq \left(\frac{\partial m}{\partial V}\right)_{T,n}, \quad [\text{kg/m}^3]. \tag{66}$$

Jede nicht-adiabatisch verrichtete Volumenarbeit W_V bewirkt eine Änderung des Energieinhalts des Systems, die nicht ΔU, also auch nicht $c^2 \Delta m$ entspricht. Eine Gleichsetzung von $(\partial m/\partial V)_{T,n}$ mit $-p'$ verbietet sich logisch, diesmal, weil sie $m = F = U$ bedeuten würde, obwohl $F = U - TS$ und $TS > 0$ gelten, da die Temperatur T und Entropie S realer Materie niemals null sind. Alle im vorhergehenden Kapitel aufgeführten Argumente zur Kernspaltung und im Grunde zu jedem Prozess betreffen deshalb auch Gl. (66).

Benennt man den reduzierten Druck $-p'$ in Gl. (66) nach dem Inhalt des Differentialquotienten, folgt eine „Volumenmasse". Wieder bleibt zu fragen, ob es grundsätzlich plausibel ist, dass sich die Masse eines Systems mit dem Volumen verändert. Jede Volumenänderung ist energetischer Natur. Inwieweit sie damit auch äquivalent „massiver Natur" ist, erschließt sich nicht.

Dabei ist eine „Volumenmasse" nicht verwandt mit der formal ähnlichen Zustandsgröße Dichte $\rho = m/V$. Letztere gibt an, was ein Stoff wiegt, der etwa unter Normbedingungen ein gewisses Volumen aufweist, und könnte ebenso als Teilchendichte $\rho = N/V$ oder Stoffmengendichte $\rho = n/V$ formuliert werden. Bei Gl. (66) hingegen handelt es sich um eine Kopplung von m und V bei *konstanter* Stoffmenge.

Wieder sind m und V nicht „wesensgleich" [Einstein 1922, S. 49], sondern zwei zeitgleich messbare und nebeneinander existierende Eigenschaften der Materie mit voneinander unabhängigen Einheiten. Ebenso wie die Grenzfläche A ließe sich das durch Volumenarbeit veränderte Volumen V als nicht masserelevant deuten.

Bei einer Verringerung des Systemvolumens gilt $W_V = -p(V_{\text{nach}} - V_{\text{vor}}) > 0$. Es wird Arbeit vom Energiebetrag W_V am System verrichtet. Für den reversiblen adiabatischen Prozess folgt:

entspanntes Gas	$+ W_v \rightarrow$	komprimiertes Gas + Bi	S, n = konst.	(R4)

Bei S = konst. ist kein Wärmeaustausch gestattet, weshalb sich im Prozess die Systemtemperatur T erhöht. Auch die innere Energie U des Systems wächst, da über den Arbeitsprozess der Energiebetrag W_V zugeführt wird. Zugleich ist erneut die Vorstellung plausibel und mit dem Begriff der elektromagnetischen Masse und den Experimenten in Kap. 3.4.2 vereinbar, dass sich die Masse m des Systems im Prozess nicht ändert. Zwar entsteht infolge verstärkter Wechselwirkung Bindungsenergie Bi auf Kosten der Teilchen-Ruheenergie, doch verbleibt sie im System und trägt weiter zur Ruhemasse m des Systems bei.

Das verringerte Volumen V würde sich damit zwar auf die innere Energie U, nicht aber auf die Masse m auswirken:

$$\left(\frac{\partial U}{\partial V}\right)_{S,n} < 0, \qquad \left(\frac{\partial m}{\partial V}\right)_{S,n} = 0. \tag{67}$$

Komprimiert man das reale Gas hingegen isotherm, gilt:

$$\left(\frac{\partial U}{\partial V}\right)_{T,n} \neq 0, \qquad \left(\frac{\partial m}{\partial V}\right)_{T,n} \neq 0, \tag{68}$$

wobei Wärme ausgetauscht werden muss, um die Temperatur konstant zu halten. Die Differentialquotienten in Gl. (68) entsprechen dabei weder $-p$ bzw. $-p'$, noch sind sie null wie beim idealen Gas (s. Kap. 4.6).

Beschreibt man ein reales Gas beispielsweise durch die van-der-Waals-Gleichung, folgt bei $T, n =$ konst. bekanntlich ein positiver Anstieg der Funktion $U = f(V)$, d. h. die innere Energie U sinkt, wenn das Volumen verringert wird. Bei weiterer V-Verringerung setzt bei Erreichen des Kondensationsdruckes der erste Phasenübergang (Verflüssigung) ein, der sich in der Funktion $U = f(V)$ als Unstetigkeitsstelle zeigt. Ist alles Gas verflüssigt, folgt eine zweite Unstetigkeitsstelle. Aufgrund der Quasi-Inkompressibilität der Flüssigkeit steigt der Druck jetzt rasant bei geringer V-Verringerung, woraus ein negativer Anstieg der Funktion $U = f(V)$ folgt, d. h. U wächst mit sinkendem Volumen. Eine vollständige m-U-Äquivalenz implizierte, dass auch die Masse des Systems bei $T, n =$ konst. mit zunehmender V-Verringerung mal äquivalent sinken oder wachsen würde, inklusive von Unstetigkeitsstellen der Funktion $m = f(V)$ bei $T, n =$ konst.

Die nicht offenkundige Plausibilität einer $m(V)$-Abhängigkeit, die gezeigten Unstimmigkeiten bei der Erklärung einer vollständigen m-U-Äquivalenz unter Nichtangabe von Prozessbedingungen, die empirische Unbewiesenheit und nicht zuletzt die Annahmen der SRT ($E_{pot} = 0$, Massepunkte ohne Eigenvolumen) lassen es zu, auch das Volumen eines Systems als eine eigenständige energetische Qualität neben der Ruhemasse aufzufassen.

4.5.3 Hub- und Federspannarbeit

In Tabelle 4.2 wurden zwei Beispiele aus Physik-Lehrbüchern aufgenommen, da sie für die Lehre von der Massenzunahme mit zunehmender potentieller Energie des Systems signifikant sind und keinen Einzelfall darstellen:

Beispiel 1
Es wird ein Massenzuwachs von $\Delta m = 10^{-11}$ kg eines Körpers angegeben, „wenn man 100 kg um 1 km in die Höhe hebt" [Nolting 2010, S. 54].

Beispiel 2

Es wird die Massenzunahme einer Feder berechnet, die um die Strecke x gespannt wird:

„Consider two 1.00-kg blocks connected by a spring of force constant k. [...] suppose k = 800 N/m and x = 10.0 cm = 0.100 m. The potential energy of the spring system is then ½ kx^2 = ½ (800 N/m) (0.100 m)^2 = 4.00 J. The corresponding increase in mass [...] is $\Delta M = \Delta U/c^2$ = 4.00 J/(3.00 × 10^8 m/s)^2 = 4.44 × 10^{-17} kg. The fractional mass increase is given by $\frac{\Delta M}{M} = \frac{4.44 \times 10^{-17}\,\text{kg}}{2.00\,\text{kg}} = 2.22 \times 10^{-17}$ which is much too small to be observed." [Tipler und Mosca 2008, S. 229]

Der schnell nachrechenbare Schätzwert in Lehrbuchbeispiel 1 hat den Zweck, die Größenordnung der Massenzunahme mit der Höhe zu veranschaulichen, wobei keine Angaben darüber gemacht werden, wie der Zahlenwert errechnet wurde.

Nutzt man die einfache Näherungsformel $\Delta E_{\text{pot}} = mg\Delta h$ mit einer genäherten konstanten Fallbeschleunigung von $g \approx 9$ m/s^2 zur Berechnung der erhöhten Lageenergie durch Hubarbeit $W_{\text{h}} = \int_{h_1}^{h_2} F_{\text{h}}\, d\boldsymbol{h}$ im Gravitationsfeld der Erde, folgt:

$$\Delta E_{\text{pot}} = 100\,\text{kg} \cdot 9\,\frac{\text{m}}{\text{s}^2} \cdot 1000\,\text{m} = \Delta m \cdot 9 \cdot 10^{16}\,\frac{\text{m}^2}{\text{s}^2} \qquad \rightarrow \Delta m = 10^{-11}\text{kg}. \qquad (69)$$

Da in Gl. (69) die konstante Masse $m = m_1 = 100$ kg vor dem Anheben eingesetzt wird, folgt mit g, c = konst. ein linearer Anstieg $m = f(h)$. Für die reduzierte Gewichtskraft F_{h}' in Tabelle 4.2 würde dann gelten:

$$F_{\text{h}}' = \frac{mg}{c^2} = \left(\frac{\partial m}{\partial \boldsymbol{h}}\right)_{n,?} = \text{konst.} \quad [\text{kg/m}]. \qquad (70)$$

Betrachtet man die Masse zur Berechnung von dE_{pot} hingegen als variabel und löst die Differentialgleichung 1. Ordnung:

$$\int_{m_1}^{m_2} \frac{dm}{m} = \int_{h_1}^{h_2} \frac{g}{c^2}\, d\boldsymbol{h}, \qquad (71)$$

folgt eine Exponentialfunktion:

$$m_2 = m_1\, e^{\frac{g}{c^2}\Delta h} = 100\,\text{kg} \cdot e^{9\frac{\text{m}}{\text{s}^2} \cdot 1000\,\text{m}/\left(9 \cdot 10^{16}\frac{\text{m}^2}{\text{s}^2}\right)} \qquad \rightarrow \Delta m = 10^{-11}\text{kg}. \qquad (72)$$

Mathematisch sind beide Ansätze anwendbar. In beiden Fällen wird auch derselbe Zahlenwert berechnet. Dennoch bringt jeder Ansatz logische Probleme mit sich.

In Gl. (69) wird eine konstante Masse m_1 = 100 kg zur Berechnung von ΔE_{pot} angenommen, während eine Änderung Δm berechnet wird. Wird mittels m = konst. gezeigt, dass es einen Massenzuwachs Δm mit der Höhe gibt, negiert die Folgerung die Voraussetzung. Der innere logische Widerspruch in Gl. (69) folgt aus einer Vermischung der Gesetze der klassischen Newtonschen Mechanik mit der Deutung der SRT.

Sind m und damit F_h' hingegen nicht konstant, folgt die Exponentialfunktion in Gl. (72). Eine Exponentialfunktion wächst irgendwann schneller als jedes Polynom. Bis zu einem Höhenzuwachs der Größenordnung von ca. $\Delta h = 10^{13}$ m spielt sich der Massenzuwachs noch in der Nachkommastelle ab, während bei $\Delta h = 10^{18}$ m bereits eine Massenzunahme in der Größenordnung von 10^{45} kg folgt, wobei große Abstände im Universum keine Seltenheit sind.

Ein exponentieller Massenzuwachs eines Körpers mit der Höhe ist physikalisch unsinnig. Die Masse m_K eines Körpers K würde in hoher Entfernung von der Erde unendlich groß werden. Einzuschränken ist dabei, dass auch Gl. (72) nur eine Näherungslösung darstellt, da $g \approx 9\,\text{m/s}^2 \approx$ konst. lediglich in Erdnähe sinnvoll angenommen werden kann. Bezieht man die Höhenabhängigkeit der Fallbeschleunigung g mit ein, strebt m_K in hoher Entfernung von der Erde einem Grenzwert zu.

Unabhängig davon fragt sich, inwieweit eine Abhängigkeit der Masse von der Höhe grundsätzlich plausibel ist. Mit $m = f(h)$ hängt der Betrag der Gravitationskraft $F_g = F_h$ im Abstand $r = h$ nach dem Newtonschen Gravitationsgesetz auch von der Masse m_E der Erde E ab. Mit $m_K(r)$ müsste zugleich auch $m_E(r)$ gelten:

$$F_g = F_h = G_k\,\frac{m_K(r)\,m_E(r)}{r^2} \tag{73}$$

mit der Gravitationskonstante G_k und dem Abstand r. Der Effekt, dass die Gravitationskraft F_g mit wachsendem Abstand r sinkt, wäre überlagert von dem Effekt, dass F_g infolge der wachsenden Massen $m_K(r)$ und $m_E(r)$ mit r auch wachsen müsste.

Im Lehrbuchbeispiel 2 zur Federspannarbeit wird konkret vorgerechnet [Tipler und Mosca 2008, S. 229]:

$$\Delta U = c^2\,\Delta m = E_{pot} = \tfrac{1}{2}kx^2 = \tfrac{1}{2}\cdot 800\,\text{N/m}\cdot 0,1^2\,\text{m}^2 = 4\,\text{J} \quad \to \Delta m = 4,44\cdot 10^{-17}\,\text{kg.} \tag{74}$$

Wieder sollen die getroffenen Annahmen kurz diskutiert werden.

Bei einem Federspannweg von $x = 0,1$ m wird eine konstante Federkonstante von $k = 800$ N/m angenommen, also ein lineares Kraftgesetz $F_x = kx$. Für die verrichtete Federspannarbeit folgt die bekannte Formel:

$$W_x = \int_{x_1}^{x_2} F_x\,dx = \int_{x_1}^{x_2} kx\,dx = k\frac{x^2}{2}\Big|_{x_1}^{x_2} = \frac{k}{2}\left(x_2^2 - x_1^2\right), \tag{75}$$

wobei in Gl. (74) sogleich $x_1 = 0$ gesetzt wurde, d. h. $W_x = E_{pot}$, statt zunächst $W_x = \Delta E_{pot}$.

Die postulierte Abhängigkeit der Massenänderung Δm vom Federspannweg x ist demnach quadratischer Natur. Für die Federspannkraft und die reduzierte Federspannkraft in Tabelle 4.2 gelten bei einer vollständigen m-U-Äquivalenz die nicht konstanten Differentialquotienten:

$$F_\text{x} = k\,x = \left(\frac{\partial U}{\partial x}\right)_{n,?}, \quad F_\text{x}' = \frac{k\,x}{c^2} = \left(\frac{\partial m}{\partial x}\right)_{n,?},\tag{76}$$

wonach sich F_x' als eine Art „Spannmasse" deuten ließe, nach der eine gespannte Feder schwerer ist als eine entspannte.

Ein quadratischer Anstieg wirkt sich bei sehr großen Spannweiten weniger gravierend aus als ein exponentieller Anstieg, doch wächst die Masse wieder nichtlinear, wenngleich sich der Massenzuwachs bei real möglichen Federspannweiten im hinteren Nachkommabereich abspielt. Wieder ist einzuschränken, dass auch Gl. (75) nur eine Näherungslösung darstellt, da $k \approx$ konst. lediglich bei kleinen Federspannwegen sinnvoll angenommen werden kann.

Erneut geht es nicht um die Winzigkeit der Effekte, sondern darum, ob die beschriebene Massenänderung grundsätzlich plausibel ist. Wieder sind Ruhemasse und Höhe bzw. Ruhemasse und Federspannweg nicht „wesensgleich" [Einstein 1922, S. 49], sondern zeitgleich messbare und nebeneinander existierende Eigenschaften der Materie mit voneinander unabhängigen Einheiten. Mit postulierten Abhängigkeiten wie $m = f(\boldsymbol{h})$ oder $m = f(x)$ sind einige generelle Vorwegentscheidungen verbunden, die in den Lehrbüchern von Nolting [Nolting 2010, S. 54] und Tipler und Moska [Tipler und Mosca 2008, S. 229] keine Erwähnung finden:

1. Es wird vorausgesetzt, dass die innere Energie U eines ruhenden Körpers von seiner Lage im Gravitationsfeld der Erde abhängt.

   Diese Annahme ist nicht selbstverständlich, da die Lageenergie im Gravitationsfeld gewöhnlich zur äußeren Energie B eines Systems gezählt wird. Von einigen Autoren wird zum Beispiel angenommen, dass die potentielle Energie kein reiner Bestandteil des Systems ist, also nicht dem System allein zuzurechnen ist, weil sie durch Wechselwirkungen des Systems mit der Umgebung zustande kommt (vgl. Kap. 2.3).

2. Es wird als unwesentlich erachtet, die Prozessbedingungen zu spezifizieren.

   In beiden Beispielen wird lediglich die Stoffmenge n konstant gehalten, indem derselbe Körper angehoben oder gespannt wird. Weitere Prozessbedingungen werden nicht angegeben. Die Differentialquotienten $F_\text{h}' = (\partial m/\partial \boldsymbol{h})_{n,?}$ und $F_\text{x}' = (\partial m/\partial x)_{n,?}$ bleiben damit unbestimmt, sodass keine belastbaren Aussagen über die energetischen Änderungen der Körper möglich sind.

   Um Änderungen der inneren Energie U zu erfassen, müssten die Prozesse unter Konstanz von S, V und A ablaufen. Der angehobene Körper bzw. die gespannte Feder müssten wärmeisoliert sein und dürften sich durch die verrichtete Arbeit nicht verformen. Das erscheint in beiden Fällen als nicht realisierbar. So hängt etwa bereits das Verhalten von Elementarteilchen von der Stärke des Gravitationsfeldes ab ([Pound und Rebka 1960], [Pound und Snider 1965]). Hält man S, V, A im Prozess aber nicht konstant, wird keine Änderung von U beschrieben und folglich auch keine äquivalente Änderung von m.

3. Masse wird nicht als ein direktes Maß für Menge an Materie verstanden.

Da sich die *Materiemenge* der Körper durch die Lage- oder Spannungsänderung nicht erhöht und auch nicht intendiert ist, dass im Prozess Photonen absorbiert werden, widerspricht die Massenzunahme dem beispielsweise in Nolting [Nolting 2010, S. 53] behaupteten Verständnis von „Masse als direktes Maß für *Menge an Materie*". Das Lehrbuch vermittelt hier zwei verschiedene Massebegriffe.[47]

Auch ein mit Photonen gefüllter Hohlraum als adiabatisch abgeschlossenes System mit starren Grenzen (S, V, A = konst.) müsste mit der Höhe an Masse gewinnen, da ein „aus elektromagnetischer Strahlung bestehendes System [...] den beiden Hauptsätzen der Thermodynamik [...] gehorcht" [Planck 1907, S. 542]. Schließt man die Wandung des Gefäßes von der Massebetrachtung aus, müssten die Photonen infolge der zugeführten Lageenergie (potentielle Energie) an Masse gewinnen, womit die Gleichung $h\nu = mc^2$ nicht mehr allgemeingültig sein würde.

Die fehlende Plausibilität der SRT-Kräfte $F_x{}'$ und $F_h{}'$, die versäumte Angabe von Prozessbedingungen, die empirische Unbewiesenheit eines Massenzuwachses mit der Höhe oder mit der Federspannweite und die Annahmen der SRT, die mit den Folgerungen nicht konformgehen, lassen es wieder zu, die Lage und die Spannung eines Objekts als eigenständige energetische Qualitäten neben der Ruhemasse aufzufassen. Zugleich wird deutlich, dass man zu fragwürdigen Berechnungen gelangt, wenn man die vollständige m-U-Äquivalenz pragmatisch auf mechanische Näherungsgleichungen anwendet.

4.5.4 Stoffaustausch und -umwandlung

Im Unterschied zu den bisher betrachteten Abhängigkeiten $m = f(V)$, $m = f(A)$, $m = f(\mathbf{h})$ und $m = f(x)$ ist empirisch belegt, dass die Masse m eines Systems von der Stoffmenge n im System abhängt. Wie die Abhängigkeit $m = f(n)$ konkret aussieht und inwieweit sich die SRT und Thermodynamik an dieser Stelle interpretatorisch unterscheiden, lässt sich anhand der thermodynamisch grundlegenden Größe *chemisches Potential* diskutieren.

Das chemische Potential μ eines Reinstoffs ist eine stoffeigene intensive Zustandsgröße, die dem Quotienten aus chemischer Arbeit (z. B. Stoffaustausch, chemische Reaktionen, Aggregatzustandsänderungen) und der Stoffmengenänderung des Systems entspricht:

---

47 „*Masse* als direktes Maß für *Menge an Materie*" [Nolting 2010, S. 53] wird oft herangezogen, um die Abhängigkeit $m(v)$ als nicht-real zu deuten, da es aufgrund der Reziprozität von Bewegungen im leeren Raum gemäß SRT im Grunde unmöglich ist, eine vom Koordinatensystem abhängige Masse m zu behaupten (vgl. Tabelle 3.1). Nach Nolting wächst die Ruhemasse m zwar real mit der Höhe, ohne die Materiemenge zu erhöhen, doch wächst $m(v)$ nur scheinbar mit der Geschwindigkeit, weil sich die Materiemenge nicht erhöht.

$$\mu = \frac{\delta W_n}{dn}, \qquad [J/mol]. \tag{77}$$

Die konkreten energetischen Auswirkungen von W_n auf ein System werden erfasst, wenn man die Prozessbedingungen spezifiziert [Prigogine und Defay 1962, S. 97]:

$$\mu \equiv \left(\frac{\partial U}{\partial n}\right)_{S,V} = \left(\frac{\partial H}{\partial n}\right)_{S,p} = \left(\frac{\partial F}{\partial n}\right)_{T,V} = \left(\frac{\partial G}{\partial n}\right)_{T,p}. \tag{78}$$

Das chemische Potential μ eines Reinstoffs, d. h. der Energiebetrag, den eine zugeführte Stoffmenge n zur Änderung der inneren Energie U eines Systems beiträgt, ist damit vom Volumen des Systems V abhängig – ebenso wie von anderen extensiven Zustandsgrößen, wie z. B. von der Grenzfläche A, wenn auch Grenzflächenspannungen energetisch relevant sind. Ist Wärmeaustausch ausgeschlossen, gilt für das chemische Potential:

$$\mu \equiv \left(\frac{\partial U}{\partial n}\right)_{S,V,A} = f(V,A,\dots) = \text{variabel}, \qquad S = \text{konst.} \tag{79}$$

Bei der Diskussion des chemischen Potentials ist zu berücksichtigen, dass die extensive Zustandsgröße Stoffmenge n nicht „Stoff" repräsentiert, sondern eine Teilchenzahl. Einige Autoren schlagen deshalb auch den Namen „Objektmenge" vor [Möbius 1985, S. 24]. Er macht deutlicher, dass es sich bei n um *eine Zahl* von kleinsten Bestandteilen, nämlich abzählbar viele Objekte handelt.

Die Stoffmenge n ist eine Abstraktion. In der Neudefinition der Einheit Mol, die seit dem 20. Mai 2019 die SI-Konvention von 1971 ersetzt, wird dem verstärkt Rechnung getragen, wobei die Avogadrozahl N_A auf einen festen Wert fixiert wurde:

The mole, symbol mol, is the SI unit of amount of substance. One mole contains exactly $6.02214076 \times 10^{23}$ elementary entities. [Güttler et al. 2018, S. 1]

Während 1 mol eine willkürlich festgelegte Einheit darstellt, hat die Stoffmenge n (Teilchenzahl) eine

natürliche, elementare Einheit, nämlich das **Teilchen**. Je nach Stoff hat diese Einheit allerdings verschiedene Namen wie Atom, Molekül, Elektron, Ion, Nukleon oder Photon, da auch das Licht ein „Stoff" ist. [Falk und Ruppel 1976, S. 78 f.]

Mit der natürlichen Einheit *Teilchen* der Stoffmenge ist das chemische Potential μ ebenso für ein Elementarteilchen (Elektron usw.) formulierbar [Falk und Ruppel 1976, S. 84]. μ_e eines Elektrons e^- stellt beispielsweise den energetischen Beitrag dar, den ein Elektron, das unter den jeweiligen Bedingungen ins System kommt, zum Energieinhalt U, H, F oder G eines Systems beisteuert. μ_e präsentiert zugleich die nötige Energie, um die Zahl der Elektronen im System um ein Elektron zu erhöhen. Auch diese Energiemenge hängt gemäß Gl. (79) vom Volumen des Systems ab.

Da in der SRT eine m-U-Äquivalenz, nicht hingegen eine m-H-, m-F- oder m-G-Äquivalenz postuliert wird, muss wieder gelten:

$$\mu' = \frac{\mu}{c^2} = \left(\frac{\partial m}{\partial n}\right)_{S,V} \neq \left(\frac{\partial m}{\partial n}\right)_{S,p} \neq \left(\frac{\partial m}{\partial n}\right)_{T,V} \neq \left(\frac{\partial m}{\partial n}\right)_{T,p}, \quad [\text{kg/mol}]. \tag{80}$$

Im Falle einer vollständigen m-U-Äquivalenz müsste auch das reduzierte chemische Potential μ' von V, A usw. abhängen:

$$\mu' = \frac{\mu}{c^2} = \left(\frac{\partial m}{\partial n}\right)_{S,V,A} = f(V, A, \ldots) = \text{variabel}, \quad S = \text{konst.} \tag{81}$$

Während μ in Gl. (79) eine molare innere Energie U_m der zugeführten Stoffmenge präsentiert, erkennt man, dass sich Gl. (81) als molare Masse M deuten lässt, die von V und A des Systems abhängt. In der Folge soll Gl. (81) diskutiert werden.

Im Standardmodell der Elementarteilchenphysik hat ein Teilchen T, wie z. B. ein Elektron oder ein Proton, neben weiteren Eigenschaften wie Spin und Ladung eine Ruhemasse m_T, die mittels

$$E_{0,T} = m_T c^2 \tag{82}$$

in die Ruheenergie $E_{0,T}$ des Teilchens umgerechnet wird. Betrachtet man den Differentialquotienten in Gl. (81) unter dem Gesichtspunkt, dass eine bestimmte Stoffmenge (Teilchenzahl) stets einer definierten Teilchenmasse entspricht, steckt dahinter im Grunde die Frage, wie sich die Systemmasse m mit der Teilchenmasse m_T ändert:

$$\left(\frac{\partial m}{\partial m_T}\right)_{S,V,A} = f(V, A, \ldots) = \text{variabel}, \quad S = \text{konst.}, \quad [\text{kg/kg}]. \tag{83}$$

Der Differentialquotient in Gl. (83), der nicht notwendig eins sein muss, da er z. B. vom Volumen des Systems abhängt, bringt Einsteins Annahme einer vollständigen m-U-Äquivalenz auf den Punkt. Wird einem System ein Teilchen der Ruhemasse m_T zugeführt, könnte sich die Systemmasse m bei S = konst. in Abhängigkeit von V und A des Systems um einen von m_T abweichenden Wert ändern ($\Delta m \neq m_T$). Inwieweit diese Vorstellung begründet ist, soll weiter erörtert werden.

Für *ein* ruhendes Teilchen existiert nach Gl. (82) eine konstante molare Masse, wenn man das Teilchen als natürliche elementare Einheit der Stoffmenge versteht:

$$M_T = \frac{m}{n} = \text{konst.}, \quad 1 \text{ Teilchen}. \tag{84}$$

Für die molare Masse eines Elektrons e$^-$ gilt zum Beispiel:

$$M_e = \frac{m}{n} = 9{,}10938356(11) \cdot 10^{-31} \frac{\text{kg}}{\text{e}^-}, \quad 1 \text{ Elektron}. \tag{85}$$

Da M_T konstant ist, d. h. unabhängig von der Lage oder dem Anregungszustand eines Teilchens, sind in M_T keine potentiellen Energien E_{pot} erfasst. Ein Teilchen besitzt zusätzlich kinetische Energie E_{kin} infolge seiner Bewegung im Raum, welche sich auf seine Masse auswirkt. Doch muss die Ruhemasse m_T eines Teilchens gemäß ihrer Definition als Ruheeigenschaft unabhängig von der Geschwindigkeit der Teilchen sein.

Auch das reduzierte chemische Potential, d. h. die Masse, die ein e^- bei S = konst. ins System einbringt bzw. unter den gegebenen Bedingungen im System repräsentiert, muss dann konstant sein, da lediglich der Einfluss der zugeführten (konstanten und von E_{pot} unabhängigen) *Ruhemasse* eines Teilchens, wie z. B. eines Elektrons e^-, auf die Systemmasse beschrieben wird[48]:

$$\mu_e' = \left(\frac{\partial m}{\partial n}\right)_{S,V,A} = f(V, A, \dots) = \text{konst.}, \qquad 1\,e^-; \quad S = \text{konst.} \tag{86}$$

Für *1000 Teichen* oder *1 mol Teilchen* hingegen gilt mit der vollständigen Masse-Energie-Äquivalenz (vgl. Tabelle 4.1), dass (neben der kinetischen Energie der Teilchen) auch die potentielle Energie mit zur Masse beiträgt:

$$M = \frac{m}{n} = f(V, A, h, \dots) = \text{variabel}, \qquad \text{viele Teilchen.} \tag{87}$$

Ein logischer Widerspruch ergibt sich daraus, dass sowohl in den Gleichungen (81) und (86) als auch in den Gleichungen (84) und (87) jeweils *dieselbe physikalische Größe* steht, mal für ein Teilchen, mal für viele Teilchen formuliert. Wenn heute beide Umrechnungen, d. h. $E_{0,T} = m_T c^2$ und $U = mc^2$, als Ausdruck für eine *vollständige* Masse-Energie-Äquivalenz gedeutet werden, wird mit zweierlei Maß gemessen.

In Gl. (82) steht explizit eine *unvollständige* Masse-Energie-Äquivalenz, weil die stets veränderlichen potentiellen Energien, denen Teilchen unterliegen, in ihrer Ruheenergie und Ruhemasse nicht berücksichtigt sind. Wollte man eine vollständige Masse-Energie-Äquivalenz etwa für ein Elektron etablieren, wären sowohl die Ruheenergie $E_{0,e}$ als auch die Ruhemasse m_e des Elektrons als variabel aufzufassen. Falk und Ruppel [Falk und Ruppel 1976, S. 80] weisen begründet darauf hin, dass viele grundlegende physikalische Größen jeweils auf die elementare Einheit der Stoffmenge („das Teilchen") bezogen sind, wovon oft nicht explizit Kenntnis genommen wird.[49] Mit einer vollständigen Masse-Energie-Äquivalenz für Elementarteilchen

---

48 Bei $S \neq$ konst. hingegen ist Wärmeaustausch erlaubt, und das Elektron kann seine kinetische Energie mit ins System bringen. Dadurch erhöht sich die Systemmasse, was belegt, dass der Massenzuwachs eines Elektrons mit der Geschwindigkeit real ist und nicht scheinbar sein kann, wie von einigen Autoren aufgrund des Interpretationsproblems der SRT angenommen (vgl. Tabelle 3.1).
49 Quantisierbare Größen wie Masse, Ladung oder Drehimpuls sind damit stets an eine Teilchenzahl gekoppelt.

wäre verbunden, dass auch andere physikalische Konstanten energetisch unbestimmt werden würden, wie z. B. die Boltzmannkonstante k_B [J/(Teilchen·K)] oder das Plancksche Wirkungsquantum h[Js/Teilchen].

Weil solche Aussagen der Erfahrung widersprechen, wird deutlich, dass die vollständige Masse-Energie-Äquivalenz der SRT (vgl. Kap. 3.4.2), welche auch die potentiellen Energien mit umfasst, nicht als empirisch bestätigt gelten kann.

Hinter den Gleichungen (81), (83) und (87) einerseits und (82), (84)–(86) andererseits stehen grundlegend verschiedene Energiebegriffe, wie anhand von zwei Beispielen illustriert werden soll:

1. Nach der SI-Konvention von 1971 enthält ein Mol so viele Teilchen, wie Atome in genau 12 Gramm des Kohlenstoffisotops ^{12}C im Grundzustand, also einer makroskopischen Menge Materie, enthalten sind. Definitionsgemäß stellt die Teilchenzahl damit gleichsam eine verkappte Masse dar[50]:

$$1 \text{ mol} = 6{,}022140 \ldots \cdot 10^{23} \text{ Teilchen} = 12 \text{ g } {}^{12}C. \tag{88}$$

    In der Definition fehlt jede Angabe zu makroskopischen Größen wie V oder A der 12 g Kohlenstoff. Die molare Masse M des Systems „12 Gramm des Kohlenstoffisotops ^{12}C" ist damit, im Widerspruch zu Gl. (87) und Tabelle 4.1, eine stoffspezifische Konstante:

$$M_{12C} = 12 \text{ g/mol}. \tag{89}$$

2. In einem wärmeisolierten Kolben befinde sich eine reine Flüssigkeit (n_l, S, $V =$ konst.) einmal bei Normaldruck (Zustand a), ein andermal unter Hochdruck (Zustand b), d.h. es gilt $V_b < V_a$.

    Die innere Energie U_b des Systems ist in Zustand b deutlich größer, da Flüssigkeiten wenig kompressibel sind (steiler Anstieg von U mit sinkendem Volumen V). Soll dem Kolben nun ein Elektron e^- der Ruhemasse m_e hinzugefügt werden, so ist dafür in Zustand b ein größerer Energiebetrag nötig als in Zustand a. Es gilt:

$$\Delta U_b = \mu_{e,b} \, \Delta n_e \;>\; \Delta U_a = \mu_{e,a} \, \Delta n_e, \quad n_l, S, V = \text{konst.}; V_b < V_a. \tag{90}$$

    Gleichung (90) gründet sich auf die Hauptsätze der Thermodynamik. Das chemische Potential des Elektrons e^-, d. h. die nötige Energie, um die Zahl der Elektronen im System um ein Elektron zu erhöhen, ist vom Volumen des Systems abhängig.

---

50 Oft werden Masse und Stoffmenge (Teilchenzahl, Molzahl, Objektmenge) deshalb synonym verwendet. Das chemische Potential wird in der Gibbsschen Thermodynamik nicht nur auf die Teilchenzahl, sondern auch auf die Masse und in der statistischen Mechanik auf das Molekül bezogen. Masse wird dann als „Gesamtheit der Moleküle" [Münster 1969, S. 55] verstanden.

Mit einer vollständigen m-U-Äquivalenz müsste auch gelten:

$$\Delta m_\mathrm{b} = \mu_{\mathrm{e,b}}{}' \, \Delta n_\mathrm{e} \; > \; \Delta m_\mathrm{a} = \mu_{\mathrm{e,a}}{}' \, \Delta n_\mathrm{e}, \qquad n_l, S, V = \text{konst.}, \; V_\mathrm{b} < V_\mathrm{a}. \tag{91}$$

Gl. (91) ist allerdings logisch unverträglich mit der konstanten molaren Masse M_e und dem konstanten reduzierten chemischen Potential μ_e' eines Elektrons, das nach Gl. (86) unabhängig vom Systemvolumen V ist. Da $\mu_{\mathrm{e,a}}' = \mu_{\mathrm{e,b}}'$ gilt und zugleich die ausgetauschte Stoffmenge (1 Elektron) gleich groß ist, kann die Massenänderung des Systems in beiden Fällen nur genau $\Delta m = m_\mathrm{e}$ betragen.

Der von m_e abweichende Betrag zur Systemmasse kann nicht aus dem Nichts kommen oder ins Nichts vergehen. Aus der Bindungsenergie resultiert er nicht, denn ein e^- bringt nur genau die Ruhemasse m_e ins System ein. Im jeweiligen Systemzustand unterliegt das Elektron anderen Wechselwirkungen und wird unterschiedlich stark gebunden. Die dabei entstehende Bindungsenergie auf Kosten der Ruheenergie von Teilchen verbleibt allerdings bei S = konst. im System und trägt mittels Temperaturerhöhung weiter zur Ruhemasse des Systems bei. Der Widerspruch zur thermodynamischen Methode, der in Gl. (91) steckt, ist tatsächlich unauflöslich, weil die Energieerhaltung verletzt wird.

Der Differentialquotient in Gl. (81) bringt damit echte (nicht nur scheinbare) Widersprüche mit sich. Beziehungen wie $\Delta m \neq m_\mathrm{e}$ oder $\Delta m \neq m_\mathrm{T}$ bei S, V = konst. verletzen die Logik bzw. die Energieerhaltung. Das Argument der kleinen Effekte aufgrund der großen Konstante c^2 lässt sich dann nicht anbringen.

4.5.5 Wärmeaustausch

Die Temperatur T als systemeigene intensive Zustandsgröße entspricht nach Clausius [Clausius 1865] dem Quotienten aus zugeführter Wärme und Entropiezunahme im Austauschprozess:

$$T = \frac{\delta Q}{\mathrm{d}_\mathrm{a} S} = \frac{\delta Q}{\mathrm{d} S - \mathrm{d}_\mathrm{i} S}, \qquad [\mathrm{J}/(\mathrm{J}/\mathrm{K})] = [\mathrm{K}]. \tag{92}$$

Im Rahmen der kinetischen Gastheorie lässt sich T eines idealen Gases als mittlere kinetische Translationsenergie der Massepunkte deuten, womit T an die physikalische Größe Geschwindigkeit v der Teilchen im System gekoppelt ist, die in der SRT wesentlich ist. Gl. (92) enthält den 2. Hauptsatz der Thermodynamik, wonach die Entropie S keine Erhaltungsgröße ist, sondern bei jedem natürlichen Prozess Entropie erzeugt wird ($\mathrm{d}_\mathrm{i} S > 0$). So ändert z. B. jeder natürliche Prozess im abgeschlossenen System zwar nicht die *Menge* an innerer Energie (Energieerhaltung), aber die *Qualität* von U (vgl. Kap. 2.4.2):

$$(\mathrm{d} S)_{U, V} = \mathrm{d}_i S > 0. \tag{93}$$

Wie weiter vorn geschlussfolgert, bedingen bereits die Annahmen der SRT, dass nur reversible Prozesse mit $d_iS = 0$ und demnach $dS = d_aS$ beschreibbar sind. Um die konkreten energetischen Auswirkungen des Wärmeaustausches Q auf ein System zu erfassen, sind wieder die Prozessbedingungen anzugeben:

$$T \equiv \left(\frac{\partial U}{\partial S}\right)_{V,n,A} = \left(\frac{\partial H}{\partial S}\right)_{p,n,A}, \tag{94}$$

$$(\delta Q)_{V,n,A} = dU, \qquad (\delta Q)_{p,n,A} = dH. \tag{95}$$

Für die reduzierte Temperatur T' folgt bei reversiblen Prozessen:

$$T' = \frac{T}{c^2} = \left(\frac{\partial m}{\partial S}\right)_{V,n,A} \neq \left(\frac{\partial m}{\partial S}\right)_{p,n,A}, \qquad [\text{kg}/(\text{J}/\text{K})]. \tag{96}$$

In ihrer Abstraktheit ist Gl. (96) kaum zu übertreffen, verknüpft sie doch gleich vier Größen (Temperatur, Lichtgeschwindigkeit, Masse und Entropie), deren Wesen schon Generationen von Physikern beschäftigt hat.

Zieht man in Betracht, dass T heute statt der Einheit Kelvin [K] auch die Einheit Joule [J] haben könnte,[51] folgte für die reduzierte Temperatur T' die Einheit [kg]. S wäre dann eine dimensionslose Zahl wie in der molekular-statistischen Deutung $S = \log \mathbf{P} + \text{konst.}$ von Ludwig Boltzmann [Boltzmann 1877] gemäß Gl. (18) mit den möglichen Permutationen $\mathbf{P}$ (der Anzahl der erreichbaren Zustände) im Zustandsraum.[52]

Deutet man den Differentialquotienten T' in Gl. (96), folgt eine „Entropiemasse". Demnach wächst die Masse eines Systems mit der über die Systemgrenzen zugeführten Entropie S, wobei der Anstieg variabel ist, d. h. von den jeweiligen Zustandsgrößen V, n und A des Systems abhängt.

Gl. (96) lässt sich schreiben als:

$$(\delta Q)_{V,n,A} = (T\,dS)_{V,n,A} = C_V\,dT = dU = c^2 dm \tag{97}$$

bzw.

$$(\delta Q)_{p,n,A} = (T\,dS)_{p,n,A} = C_p\,dT = dH \neq c^2 dm \tag{98}$$

---

51 „Wäre die Geschichte der Physik etwas anders verlaufen, so kämen wir vielleicht überhaupt ohne besondere Einheiten der Temperatur aus, indem wir einfach ‚Hitze' in Einheiten der Energie messen würden." ([Leggett 1989, S. 32], vgl. auch [Kittel und Krömer 1993, S. 56] oder [Schulz 1993, S. 257])
52 Erst indem Max Planck die Boltzmannkonstante k_B [J/K] als Umrechnungsfaktor einführte, erhielt die Entropie die Einheit [J/K].

mit den Wärmekapazitäten C_V und C_p des Systems bei konstantem Volumen oder konstantem Druck. Die unter den jeweiligen Bedingungen über die Systemgrenzen aufgenommene Energie über Wärmezufuhr führt zu einem Temperaturanstieg im System, was für ein ideales Gas nach der kinetischen Gastheorie bedeuten würde, dass die mittlere Bewegungsenergie (Translation) der Massepunkte steigt. Bei realer Materie sind zusätzliche Freiheitsgrade der Bewegung wie Schwingung und Rotation zu berücksichtigen. Auch kann eine Wärmezufuhr zur Elektronenanregung führen, wenn Photonen absorbiert werden.

Die ersten vier Terme in den Gleichungen (97) und (98) sind thermodynamischer Natur und folgen aus dem 1. und 2. Hauptsatz der Thermodynamik. Das letzte Glied repräsentiert jeweils die Annahme der SRT. Wieder sind die Prozessbedingungen zu beachten. Erfolgt die Energieaufnahme bei konstantem Druck p (z. B. Luftdruck), wird mit der Wärmezufuhr zugleich Volumenarbeit verrichtet, und die Energieänderung des Systems entspricht nicht dU sondern dH = d$U + p$dV.

Bereits vor 1905 wurde von Thomson, Poincaré, Hasenöhrl usw. gefolgert, dass Hohlraumstrahlung mit zur Ruhemasse eines gebundenen Systems beiträgt. Wählt man von den drei Wärmeübertragungsformen *Konvektion*, *Konduktion* und *Strahlung* die letztere aus, ist es plausibel, dass eine dem System zugeführte Photonenmenge im IR-Wellenlängenbereich („Wärme") zu einer Massenzunahme des Systems führen muss.

Wie der Massenzuwachs des Systems konkret aussieht, hängt mit einer vollständigen m-U-Äquivalenz allerdings von den Prozessbedingungen ab:

$$\left(\frac{\delta(h\nu)}{\partial m}\right)_{V,n,A} = c^2 \neq \left(\frac{\delta(h\nu)}{\partial m}\right)_{p,n,A}. \tag{99}$$

Gl. (99) zeigt erneut, dass Bedingungen an die Prozessführung, diesmal an den Prozess $\delta(h\nu) = c^2 \, \mathrm{d}m$ zu stellen sind, wenn eine vollständige m-U-Äquivalenz Gültigkeit beansprucht. Führt die Zufuhr eines Photons ν der Energie $h\nu$ (dem gemeinhin im Hohlraum eine konkrete Masse m_ν entspricht) zu einer Änderung der potentiellen Energien im System, zum Beispiel zu einer Volumenzunahme, würde mit einer vollständigen Masse-Energie-Äquivalenz $\Delta m \neq m_\nu$ gelten. Hiermit ist erneut ein logischer Widerspruch verbunden. Ist $\delta(h\nu) = c^2 \, \mathrm{d}m$ nur unter bestimmten Bedingungen gültig, so gilt dies auch für $h\nu = mc^2$. Diese Gleichung, die schon Louis de Broglie genutzt hat [De Broglie 1924, S. 33], die in vielen Lehrwerken steht (z. B. [Kurzweil et al. 2008, S. 322]) und auch in der Schule (z. B. [Stainer 2009, S. 73]) gelehrt wird, wäre nicht mehr allgemeingültig.

Dieser Umstand charakterisiert den Unterschied zum vorrelativistischen Massebegriff, d. h. der elektromagnetischen bzw. scheinbaren Masse $h\nu = mc^2$ (z. B. [Thomson 1881], [Poincaré 1900]) eines Photons ν der Energie $h\nu$ in einem Hohlraum oder gebundenen System, welche einer unvollständigen Masse-Energie-Äquivalenz (exklusive potentieller Energien) entspricht, ganz analog zu Gl. (82):

$$E_v = m_v c^2. \tag{100}$$

4.5.6 Zwischenbilanz

Die Darstellungen in Kap. 4.5 verdeutlichen, dass keiner der SRT-Differentialquotienten in Tabelle 4.2, die auf der Annahme einer vollständigen m-U-Äquivalenz basieren, als physikalisch plausibel gelten kann. Problematisch sind dabei weder die Ruhe- noch die kinetischen Energien der Teilchen im System, sondern die potentiellen Energien, deren Masserelevanz bisher nicht empirisch belegt ist.

Eine „vollkommene Äquivalenz von Energie und Masse" [Gerthsen 2005, S. 640] wird zwar behauptet, ist jedoch nicht ohne logische Konflikte anwendbar. Eine generalisierte Masse, die jegliche energetische Änderung eines makroskopischen Stoffes miterfassen soll („daß die Masse eines Körpers bei Änderung von dessen Energieinhalt sich ändert, welcher Art auch jene Energieänderung sein möge" [Einstein 1906, S. 627]), widerspricht der Gibbsschen Methode zur Erfassung der Änderung des Energieinhalts eines ruhenden Systems.

Der wesentliche Widerspruch ist kein geringerer als der zum 1. Hauptsatz der Thermodynamik, also zur Energieerhaltung – ein Erfahrungssatz, der bisher nicht widerlegt wurde. Einsteins vollständige Masse-Energie-Äquivalenz hingegen ist eine Hypothese – eine Folgerung aus einer Theorie, die gemäß ihren Voraussetzungen (Starrheit, leerer Raum) keine potentiellen Energien erfasst.

Die logischen Inkonsistenzen der SRT-Differentialquotienten in Tabelle 4.2 lassen erwarten, dass in der Masse eines Systems keine potentiellen Energien als Ausdruck der Lage oder Spannung (*Fall-* oder *Spannkraft* nach Leibniz) erfasst sind. Sind potentielle Energien gegenüber den Ruhe- und kinetischen Energien von Teilchen womöglich auch klein, so sind sie doch der Garant für die Mannigfaltigkeit der beobachtbaren makroskopischen Erscheinungen und die Ursache für das, was wir heute Irreversibilität oder die *Dissipation von Energie* nennen.

4.6 Analogie zum idealen Gas

Das sogenannte ideale Gas ist die wohl stärkste Idealisierung in Physik und Chemie, wenn es darum geht, einen funktionalen Zusammenhang zwischen physikochemischen Parametern von Stoffen in erster Näherung zu formulieren.

Ein ideales Gas wird beschrieben über Massepunkte, die sich zufällig und regellos im leeren Raum bewegen. Die volumenlosen Punkte müssen sich (paradoxerweise) stoßen können, damit sich die Energie des Gases im Mittel gleichmäßig auf alle drei Translationsfreiheitsgrade verteilen kann, eine Voraussetzung für das thermodynamische Gleichgewicht. Die Teilchen bewegen sich im leeren Raum ($E_{pot} = 0$). Es gibt keine Anziehungs- oder Abstoßungskräfte, d. h. die Punkte besitzen lediglich Translationsenergie E_{kin} und Masse.

Im Rahmen der kinetischen Gastheorie ergibt sich die kinetische Energie E_{kin} eines idealen Gases aus N Massepunkten als

$$E_{kin} = N\langle E_{kin}\rangle = N\left({}^3/_2 k_B T\right), \tag{101}$$

mit der mittleren kinetischen Energie $\langle E_{kin}\rangle$ der Punkte. E_{kin} ist folglich nur von der Zahl der Massepunkte N und der Temperatur T abhängig. Dabei gelten die Gesetze des idealen Gases, wie beispielsweise $V =$ konst. T bei $p, N =$ konst. (*Gay-Lussac*) oder $pV =$ konst. bei $T, N =$ konst. (*Boyle-Mariotte*), womit V für $T \to 0$ oder $p \to \infty$ gegen null geht, was man auch „die unendliche Kompressibilität des idealen Gases" nennt.

Es erscheint kaum vorstellbar, den Abstraktionsgrad noch weiter zu steigern. Doch ist es möglich. Man behalte die Massepunkte und die Translation im leeren Raum ($E_{pot} = 0$) bei und füge einige weitere Auflagen hinzu: nur gleichförmige Translation erlaubt, kein Stoß, Verbot einer eindeutigen Perspektive (absolute Zeit, absoluter Raum); stattdessen deuten Beobachter in Inertialsystemen die physikalischen Größen aus ihrem Bewegungszustand heraus.

Fasst man das SRT-Universum bzw. die Minkowski-Raumzeit als System auf, auch wenn diese Anschauungsweise aus relativistischer Sicht nicht intendiert ist,[53] muss das SRT-Universum, ganz unabhängig von der Sicht etwaiger Beobachter, die gleiche Energiemenge enthalten wie das ideale Gas. Hier wie dort sind die Energieträger Massepunkte (oder starre Körper aus Massepunkten) mit kinetischer Energie.

Die innere Energie $U_S = E_{0,S}$ eines Systems S (ideales Gas, SRT-Universum) mit der Systemmasse m_S lässt sich mit Gl. (21) als Produkt der Zahl N der Massepunkte und der Gesamtenergie E_M der einzelnen Massepunkte mit der Ruhemasse m_M darstellen als:

$$U_S = E_{0,S} = m_S c^2 = N E_M = N\left(\sqrt{\left(m_M c^2\right)^2 + c^2 P_M^2}\right)$$
$$= N\left(m_M c^2 + {}^3/_2 k_B T\right). \tag{102}$$

---

[53] Die SRT beschreibt die Sicht aus verschieden bewegten Inertialsystemen. Eine gesamtheitliche Erfassung aller Inertialsysteme in *einem* System (das dementsprechend nur eine Systemzeit hat) widerspricht der Relativität der Gleichzeitigkeit als einer Grundidee der SRT. Doch interessiert im Folgenden nur die energetische Annahme des feldfreien Massepunktes, der kinetische Energie besitzt.

Gl. (102) verdeutlicht, dass der Massenzuwachs durch die Bewegung der Massepunkte real ist. Die kinetische Energie der Massepunkte trägt zur Systemmasse m_S
bei, da E_M von der Ruhemasse m_M und dem Impuls P_M abhängt. m_S ist real größer
als die Summe aller N Ruhemassen m_M im System, was auf die Geschwindigkeit
der Massepunkte zurückzuführen ist. Die Systemruheenergie $E_{0,S} = U_S$ und die
Systemmasse m_S sind damit von m_M und T abhängig.

Potentielle Energien sind infolge der Annahmen des idealen Gases und der SRT
von vornherein ausgeschlossen. Betrachtet man etwa die kalorischen Zustandsglei-
chungen $U(T,V)$ und $H(T,V)$ bei N = konst. (geschlossenes System):

$$dU = \left(\frac{\partial U}{\partial T}\right)_{V,N} dT + \left(\frac{\partial U}{\partial V}\right)_{T,N} dV = C_V\, dT + \left[T\left(\frac{\partial p}{\partial T}\right)_{V,N} - p\right] dV, \tag{103}$$

$$dH = \left(\frac{\partial H}{\partial T}\right)_{p,N} dT + \left(\frac{\partial H}{\partial p}\right)_{T,N} dp = C_p\, dT + \left[V - T\left(\frac{\partial V}{\partial T}\right)_{p,N}\right] dp, \tag{104}$$

so ändert sich die innere Energie U und damit die Masse m eines idealen Gases
bzw. Ausschnitts des SRT-Universums nicht, wenn Volumenarbeit $\delta W_V = -p\,dV$ bei
T = konst. verrichtet wird. Die Enthalpie H des Systems wieder bleibt unberührt von
einer Druckänderung. Es gilt:

$$\left(\frac{\partial U}{\partial V}\right)_{T,N} = \left(\frac{\partial H}{\partial p}\right)_{T,N} = 0, \quad \left(\frac{\partial m}{\partial V}\right)_{T,N} = 0. \tag{105}$$

Gl. (105) ist nur im Rahmen der Näherung des idealen Gases gültig. Anders als
bei realer Materie (s. z. B. Gl. (68)) können sich sowohl U als auch m bei T =
konst. nicht ändern, ganz unabhängig davon, welche Art von Arbeit am System verrichtet wird. Der Grund dafür ist, dass Arbeitsprozesse am idealen Gas
keinerlei Umverteilung innerhalb der inneren Energie U von der Ruheenergie
$E_{0,M}$ der Massepunkte M auf deren mittlere kinetische Energie $\langle E_{kin}\rangle$ hervorru-
fen können, da Wechselwirkungen zwischen den Massepunkten ausgeschlos-
sen sind.

Zur Realisierung einer Temperaturkonstanz muss der Energiebetrag, der dem
System über W_V bei T, N = konst. zugeführt wird:

$$W_V = -\int_{V_1}^{V_2} p\, dV = -Nk_B T \int_{V_1}^{V_2} \frac{dV}{V} = -Nk_B T \ln\frac{V_2}{V_1}, \tag{106}$$

vollständig über Wärme an die Umgebung abgegeben werden. Dies ist eine rein
formale Vorstellung. Im Rahmen des Modells ist es unmöglich, dem idealen Gas

oder dem SRT-Universum bei T, N = konst. durch Arbeit jemals Energie hinzuzufügen. Mit pV = konst. bleibt der Energiebetrag des Produkts der zueinander konjugierten Größen p und V stets gleich groß. Quetscht man das unendlich kompressible ideale Gas auf einen Massepunkt zusammen, so muss dieser nach Gl. (105) dieselbe Menge an innerer Energie U besitzen wie das entspannte ideale Gas, wenngleich makroskopische Größen wie p oder T und damit auch die Gleichung $pV = Nk_B T$ des idealen Gases dann ihren Sinn verlieren – ein Szenario, dass die Grenzen der Modellvorstellung markiert.

Ganz anders stellt sich die Sachlage dar, wenn man reale Gase oder kondensierte Materie betrachtet. Sind zwischenmolekulare Wechselwirkungen vorhanden, führt eine Veränderung des Volumens oder anderer Eigenschaften des Systems auch bei T, N = konst. stets zu einer Änderung von U bis hin zu Phasenübergängen. Die Energie des Systems ist dann nicht nur in T und m_M der Massepunkte gespeichert, sondern in vielen weiteren Eigenschaften der Materie. Um T = konst. zu realisieren, kann jetzt die auf Kosten der Ruheenergie freigesetzte Bindungsenergie als Strahlung an die Umgebung abgegeben werden (s. (R1) und (R3)). Der wesentliche Unterschied ist: Bei Massepunkten ist die innere Energie nur *in* den Punkten gespeichert, d. h. in ihrer Ruhemasse und Bewegung, in realer Materie hingegen auch in ihrer Lage im Feld, d. h. *zwischen* den Teilchen.

Thermodynamisch lässt sich der absolute Betrag von U nur beim idealen Gas exakt berechnen, während für reale Systeme lediglich Energieänderungen erfassbar sind. Der Anspruch der Speziellen Relativitätstheorie, den absoluten Betrag von U für jegliche reale Materie mit Hilfe der Ruhemasse angeben zu können, ist ein weitaus größerer, doch mit der Erwartung verbunden, die Theorie gelte über ihre Annahmen hinaus.

4.7 Ausgrenzung eines Wissenschaftszweiges

Vergleicht man noch einmal die Gleichung $E_0 = mc^2 - pV$ Gl. (41b) von Max Planck [Planck 1907, S. 564] mit Albert Einsteins Gleichung $E_0 = mc^2$, so bedeutet der mit dem Argument der Natürlichkeit weggelassene Rest pV die Vernachlässigung der thermodynamischen Methode zur Erfassung der Energieänderung eines Systems.

In Gl. (40) hat Max Planck bereits Td_iS vernachlässigt, d. h. nur reversible Prozesse betrachtet [Planck 1907, S. 547 f.], womit der zweite Hauptsatz keine Beachtung findet. Albert Einstein negiert zusätzlich den ersten Hauptsatz der Thermodynamik, indem er potentielle Energien als masserelevant definiert (z. B. [Einstein 1907, S. 442]) – ungeachtet der Annahmen der SRT (Massepunkte, nicht magnetisierbar, nicht polarisierbar, nicht durch die Lage im Feld energetisch veränderbar, da sich im leeren Raum bewegend, usw.).

Aus thermodynamischer Sicht stellt die Masse-Energie-Äquivalenz eines Systems eine Verarmung und energetische Unmöglichkeit dar. Wird der so reduzierte Energiebegriff der SRT in anderen Theorien wie den heutigen Standardmodellen genutzt, weil Relativitätstheorie und Quantentheorie als tragende Säulen der Physik gelten, entsteht eine Physik, in der die Thermodynamik und die täglich erfahrbare Irreversibilität gegenstandslos sind.

Das seltsame Resultat der Physikgeschichte ist es, dass eine geerdete, bisher nie widerlegte Theorie, die mittels zweier empirisch bestätigter Hauptsätze eine differenzierte Methodik zur Beschreibung der Energieänderungen eines ruhenden Systems entwickelt hat, von einer auf Gedankenexperimenten basierenden Theorie mit einem in sich widersprüchlichen Annahmengefüge (s. Kap. 3.1) dauerhaft ins Abseits gedrängt wurde. Historisch bemerkenswert ist auch, dass die SRT den Ruhezustand eines Systems (Körpers) nur wie nebenbei in dem dreiseitigen Nachtrag [Einstein 1905b] miterfasst, während das Wesen der SRT auf den Abhängigkeiten physikalischer Größen von der Geschwindigkeit fokussiert [Einstein 1905a].

Heute besteht eine Verknüpfung von SRT und Thermodynamik nicht darin, den energetischen Gehalt eines realen ruhenden Systems differenziert zu betrachten. Wie in Kap. 3.3 beschrieben, wird lediglich versucht, für Zustandsgrößen, die aus thermodynamischer Sicht für einen gegebenen Systemzustand eindeutig sein müssen (vgl. Kap. 2.1), die Lorentz-Transformierten aus der Sicht bewegter Inertialsysteme zu formulieren.

Es gibt durchaus falsche Fragen, darunter solche, die ins Abseits des Denkunmöglichen führen, indem sie bereits widersprüchliche Vorwegnahmen beinhalten. Ist man damit beschäftigt, Lorentz-Transformationen zu formulieren und zu verstehen, die einerseits reale Effekte beschreiben sollen, andererseits (als Beobachteransicht im Rahmen der SRT) jedoch keine realen Effekte zu beschreiben vermögen, da keines der im leeren Raum bewegten Inertialsysteme bevorzugt ist, reibt man sich an physikalisch irrelevanten Fragestellungen auf.[54]

Physiker, die ernsthaft $E_0 = U$ im Rahmen der SRT zu denken versuchen, stoßen unweigerlich auf logische Widersprüche. Einerseits muss die Ruheenergie E_0 entsprechend ihrer Definition als Ruheeigenschaft eine Lorentz-Invariante sein. Andererseits hängt die innere Energie U von Größen wie V und A ab, die als räumliche Größen nicht lorentz-invariant sein können, wenn man der Längentransformation Realität zugesteht.

Der gewählte Ausweg ist pragmatisch:

> Wir haben hier die Variablen L, V und A weggelassen. Der Grund liegt darin, daß sie relativistisch Komplikationen mit sich bringen. [...] Da E_0 eine Lorentz-Invariante ist, haben wir als Variablen, von denen E_0 abhängt, nur diejenigen stehenlassen, die invariant sind gegen Lorentz-Transformationen. Das sind die Entropie S und die Teilchenzahlen [...].
>
> [Falk und Ruppel 1976, S. 145]

---

54 Anders stellt sich die Sachlage dar, wenn man, wie Lorentz selbst, mit Lorentz-Transformationen reale Veränderungen eines bewegten Objekts beschreibt, z. B. eine reale Längenkontraktion im nicht-leeren Raum. Dann sind die Transformationen keine kinematischen Umrechnungen, sondern enthalten physikalischen Sinn.

Zum Ende des Kapitels sollen die Unterschiede zwischen den beiden energetischen Ansätzen der SRT und der Thermodynamik, die in Gl. (39) verknüpft wurden, noch einmal zusammengefasst werden:

1. In der SRT ist *eine* abstrahierte Eigenschaft der Materie äquivalent zur Energie der Materie. In der Thermodynamik sind es viele abstrahierte Eigenschaften.

2. In der SRT wird Materie auf Masse reduziert. In der Thermodynamik bleibt sie, was sie (energetisch) ist: Materie.

5 Ein anderes physikalisches Weltbild

Die Physik des 20. Jahrhunderts ist die Geschichte epochaler Entdeckungen, großer Geister, mathematischer Logik und elementarer Deutungskonflikte, die bis heute nicht aufgelöst wurden.

Mit der Speziellen Relativitätstheorie Albert Einsteins wurden neue Konzepte und Ideen in die Physik eingebracht, die zu einer Umwälzung des physikalischen und philosophischen Gedankenguts am Anfang des 20. Jahrhunderts geführt haben. Infolge der Anerkennung und Anwendung der SRT, die über die Jahre hin immer wieder erfolgreich verteidigt wurde, ist die SRT heute im Grunde unangreifbar geworden.

Sie bildet das Fundament der modernen Physik, was der Physik-Nobelpreisträger Anthony Leggett einmal so beschrieben hat:

> Es ist wahrscheinlich keine Übertreibung, wenn man sagt, die spezielle Relativitätstheorie ist die am festesten verankerte Komponente des ganzen modernen Weltbildes der Physik und vermutlich das einzige Element, das aufzugeben die meisten Physiker höchst abgeneigt sind [...].
> [Leggett 1989, S. 130]

Einsteins Deutung der Gleichung $E_0 = mc^2$, der „wohl berühmtesten Formel der gesamten Physik" [Gerthsen 2005, S. 643], die auch als „Evangelium der Physik akzeptiert" [Kayser 2005] wird, wurde zu einer Grundlage des Gedankengebäudes der modernen Physik:

> Da die Äquivalenz von Masse und Energie eine der fundamentalen Grundlagen der Relativitätstheorie ist, hätte jede noch so geringe Abweichung enorme Auswirkungen auf die Physik. Sie könnte auch einen ersten Hinweis auf eine neue Physik jenseits des gegenwärtigen Theoriengebäudes liefern, das auf den Grundpfeilern Relativitätstheorie und Quantenmechanik aufgebaut ist. Denn diese beiden Theorien lassen sich nicht miteinander vereinbaren, müssen also letztlich in ihrer Gültigkeit beschränkt sein.   [Kayser 2005]

Die wichtigsten Modelle der heutigen Physik, wie beispielsweise das Standardmodell der Teilchenphysik, bauen auf den Ideen der SRT auf und wurden über Jahrzehnte hin weiterentwickelt, um sie den experimentellen Befunden immer besser anzupassen. Bezweifelt man die „vollkommene Äquivalenz von Energie und Masse" [Gerthsen 2005, S. 640], rüttelt man an den Grundfesten der modernen Physik und stellt sich gegen mehr als 100 Jahre gelebte Physikgeschichte.

Dennoch legen die Bestandsaufnahme und die Plausibilitätsprüfung in den vorhergehenden Kapiteln nahe, einen anderen Weg einzuschlagen und die Akzeptanz der SRT und der darin vorgenommenen Deutung der Gleichung $E_0 = mc^2$ zu revidieren.[55]

---

[55] Wie in Kap. 3.2 beschrieben, stellt die „vollkommene Äquivalenz von Energie und Masse" im Rahmen der SRT lediglich die Neuinterpretation einer Gleichung dar, welche bereits vor 1905 existiert hat.

https://doi.org/10.1515/9783110656961-005

Nach einer gedrängten kritischen Darstellung und Diskussion der Grundideen der modernen Physik, in die erneut historische Fakten einfließen, wird in diesem Kapitel ein thermodynamisches Konzept von Materie und Zeit vorgestellt, das aus einer Materie-Energie-Äquivalenz statt einer Masse-Energie-Äquivalenz folgt und mit den empirischen Tatsachen vereinbar ist.

5.1 Das heutige Weltbild

Die Grundideen der modernen Physik beruhen auf Arbeiten der „führenden Theoretiker" [Einstein 1917a, S. 20] in den ersten Dekaden des 20. Jahrhunderts. Das betrifft sowohl die beiden Relativitätstheorien[56] SRT [Einstein 1905a, 1905b] und ART [Einstein 1915a, 1915b] als auch die gegen 1925 entstehende moderne Quantenmechanik, die auf Beiträgen von Max Planck, Max Born, Werner Heisenberg und anderen aufbaut.

Die heutige Theorie der Quantenelektrodynamik (QED), d. h. die Quantenfeldtheorie des Elektromagnetismus, wurde seit den 1940er Jahren entwickelt und geht u. a. auf Arbeiten von Richard Feynman zurück. In seinem Buch "QED – The strange theory of light and matter" erklärt der Physik-Nobelpreisträger, dass die Quantenelektrodynamik die Natur als absurd beschreibt:

> The theory of quantum electrodynamics describes nature as absurd from the point of view of common sense. And it agrees fully with experiment. So I hope you can accept nature as she is – absurd.
> [Feynman 1985, S. 10]

Ähnliche Aussagen finden sich in anderen Schriften bekannter Physiker und Philosophen. Das Verhalten von Quantenobjekten wird als dunkel, paradox und dem Alltagsverständnis widersprechend dargestellt:

> Die Quantenphysik gilt gewöhnlich als dunkel, paradox, irgendwie rätselhaft. Kollidiert sie doch mit vielem, was in unserem Alltagsverständnis der Realität ganz unzweifelhaft festzustehen scheint.
> [Zeilinger 2003, Umschlagtext]

Oft wird festgestellt, dass dem gesunden Menschenverstand, zum Beispiel in Bezug auf die absolute Konstanz der Lichtgeschwindigkeit, nicht mehr zu vertrauen sei:

> Aber die moderne Physik hat uns gelehrt, dem gesunden Menschenverstand nicht mehr allzu viel Glauben zu schenken.
> [Lehmkuhl, in: Esfeld 2012, S. 55]

---

56 Der Name „Relativtheorie" geht auf Max Planck zurück. „Einstein selbst soll mit den Namen ‚Absoluttheorie' und ‚Kovarianztheorie' geliebäugelt haben." [Hentschel 1990, S. 93] Grund dafür ist Einsteins Postulat von der *absoluten* Konstanz der Lichtgeschwindigkeit.

Zugleich wird betont, dass die Grundpfeiler der modernen Physik (die Quantentheorie und die Relativitätstheorie) als auch die darauf aufbauenden Standardmodelle der Teilchenphysik und Kosmologie sehr gut mit experimentellen Tatsachen korrelieren.

Andererseits gibt es viele empirische Tatsachen, die sich mit den heutigen Standardmodellen weder beschreiben noch erklären lassen, wie etwa die oszillierende Masse der Neutrinos, die hohe Ruhemasse der Protonen und Neutronen, die Einbeziehung der Gravitation oder die Richtungsabhängigkeit von Prozessen. Bereits 1989 hat der Physik-Nobelpreisträger und Mitbegründer des Standardmodells Steven Weinberg über das Standardmodell der Teilchenphysik geschrieben:

It has plenty of loose ends; [...]   [Weinberg 1989, S. 1],

was unverändert gültig ist. Seit Jahrzehnten wird versucht, die Theorien des Kleinen (die Quantentheorie) und die Theorie des Großen (die ART) zu vereinigen und eine Art Weltformel zu finden, etwa mittels der Stringtheorie oder der Schleifenquantengravitation – Theorien, die in der Außendarstellung der Physik sehr präsent sind (s. Kap. 5.1.4).

Da ein Geschichtsbezug für das Verständnis der modernen physikalischen Ideen grundlegend ist, sind in Tabelle 5.1 einige frühe Meilensteine der Physikgeschichte aufgelistet, die die moderne Physik z. T. geprägt haben und auf die in den nachfolgenden Unterkapiteln und Kapiteln Bezug genommen werden soll.

5.1.1 Der Ursprung des Weltbildes der modernen Physik – die Raumzeit

Eins der neuen Konzepte, das Albert Einstein in seinem Artikel von 1905 in die Physik eingeführt hat, ist das des „leeren Raumes, in welchem elektromagnetische Prozesse stattfinden" [Einstein 1905a, S. 892]. Die langjährige Tradition des Lichtäthers, der bis 1905 als Träger der elektromagnetischen Strahlung und zugleich als Hintergrundfeld und ausgezeichnetes Bezugssystem fungierte, wurde damit ad acta gelegt.

Grund für die Negierung des Äthers (Annahme ii in Kap. 3.1) war im Jahre 1905 die empirische Nichtauffindbarkeit eines schwingungsfähigen mechanischen Fluidums, das die Materie umgibt und durch etwaig auftretende Ätherwinde die Lichtgeschwindigkeit beeinflusst. Doch gab es bereits zu Einsteins Zeiten viele Äthertheorien, z. B. von William Thomson (Lord Kelvin) oder Joseph Larmor, in denen der Äther nicht *neben* der Materie, sondern als Ursprung der bekannten Materie (Fermionen wie Bosonen) gedacht wurde, d. h. als eine Art Ur-Materie, in welcher Elementarteilchen lediglich Anregungsformen darstellen.

Einstein hat die Idee der „durch den leeren Raum [...] gelangenden Lichtzeichen" [Einstein 1905a, S. 893] später selbst in verschiedener Art und Weise revidiert.

Tabelle 5.1: Ausgewählte frühe Meilensteine zur Entwicklung des Weltbildes der modernen Physik.

Jahr	Beiträge zur modernen Physik
1905	Albert Einstein veröffentlicht die Lichtquantenhypothese [Einstein 1905c].[57] Wenige Monate darauf veröffentlicht er die SRT [Einstein 1905a, 1905b], in der das Vakuum leer, d. h. feld- und materiefrei ist. Es gibt weder einen absoluten Raum noch einen Äther, der als ein ausgezeichnetes Bezugssystem dienen könnte. Raum und Zeit werden als dynamische (physikalische) Variablen definiert. Die Lichtgeschwindigkeit c wird als absolut konstant angenommen.
1908	Die Minkowski-Raumzeit wird verkündet: „Die Anschauungen über Raum und Zeit, die ich Ihnen entwickeln möchte, sind auf experimentell-physikalischem Boden erwachsen. Darin liegt ihre Stärke. Ihre Tendenz ist eine radikale. Von Stund' an sollen Raum für sich und Zeit für sich völlig zu Schatten herabsinken und nur noch eine Art Union der beiden soll Selbständigkeit bewahren." [Minkowski 1908, S. 75]
1911	Aufbauend auf Arbeiten von Max Planck [Planck 1911] wird das Vakuum wieder mehr oder weniger gefüllt. Plancks Strahlungsformeln legen eine Energie atomarer Oszillatoren von $E = \frac{1}{2}h\nu$ pro Schwingungsmode nahe, welche auch am absoluten Nullpunkt der Temperatur existiert.
1913	Einstein und Stern liefern Argumente für die Existenz einer Nullpunktsenergie von $E = \frac{1}{2}h\nu$, die sie „molekulare Agitation" nennen [Einstein und Stern 1913, S. 551].
1915	Mit der Deutung der Gravitation als einer geometrischen Eigenschaft der (gekrümmten) Raumzeit in der ART [Einstein 1915a, 1915b] interpretiert Einstein den „Raum als Träger physikalischer Qualitäten" [Kox 2008, S. 517]). Die Idee der „durch den leeren Raum [...] gelangenden Lichtzeichen" [Einstein 1905a, S. 893] wird aufgegeben. Damit entfällt eine Grundvoraussetzung für die in der SRT postulierte Reziprozität von Beobachtereindrücken. Gleichwohl wird die SRT nicht verworfen. Die ART wird als Weiterentwicklung der SRT und des Minkowski-Raumzeit-Begriffes vermittelt.
1916	Walther Nernst [Nernst 1916] erweitert Plancks Nullpunktsenergie atomarer Oszillatoren auf das elektromagnetische Feld bzw. den „leeren Raum". Er sieht „das Vakuum", das er auch Äther nennt, als die materielle Ursache aller Quanteneffekte an. Das Universum nimmt er mit einer hohen Energiedichte gefüllt an – ein quasi unerschöpfliches Energiereservoir (auch ohne Elementarteilchen).
1927	Werner Heisenberg formuliert die Heisenbergsche Unschärferelation [Heisenberg 1927].

Es gibt mehrere Aufsätze und Bücher (z. B. [Kostro 2000]), die sich allein dem Thema der facettenreichen Variation des einsteinschen Ätherbegriffes widmen.

---

57 Die Lichtquanten wurden 1926 von Gilbert Newton Lewis *Photonen* genannt.

Genau genommen widerlegt Einstein die SRT-Definition eines Vakuums, mit dem im Jahr 1905 noch echte Leere ohne Materie und Feld gemeint war:

> Der (Inertial-)Raum – oder genauer gesagt, dieser Raum zusammen mit der zugehörigen Zeit – bleibt übrig, wenn man Materie und Feld weggenommen denkt. Dies vierdimensionale Gebilde (Minkowski-Raum) ist als Träger der Materie und des Feldes gedacht. [Einstein 1917a, S. 120 f.],

bereits in der SRT selbst. Indem er die Inertialsysteme als starre Körper deutet (Annahme iii in Kap. 3.1), eine „physikalische Interpretation des Abstandes" [Einstein 1917a, S. 9] vornimmt und fordert „Die so ergänzte Geometrie ist dann als ein Zweig der Physik zu behandeln. [Einstein 1917a, S. 9], stattet er den SRT-Raum, der zugleich leer sein soll (Annahme ii), bereits 1905 mit physikalischen Inhalten aus.

Dies ist nur einer der Widersprüche in den Annahmen der SRT, die in Kap. 3.1 dargestellt wurden. Gleichwohl ist es ein tiefgreifender, denn eine dynamische, d. h. physikalische SRT-Raumzeit mit realer Zeitdilatation oder Längenkontraktion ist mit Beobachteransichten im leeren, wechselwirkungsfreien und damit nicht-physikalischen Raum nicht vereinbar, woraus die Interpretationsvielfalt in der Fachliteratur folgt (s. Tabelle 3.1).

Spätestens mit der Allgemeinen Relativitätstheorie (ART), die Einstein 1915 veröffentlicht [Einstein 1915a, 1915b], wird die Idee vom leeren Raum aufgegeben. Unter Weiterverwendung der Minkowski-Raumzeit (s. Tabelle 5.1) wird ein neuer Raumzeitbegriff geprägt:

> Gemäß der allgemeinen Relativitätstheorie dagegen hat der Raum gegenüber dem „Raum-Erfüllenden", von den Koordinaten Abhängigen, keine Sonderexistenz. [Einstein 1917a, S. 125]

Entsprechend schreibt Albert Einstein 1919 in einem Brief an Hendrik Antoon Lorentz:

> Es wäre richtiger gewesen, wenn ich in meinen früheren Publikationen mich darauf beschränkt hätte, die Nichtrealität der Aether*geschwindigkeit* zu betonen, statt die Nicht-Existenz des Aethers überhaupt zu vertreten. Denn ich sehe ein, dass man mit dem Worte Aether nichts anderes sagt, als dass der Raum als Träger physikalischer Qualitäten aufgefasst werden muss.
> [Kox 2008, S. 517]

In seiner Rede „Äther und Relativitäts-Theorie" am 5. Mai 1920 in Leiden legt Albert Einstein seine neuen Vorstellungen dar:

> Nach der allgemeinen Relativitätstheorie ist der Raum mit physikalischen Qualitäten ausgestattet; es existiert also in diesem Sinne ein Äther. Gemäß der allgemeinen Relativitätstheorie ist ein Raum ohne Äther undenkbar; denn in einem solchen gäbe es nicht nur keine Lichtfortpflanzung, sondern auch keine Existenzmöglichkeit von Maßstäben und Uhren, also auch keine räumlich-zeitlichen Entfernungen im Sinne der Physik. [Einstein 1920a]

Aufgrund der obigen Idee, einen „Raum mit physikalischen Qualitäten" als Äther zu bezeichnen, erkennen einige Interpreten in der vierdimensionalen Raumzeit der ART eine Art Wiederkehr des vorrelativistischen Äthers in die Physik. Aus Sicht der meisten Physiker präsentiert die ART-Raumzeit das Gravitationsfeld, zumal die ART-Feldgleichungen die Gravitationskraft als geometrische Krümmung der Raumzeit beschreiben. Gravitationswellen, die 2015 erstmals gemessen wurden [Abbott et al. 2016], werden als Schwingungen der Raumzeit interpretiert. Die ART wird als eine „Erleuchtung" und „eindrucksvolle Vereinfachung der Welt" [Rovelli 2016, S. 16] beschrieben:

> Das Gravitationsfeld ist nicht *im Raum ausgebreitet*, sondern es *ist* der Raum.
>
> [Rovelli 2016, S. 16]

Die Ansicht, die ART-Raumzeit, die im Gegensatz zur SRT-Raumzeit nicht leer ist und das Gravitationsfeld darstellt, sei in gewissem Grade eine Wiederkehr des vorrelativistischen Äthers, ist aus mehreren Gründen nicht haltbar:

1. In der ART werden der Raum (als Dimension) und der Inhalt des Raumes (als etwas, das sich *im* Raum erstreckt und eine Extension aufweist) gleichgesetzt, eine Idee, die auf Descartes zurückgeht. Die Vorstellung von Blaise Pascal, Hendrik Antoon Lorentz und anderen von einem Äther, der den Raum ausfüllt, also einem *gefüllten* dreidimensionalen Raum, ist damit nicht kompatibel.

2. Der dreidimensionale Äther von Thomson, Larmor u. a. als Ur-Materie, in der Elementarteilchen Anregungen darstellen, beschreibt eine dialektische Einheit, in der eins das andere bedingt und *ist* und Elementarteilchen genauso den Äther beeinflussen wie er sie. In der ART hingegen wird das *Gravitationsfeld* als Raumzeit beschrieben. Da eine allgemeine geometrische Feldtheorie bis heute nicht vorliegt, ist die Raumzeit beispielsweise nicht das elektromagnetische Feld oder das Higgs-Bosonen-Feld. Sie ist eins von vielen Feldern, das die materieimmanenten Wechselwirkungen beschreibt. Eine Einheit der Raumzeit mit der Materie oder eine Gleichsetzung der Raumzeit mit dem Äther verbietet sich dann logisch.

3. Bei der ART-Raumzeit würde es sich um einen vierdimensionalen Äther handeln. Da das Gravitationsfeld von Masseverteilungen abhängig ist, muss sich die ART-Raumzeit, die mit dem Gravitationsfeld gleichgesetzt wird, ändern. Veränderung kann es nur in der Zeit geben. Während sich ein dreidimensionaler Äther mit der Zeit ändern kann, beinhaltet die flexible Raumzeit der ART das Paradoxon, dass sich die Raumzeit, in welcher Raum und Zeit nach Hermann Minkowski [Minkowski 1908, S. 1] unauflöslich verknüpft sind, mit der Zeit ändern können muss.

In vielen philosophischen Abhandlungen wird das Interpretationsproblem der ART-Raumzeit deutlich (z. B. [Esfeld 2012]). Aufgrund der Vieldeutigkeit des Raumzeitbegriffes sehen Philosophen in der Raumzeit durchaus mehr oder weniger als das Gravitationsfeld, bis hin zur super-substanzialistischen Deutung:

Eine knackigere Formulierung könnte auch lauten: Alles, was es gibt, ist Raumzeit.

[Lehmkuhl, in: Esfeld 2012, S. 62]

Ist die ART-Raumzeit das Gravitationsfeld, und sind Gravitationswellen Schwingungen der Raumzeit, kann die Raumzeit nicht alles sein, da nicht alles in der Welt Existierende das Gravitationsfeld ist. Auch ersetzt die super-substanzialistische Position das materialistische Gedankengut vom Primat und der Realität der dreidimensionalen Materie lediglich 1:1 durch eine vierdimensionale Raumzeitsubstanz. Dann wären nicht nur sämtliche Eigenschaften der Materie (Strukturen, Farben, Gerüche usw.) auf die Geometrie einer flexiblen vier- oder höherdimensionalen Raumzeit zurückzuführen (s. Kap. 5.1.4), sondern die vier- oder höherdimensionale Substanz hätte genau genommen auch keine freien Valenzen hinsichtlich einer Entwicklung in der Zeit. Denn Zeit wäre bereits selbst Substanz.

Unabhängig von den Deutungsproblemen wird der ART heute oft unbedingte Schönheit bescheinigt. Der bekannte theoretische Physiker Carlo Rovelli, Mitentwickler der Schleifenquantengravitation, nennt sie die „schönste der Theorien" [Rovelli 2016, S. 11] und widmet ihr die erste Lektion in seinem Buch „Sieben kurze Lektionen über Physik".

Aus thermodynamischer Sicht kann diese ästhetische Einschätzung nicht überzeugen. Eine flexible Raumzeit bedeutet unweigerlich, dass selbst für makroskopische Prozesse aufgegeben wird, den Zeitpfeil (die Unterscheidung von gestern und morgen) und die Irreversibilität physikalisch zu beschreiben. Die grundlegende Erfahrung von Zeitlichkeit und Entwicklung in eine Richtung, die durch das Experiment unzählige Mal bestätigt ist, wird damit physikalisch negiert.

Die in der SRT vorgenommene „physikalische Interpretation des Abstandes" [Einstein 1917a, S. 9] mag nahelegen, „dass der Raum als Träger physikalischer Qualitäten aufgefasst werden muss" (Brief Einsteins an Lorentz im Jahr 1919 [Kox 2008]). Allerdings ist bereits diese Interpretation der SRT fragwürdig und die Übernahme der Minkowski-Raumzeit in die ART weder notwendig noch logisch zwingend.

Bereits der Physik-Nobelpreisträger Steven Weinberg hat festgestellt, dass die ART ohne den Raumzeitbegriff auskommen kann, wenn man Einsteins Feldgleichungen anders interpretiert. Erfasst man direkt die Effekte des Gravitationsfeldes auf die Materie, wäre die ART als eine reine Gravitationstheorie aufzufassen, die unabhängig von der SRT gültig ist [58]:

---

58 Dieser Deutung schlossen sich u. a. Protophysiker wie Paul Lorenzen an, die aufbauend auf Arbeiten Hugo Dinglers (z. B. [Dingler 1921]) kritisch zur Relativitätstheorie Einsteins eingestellt sind. Statt einer Krümmung des Raumes ist nach Lorenzen eine Krümmung der Lichtbahn in starken Gravitationsfeldern anzunehmen. Lorenzens Kritik an der Relativitätstheorie betrifft dabei vor allem deren Anspruch auf geometrische Deutung der physikalischen Gleichungen: „Meine These betrifft nicht den Formelapparat der Relativitätstheorie, sondern nur die Interpretation der relativistischen Formeln." [Lorenzen 1977, S. 2]

It simply doesn't matter whether we ascribe these predictions to the physical effect of gravitational fields on the motion of planets and photons or to a curvature of space and time.

[Weinberg 1972, S. 147]

Seit den Anfängen der SRT und ART gab es umfassende Kritik am Raumzeitbegriff. In seiner „Philosophie der Natur" schreibt etwa der Ontologe Nicolai Hartmann:

Erstens erinnere man sich hier, daß Dimension nicht Ausmessung ist, desgleichen auch nicht das Ausmeßbare, sondern dasjenige, „worin" etwas ausmessbar ist und seine Maßbestimmtheit hat [...]. So ist denn auch der Raum nicht die Ausdehnung selbst, desgleichen nicht das Ausgedehnte, sondern durchaus nur das, „worin" sich etwas ausdehnt. [...] Wäre der Raum also Ausdehnung, so müsste er Ausdehnung „in" denselben Dimensionen sein, die sein Wesen ausmachen. Er müsste also seine eigenen Dimensionen schon voraussetzen; was widersinnig ist. [...] Der Raum selbst ist also ebensowenig das Ausgedehnte, wie er Ausdehnung ist. Er ist vielmehr die kategoriale Bedingung des Ausgedehnten, dasjenige also, worauf das Ausgedehntsein alles Ausgedehnten beruht. Die Verkennung dieses Verhältnisses war es, was bei Descartes die Substanzialisierung des Raumes verschuldet hat.   [Hartmann 1950, S. 61 f.]

Kann die ART ohne den Begriff der flexiblen, physikalischen Raumzeit auskommen, so nicht die SRT, da der dynamische Begriff von Raum und Zeit eine der SRT-Grundannahmen darstellt (s. Kap. 3.1):

Nach all diesen Festsetzungen haben räumliche und zeitliche Angaben eine physikalisch-reale, keine bloß fiktive Bedeutung [...].   [Einstein 1922, S. 32]

Logische Widersprüche in den Raum- und Zeitvorstellungen der SRT haben bisher nicht dazu geführt, die Theorie ins Wanken zu bringen (s. Kap. 6.2). Zu attraktiv war von Beginn an die Idee einer Vereinigung von Mechanik und Elektrodynamik. Heute gelten die SRT und die ART-Raumzeit als erwiesen. Neben der Quantentheorie bilden sie die theoretische Grundlage für die Standardmodelle der Teilchenphysik und Kosmologie.[59] Ein Alternativkonzept zur Raumzeit scheint nicht zu existieren.

5.1.2 Die Präsenz des Äthers in der modernen Physik

Bereits vor 1905 existierte ein logisch widerspruchsfreies Alternativkonzept zur SRT und zur Raumzeit, das heute verdrängt wird: der Äther. Gemeint ist dabei nicht die unhaltbare mechanistische Idee eines Fluidums neben der Materie, sondern jene

---

[59] Für Beiträge zu den Standardmodellen wurden vielfach Physik-Nobelpreise vergeben, z. B. an Murray Gell-Mann (1969), an Sheldon Lee Glashow, Abdus Salam und Steven Weinberg (1979), an Carlo Rubbia und Simon van der Meer (1984), an David Gross, David Politzer und Frank Wilczek (2004), an Saul Perlmutter, Brian P. Schmidt und Adam G. Riess (2011), an Peter Higgs und François Englert (2013), an Rainer Weiss, Kip S. Thorne und Barry C. Barish (2017).

Vorstellung vom Äther als Teil der Materie, wie sie schon bei William Thomson (Lord Kelvin), Joseph Larmor und anderen existierte.

Wenn auch nicht als ART-Raumzeit, so ist der vorrelativistische Lichtäther doch längst – notgedrungen und noch ohne wieder Äther genannt zu werden[60] – in unterschiedlicher Gestalt und unter verschiedenen Namen eingeschränkt in die moderne Physik zurückgekehrt:

a. Wiederkehr des Äthers als Higgs-Bosonen-Feld, das einigen Elementarteilchen ihre Ruhemasse verleihen soll

Gemäß dieser Idee, die auf die Physiker Peter Higgs [Higgs 1964], François Englert und Robert Brout [Englert und Brout 1964] zurückgeht, erhalten Fermionen, wie z. B. Quarks, Myonen, Elektronen, und Bosonen, wie z. B. die schweren Z- und W-Bosonen, durch die Wechselwirkung mit dem universalen, energetisch homogenen Higgs-Bosonen-Feld ihre Ruhemasse.

Ohne den Higgs-Mechanismus hätten alle Elementarteilchen im Standardmodell theoretisch eine Ruhemasse von null, was den empirischen Tatsachen widerspricht. Der Ruhemassegewinn durch den Higgs-Mechanismus betrifft indes nicht alle Elementarteilchen, zum Beispiel nicht die Photonen und Gluonen, die als wechselwirkungsfrei mit dem Higgs-Bosonen-Feld beschrieben werden.

In populärwissenschaftlichen Darstellungen wird das universale Higgs-Bosonen-Feld zuweilen als eine Art „Sirup" beschrieben, der die durchfliegenden Teilchen abbremse, wodurch sie mehr Masse erhielten.

Quantentheoretiker beschreiben einen Mechanismus, wonach die Teilchen nicht abgebremst werden, da es keine Reibung im Higgs-Feld gebe. Der Leitgedanke ist ein anderer: Die mit dem Higgs-Feld wechselwirkenden Elementarteilchen werden durch das homogene Feld lediglich in bestimmter Weise energetisiert. Mit der vollständigen Masse-Energie-Äquivalenz Einsteins besitzen sie dann zugleich mehr Masse, d. h. erstmals Ruhemasse. Die Idee setzt Einsteins Annahme von der Wägbarkeit potentieller Energie weiter ins Bild – analog etwa zu der Vorstellung, dass Elektronen im elektromagnetischen Feld über Polarisierung mittels $\Delta E_0 = c^2 \Delta m$ an Masse gewinnen.

In Teilchen wie dem Proton (Ruhemasse $m_{\text{Proton}} \approx 938 \, \text{MeV}/c^2$), das aus einem Down-Quark ($m_{\text{Down}} \approx 4{,}8 \, \text{MeV}/c^2$) und zwei Up-Quarks ($m_{\text{Up}} \approx 2{,}3 \, \text{MeV}/c^2$) besteht, wird nur ein kleiner Teil der Ruhemasse über den Higgs-Mechanismus generiert. Ulrich Wiedner, der Leiter des Bochumer Lehrstuhls für Experimentalphysik, beschreibt die Vorstellungen zur Herkunft der Masse von Nukleonen im Standardmodell wie folgt:

> Die restliche Masse muss aus der starken Wechselwirkung kommen. In ihr steckt sehr viel Energie. [Wiedner 2018, S. 46]

---

60 Eine verbreitete Lehrmeinung ist noch heute, dass Einstein den Äther mit seinen revolutionären Arbeiten aus den Jahren 1905 und 1915 abgeschafft habe.

Diese Interpretation, wonach die Wechselwirkung der Bestandteile die Masse erhöht, ist konträr zu derjenigen, wonach Bindungsenergien als negative potentielle Energien die Masse, z. B. eines Atomkerns oder eines Moleküls, verringern (s. Punkt i, Kap. 3.4.2). Andere Physiker sprechen davon, dass sich der überwiegende Anteil der Ruhemasse eines Protons aus der kinetischen Energie der Quarks und Gluonen im Proton ergibt. Wieder andere legen sich anteilig nicht fest und postulieren, dass die Ruhemasse aus beidem, also aus kinetischer und potentieller Energie, folgt:

> Die Masse des Protons beispielsweise besteht weitgehend aus der Bewegungs- und der Bindungsenergie seiner Bestandteile, den Quarks und Gluonen [...].
>
> [Düren und Stenzel 2012, S. 6]

Einigkeit besteht darin, dass die Ruhemasse des Protons über $E_{0,\mathrm{T}} = m_{\mathrm{T}}c^2$ Gl. (82) in die Ruheenergie umgerechnet wird. Darüber hinaus sind die heutigen Vorstellungen noch recht vage[61]:

> Drei Quarks bilden ein Proton – aber wie dieses einfachste zusammengesetzte Teilchen funktioniert, verstehen wir nicht. [Wiedner 2018, S. 46]

b. Wiederkehr des Äthers als Quantenfluktuationen

Im Standardmodell der Teilchenphysik werden Wechselwirkungen über sogenannte intermediäre, d. h. vermittelnde Vektorbosonen (Austauschteilchen) beschrieben.

Dieses Grundkonzept des Modells ist der SRT verpflichtet, in der ein leerer Raum postuliert wird. Es wird angenommen, dass Austauschteilchen wie Photonen oder auch die massiven Z^0-, W^+- und W^--Bosonen ($m_Z \approx 91{,}2$ GeV$/c^2$, $m_W \approx 80{,}4$ GeV$/c^2$) virtuelle Teilchen darstellen, die kurzfristig aus dem Nichts entstehen und wieder ins Nichts vergehen. Man spricht von „Quantenfluktuationen des Vakuums", „kurzfristigen Verletzungen der Energieerhaltung" und von „virtuellen Photonen" als Austauschteilchen der elektromagnetischen Wechselwirkung.

Legitimiert wird die Vorstellung virtueller Teilchen durch die heute vorherrschende Interpretation (die *Kopenhagener Deutung*[62]) der Heisenbergschen Unschärferelationen. Nach Heisenberg lassen sich komplementäre Eigenschaften eines Quantenobjekts wie Ort x und Impuls p oder Energie E und Zeit t nicht gleichzeitig mit beliebiger Genauigkeit angeben. Die untere Schranke für die Messgenauigkeit wird mit $\hbar/2$ erfasst:

---

61 Ein weiteres ungelöstes, sogenanntes Millennium-Problem in der Quantenchromodynamik (QCD) ist die Beschreibung des *Confinement-Effekts*, wonach sich die Quarks und Gluonen, also die Bausteine der Protonen und Neutronen, nicht trennen lassen.

62 Die Kopenhagener Deutung ist die orthodoxe Interpretation der Quantenmechanik. Sie wird heute von vielen Physikern vertreten, auch wenn es zahlreiche weitere Interpretationen gibt.

$$\Delta p \cdot \Delta x \geq \frac{\hbar}{2}, \qquad\qquad \Delta E \cdot \Delta t \geq \frac{\hbar}{2}. \qquad (107)$$

Heisenberg selbst interpretierte (anders als Bohr) seine Gleichungen als Ausdruck einer Objektivität des Zufalls in der Natur, wie der Quantenphysiker Anton Zeilinger in seinem Buch „Einsteins Schleier – Die neue Welt der Quantenphysik" beschreibt:

> Der Zufall in der Quantenphysik ist also nicht ein subjektiver, er besteht nicht deshalb, weil wir zuwenig wissen, sondern er ist objektiv. Ganz im Sinne Heisenbergs ist es nicht unser Unwissen, wovon wir hier also sprechen, sondern die Natur selbst ist in solchen Situationen in keiner Weise festgelegt, ehe das einzelne Ereignis auftritt.   [Zeilinger 2003, S. 46]

Allerdings wurde dem Zufall in der Kopenhagener Deutung keine objektive Realität zugesprochen. Nach der Kopenhagener Deutung spielt der Beobachter (der Messende) eine zentrale Rolle bei der Bildung von Realität in der Quantenwelt. Erst durch ihn, durch seinen Eingriff, wird ein vormals nicht festgelegtes Quantenobjekt auf die Realität festgelegt:

> Quantenobjekte existieren nicht zwangsläufig in eindeutigen Zuständen – oft nehmen sie verschiedene gleichzeitig ein. Doch sobald man eine Messung durchführt, „entscheidet sich" das System für eine der Optionen.   [Folger 2018, S. 12]

Real sind erst die Messergebnisse. Damit gerät – wie in der SRT, in der das Beobachtbare das Primat gegenüber einer eindeutigen objektiven Realität hat (vgl. Annahme vi in Kap. 3.1) – ein idealistisches Moment à la Berkeley in die mathematisierte Theorie. Die interpretatorische Verwandtschaft ist begreiflich, da die Quantentheorie in den ersten Dekaden des 20. Jahrhunderts nicht unabhängig von Einstein und Planck und den von ihnen vertretenen Theorien entwickelt wurde.

Mit dieser Interpretation der Unschärferelation existieren Freiheitsgrade für die Entstehung von Teilchen im leeren Raum, die sogenannten Quantenfluktuationen des Vakuums. Solange die Lebensdauer von Teilchen nur genügend klein ist, existiert für ihre Energie (und nach der vollständigen Masse-Energie-Äquivalenz damit auch für ihre Masse) eine Unschärfe, d. h. eine erlaubte Schwankungsbreite.

Das betrifft nach der heutigen Interpretation nicht nur die (virtuellen) Austauschbosonen, sondern auch Fermionen. Taucht etwa bei einer über W-Bosonen vermittelten Quark-Quark-Umwandlung kurzzeitig das schwere Top-Quark auf, dessen Ruhemasse $m_{\mathrm{Top}} \approx 172,4 \ \mathrm{GeV}/c^2$ etwa der eines Goldatoms entspricht, wird auch diese Verletzung der Energieerhaltung mittels der Unschärferelation sanktioniert. Mit dem empirisch nachweisbaren plötzlichen Auftreten und Verschwinden von Materieteilchen entsteht Masse (gleich Energie) aus dem Nichts und vergeht wieder darin, ohne dass über die Herkunft oder den Verbleib der Energie Aussagen gemacht werden können.

Die aktuelle Lehrmeinung, deren Grundlage die SRT und die beschriebene Interpretation der Quantentheorie ist, findet sich in den folgenden Zeilen zusammengefasst:

> Auf Grund der heisenbergschen Unschärferelation darf der Energieerhaltungssatz für eine kurze Zeitspanne außer Kraft gesetzt werden. Derart entstandene Teilchen befinden sich in einem virtuell genannten Zwischenzustand. [Uwer und Albrecht 2018, S. 16]

Die Unschärferelation wird als Grund dafür benannt, dass Quantenfluktuationen auftreten können. Weil die Unschärferelation gilt, darf die Energieerhaltung verletzt werden; wegen der Unschärferelation weisen die Spektrallinien der Atome ihre natürliche Linienbreite auf usw.[63]

Unabhängig davon ist ein Vakuum mit Quantenfluktuationen (unter Verletzung der Energieerhaltung) nicht mehr wirklich leer, sodass es als Ätherersatzkonzept verstanden werden kann. In der Quantentheorie wird heute gelehrt, dass das Vakuum vor Quantenaktivität nur so brodelt.

c. Wiederkehr des Äthers als Nullpunktsenergie des Vakuums (Vakuumenergie)

Seit 1905 hat der Begriff des Vakuums, einst Nichts bzw. SRT-Leere ohne Materie und Feld, einen großen Bedeutungswandel durchgemacht.

Für das Vorhandensein der Nullpunktsenergie Plancks auf atomarer Ebene [Planck 1911] (s. Tabelle 5.1) gibt es mittlerweile viele empirische Belege, gewonnen beispielsweise aus Streuungsexperimenten von Röntgenstrahlen oder Neutronen an Kristallen bei tiefen Temperaturen.

Auch die Nullpunktsenergie des elektromagnetischen Feldes nach Nernst (s. Tabelle 5.1) –

> PLANCKS Hypothese bezog sich nur auf schwingende Gebilde, die meinige bezieht sich auch auf das Zwischenmedium. [Nernst 1916, S. 87]

> Die Menge der im Vakuum vorhandenen Nullpunktsenergie ist also ganz gewaltig, extraordinäre Schwankungen derselben sind der größten Wirkung fähig [...]. [Nernst 1916, S. 89]

– ist vielfach belegt, wie etwa durch den empirisch bestätigten Casimir-Effekt [Casimir 1948], der die Anziehung zweier ungeladener Metallplatten im Vakuum beschreibt. Die Dispersionswechselwirkungen (London-Kräfte) zwischen ungeladenen Teilchen, welche Polaritäten (Dipole) ausbilden, die sich synchronisieren, und viele weitere Effekte werden heute von vielen Physikern auf das fluktuierende elektromagnetische Nullpunktfeld zurückgeführt (vgl. z. B. [Jooß 2017, S. 105 f.]).

---

[63] Argumentativ stellt dies eine eigenartige anthropozentrische Verkehrung dar. Die vom Menschen gefundene Unschärferelation wird nicht als quantentheoretischer Ausdruck für objektiv vorhandene Schwankungen im Nullpunktfeld gedeutet, sondern empirische Phänomene werden mit der Unschärferelation legitimiert bzw. aus ihr folgend dargestellt.

Bezüglich der Einbettung der elektromagnetischen Nullpunktsenergie, also der Vakuumenergie, in das Theoriengebäude herrscht in der modernen Physik Uneinigkeit. Die Subtilität der Nullpunktsenergie des elektromagnetischen Feldes ist, dass sie in den Gleichungen der Quantentheorie regelmäßig divergiert, also unendlich groß wird. Die Ursache dafür ist, dass ein kontinuierliches Feld, das quantisiert wird, prinzipiell unendlich viele Oszillatoren (Schwingungsmodi mit jeweils $E = \frac{1}{2}\,h\nu$, vgl. Tabelle 5.1) enthält. Eine Quantisierung des Feldes verbietet sich damit genau genommen.

Diese Schwierigkeit war vielen Physikern schon in den ersten Dekaden des 20. Jahrhunderts bewusst. Deshalb gab es Versuche, zwar der Nullpunktsenergie auf atomarer Ebene Realität zuzusprechen, nicht aber der Nullpunktsenergie der Strahlung:

> Verschiedene Erwägungen scheinen uns dafür zu sprechen, daß im Gegensatz zu den Eigenschwingungen im Kristallgitter (wo sowohl theoretische als auch empirische Gründe für das Vorhandensein einer Nullpunktsenergie sprechen) bei den Eigenschwingungen der Strahlung jener „Nullpunktsenergie" $h\nu/2$ pro Freiheitsgrad keine physikalische Realität zukommt. Da man es nämlich bei dieser mit streng harmonischen Oszillatoren zu tun hat und da jene „Nullpunktsstrahlung" weder absorbiert noch zerstreut oder reflektiert werden kann, scheint sie sich, einschließlich ihrer Energie oder Masse, jeder Möglichkeit eines Nachweises zu entziehen. Es ist deshalb wohl die einfachere und befriedigendere Auffassung, daß beim elektromagnetischen Felde jene Nullpunktsstrahlung überhaupt nicht existiert.   [Jordan und Pauli 1928, S. 154]

Aufgrund der empirischen Nachweisbarkeit des Nullpunktfeldes wird das Vorhandensein einer Vakuumenergie heute nicht mehr in Abrede gestellt.

d. Wiederkehr des Äthers als kosmologische Konstante

Seit einigen Jahrzehnten wird die Vakuumenergie der Quantenfeldtheorie auch mit der kosmologischen Konstante λ in Verbindung gebracht. Letztere hatte Einstein 1917 heuristisch als einen neuen freien Parameter der Dimension $1/(\text{Länge})^2$ in seinen zuvor hergeleiteten ART-Feldgleichungen vorgeschlagen:

> Ich komme nämlich zu der Meinung, daß die von mir vertretenen Feldgleichungen der Gravitation noch einer kleinen Modifikation bedürfen, [...].   [Einstein 1917b, S. 144]

Hintergrund für die Setzung des neuen Modellparameters war der Wunsch, mit den Feldgleichungen ein statisches Universum beschreiben zu können, was der damaligen Auffassung der Kosmologie entsprach. In „§ 4. Über ein an den Feldgleichungen der Gravitation anzubringendes Zusatzglied" [Einstein 1917b, S. 150] fügt Einstein seiner Feldgleichung ein Glied $-\lambda\, g_{\mu\nu}$ hinzu:

> Wir können nämlich auf der linken Seite der Feldgleichung (13) den mit einer vorläufig unbekannten Konstante $-\lambda$ multiplizierten Fundamentaltensor $g_{\mu\nu}$ hinzufügen, ohne dass dadurch die allgemeine Kovarianz zerstört wird; wir setzen an die Stelle der Feldgleichung (13)

$$G_{\mu\nu} - \lambda g_{\mu\nu} = -\kappa \left(T_{\mu\nu} - \frac{1}{2} g_{\mu\nu} T \right). \tag{13a}$$

Auch diese Feldgleichung ist bei genügend kleinem λ mit den am Sonnensystem erlangten Erfahrungstatsachen jedenfalls vereinbar. [Einstein 1917b, S. 151]

Der Wert der Konstante λ, die sowohl positiv, negativ als auch null sein kann, wird klein und positiv gesetzt ($\lambda > 0$), um weder ein expandierendes, noch ein aufgrund der Gravitation kollabierendes, sondern genau ein statisches Universum zu beschreiben:

Die einfachste [...] denkbare Lösung ist eine statische, in den räumlichen Koordinaten sphärische bzw. elliptische Welt mit gleichmäßig verteilter, ruhender Materie. [Einstein 1918, S. 243]

Nachdem experimentelle Befunde, wie zum Beispiel die Rotverschiebung der Spektrallinien, als Belege für ein sich ausdehnendes Universum gedeutet worden waren [Lemaître 1927, 1931], verwarf Einstein die Idee der kosmologischen Konstante wieder. Während $\lambda > 0$ zur Beschreibung eines statischen Universums mit den ART-Feldgleichungen unumgänglich war, wurde ein λ zur Beschreibung eines expandierenden Universums nicht gebraucht, da es Modell-Lösungen für ein expandierendes Universum mit $\lambda = 0$ gab (vgl. [Weinberg 1989, S. 2]).

Dennoch erlebte λ eine vielfache Renaissance:

Unfortunately, it was not so easy simply to drop the cosmological constant, because anything that contributes to the energy density of the vacuum acts just like a cosmological constant.
[Weinberg 1989, S. 2]

The cosmological constant turns out to be a measure of the energy density of the vacuum – the state of lowest energy [...]. [Caroll 2001, S. 7]

Heute wird, unter Festhaltung an den ART-Feldgleichungen zur Beschreibung der Gravitationskraft als geometrische Krümmung der Raumzeit und im Streben nach einer Vereinigung der ART mit der Quantentheorie, ein etwas größerer Wert von λ als ursprünglich von Einstein postuliert vorgeschlagen und mit einer zeitlich konstanten Energiedichte des Vakuums korreliert: $\rho_{\text{Vac}} = \lambda / 8\pi G_{\text{k}}$ [Carroll 2001, S. 7]. Durch die Setzung im Modell werden die Gravitationskräfte der Materie im Modell überkompensiert. Es entstehen sogenannte negative Drücke, und ein beschleunigt expandierendes Universum wird beschreibbar.

Der Wissenschaftshistoriker Helge Stjernholm Kragh, der Ätherkonzepte seit der Antike beschreibt (z. B. [Kragh 2012, 2013], [Kragh und Overduin 2014]), kennzeichnet die kosmologische Konstante als Behelf immer dann, wenn die Physik in Erklärungsnot gerät:

Well into the 1990s, most cosmologists preferred not to speak of the cosmological constant. [...] Nevertheless the cosmological constant was trotted out whenever some crisis arose within cosmology that could not be explained any other way. [Kragh und Overduin 2014, S. 89]

e. Wiederkehr des Äthers als Dunkle Energie

In der Kosmologie wurde eine hypothetische Form von Energie im Universum postuliert [Kolb und Turner 1990], die von dem Astrophysiker Michael Stanley Turner 1998 *Dunkle Energie* genannt wurde.[64] Wurde die Dunkle Energie bisher nicht empirisch nachgewiesen, so stellt sie doch einen wichtigen Baustein in den modernen kosmologischen Modellen dar, um neuere Beobachtungen zu erklären, die im Sinne einer beschleunigten Expansion des Universums gedeutet werden.

Da ihre physikalische Natur ungeklärt ist, wird die Dunkle Energie heute sowohl mit der kosmologischen Konstante Einsteins [Einstein 1917b], wie ursprünglich von Kolb und Turner vorgeschlagen [Kolb und Turner 1990], als auch mit der empirisch nachweisbaren Nullpunktsenergie, den Quantenfluktuationen des Vakuums und vielen weiteren Ideen, etwa einem Skalarfeld, das Quintessenz genannt wird [Zlatev et al. 1999], in Verbindung gebracht.[65]

Die Dunkle Energie ist zwar eine heuristisch eingeführte Energievorstellung, mit der eine beschleunigte Expansion im bestehenden kosmologischen Modell berechnet werden kann, bleibt aber seit ihrem Postulat wahrhaft dunkel:

> Dark energy is a catch-all term for the energy of empty space. It is „dark", not just in the sense that it does not interact with electromagnetic radiation, but in the deeper sense that its nature and composition are essentially unknown. [Kragh und Overduin 2014, S. V, Vorwort]

Ein Hauptproblem der modernen Physik, das mit der Einführung der Dunklen Energie als einem weiteren Begriff für etwas, das im Raum ist oder selbst der Raum ist, nicht gelöst wurde, ist die Existenz starker quantitativer Diskrepanzen zwischen den energetischen Konzepten der Kosmologie und Quantenfeldtheorie.

Wird die Dunkle Energie einerseits als kosmologische Konstante λ der ART interpretiert, andererseits aber als Vakuumenergie der Quantenfeldtheorie, so sollten die Beobachtungen und verschiedenen Modellvorstellungen ein konsistentes Bild ergeben. Das ist nicht der Fall. Kosmologische Beobachtungen, die auf eine Flachheit des Universums schließen lassen, legen eine sehr kleine Energiedichte des Vakuums nahe. Im Standardmodell der Elementarteilchenphysik (SMT) werden hingegen Werte berechnet, die ca. um den Faktor 10^{120} größer sind. Das bisher ungelöste fundamentale Problem wurde nicht erst von dem Physik-Nobelpreisträger Steven Weinberg formuliert:

---

64 Weiterhin wird eine Form von Materie postuliert, exotische Elementarteilchen, die mit Licht nicht wechselwirken und weder sichtbar noch nachweisbar sind: die *Dunkle Materie*. Sie wird benötigt, um die Bewegung der sichtbaren Materie, beispielsweise in der Galaxie, im Standardmodell der Kosmologie zu erklären. Mit speziellen Detektoren wie dem Axion Dark Matter Experiment (ADMX) wird seit Jahrzehnten nach theoretisch vorhergesagten Teilchen (WIMPs, Axionen usw.) gesucht.
65 Im Unterschied zur kosmologischen Konstante, die namensgemäß einen festen Wert hat, sodass die damit beschriebene (Vakuum-)Energie das Universum homogen ausfüllt, stellt die postulierte Quintessenz eine zeitlich veränderliche Dunkle Energie dar, die den Raum auch inhomogen ausfüllen kann.

As everyone knows, the trouble with this is that the energy density $\langle\rho\rangle$ of empty space is likely to be enormously larger than 10^{-47} GeV. [Weinberg 1989, S. 2]

Die diskutierten Vorstellungen der modernen Physik, die hier *Ätherersatzkonzepte* genannt wurden, sind in Tabelle 5.2 zeitlich geordnet und kurz kommentierend zusammengefasst.

Tabelle 5.2: Der Äther und einige ausgewählte moderne Ätherersatzkonzepte.

Energieform	wann und von wem postuliert	Energieinhalt	empirische Bestätigung
Äther	seit der Antike, 1909 [Lorentz 1909] u.v.a.	unbekannt	?
Nullpunktsenergie des Vakuums/ Vakuumenergie	1916 [Nernst 1916]	Energiedichte im SMT ca. um Faktor 10^{120} größer als gemäß kosmologischer Interpretation	ja
Kosmologische Konstante λ [m^{-2}] verknüpft mit $\rho_{Vac} = \lambda/8\pi G_k$	1917 [Einstein 1917b]	konstant Annahme: sehr kleiner positiver Wert der Energie-dichte (gemäß sehr geringer Raumzeitkrümmung)	?
Higgs-Bosonen-Feld	1964 [Higgs 1964]	keine Angabe	(ja)[66]
Dunkle Energie	1990 [Kolb und Turner 1990]	konstant, wenn als kosmologische Konstante interpretiert ca. 68,3 % der Energie des Universums?[67]	?
Quintessenz	1999 [Zlatev et al. 1999]	zeitlich variable Dunkle Energie	?

In Bezug auf die Meinungsvielfalt und das mögliche Nebeneinander von Ideen und Interpretationen, die nicht zueinander passen müssen, ergibt sich ein ähnliches Bild wie bei den Lorentz-Transformierten in Tabelle 3.1. Gibt es ein Higgs-Bosonen-Feld,

---

66 Siehe die Ausführungen in Kap. 5.1.3.

67 Die Angaben in der Literatur variieren. Oft findet man: Dunkle Energie: 68,3 %, Dunkle Materie: 26,8 %, gewöhnliche sichtbare Materie: 4,9 % (z. B. [Hossnfelder 2018a, S. 60]).

das homogen den Raum ausfüllt, zugleich aber auch ein Gravitationsfeld, das als Raumzeit wie Honig ist,[68] zusätzlich die Dunkle Energie und die Dunkle Materie (WIMPs, Axionen u. a.), nicht minder das fluktuierende Quantenvakuum und die kosmische Mikrowellenhintergrundstrahlung, die isotrop das Universum erfüllt und kurz nach dem Urknall entstanden sein soll usw., kann die Diversität der Vorstellungen davon, was den Raum ausfüllt, welcher zugleich, als sich krümmende Raumzeit, selbst Füllung ist, kaum größer sein.

Um die Standardmodelle der modernen Physik zu stützen, werden viele neue Ideen und Modelle entwickelt, welche voraussetzen, dass:

a)   die SRT gültig ist

b)   die Gültigkeit der ART über die Beschreibung des Verhaltens von Gravitationsfeldern hinausgeht, da ein Masse-Impuls-Tensor aufgrund der Masse-Energie-Äquivalenz die Energie der gesamten vorhandenen Materie und die Krümmung der Raumzeit beschreibt:

> Den durch den Fundamentaltensor beschriebenen Raumzustand wollen wir als „G-Feld" bezeichnen. Das G-Feld ist *restlos* durch die Massen der Körper bestimmt. Da Masse und Energie nach den Ergebnissen der speziellen Relativitätstheorie das Gleiche sind [...].
>
> [Einstein 1918, S. 241 f.]

Intuitiv kehrt immer wieder der Äthergedanke zurück. Doch gibt man ihm einen anderen Namen und begibt sich in der Diversität der Hilfskonstruktionen, die in Tabelle 5.2 hellgrau unterlegt sind, in das Reich der Spekulationen.[69]

5.1.3 Das Standardmodell der Teilchenphysik und das Higgs-Boson

Das gegenwärtige Standardmodell der Elementarteilchenphysik wird oft als „äußerst erfolgreich" [Wilkinson 2018, S. 14] beschrieben. Zwei zentrale Ideen des Standardmodells sind dabei:

1.   Die Vorstellung von Austauschteilchen, die die Wechselwirkung vermitteln.

     Zu den Austauschteilchen zählen die *virtuellen Photonen*, die als Feldquanten des elektromagnetischen Feldes die elektromagnetische Kraft mit Lichtgeschwindigkeit übertragen, die masselosen Gluonen (engl. *to glue* für „kleben"), welche die starke

---

68 „*Imagine the Earth as if it were immersed in honey. As the planet rotated its axis and orbited the Sun, the honey around it would warp and swirl, and it's the same with space and time,* said Francis Everitt, a Stanford physicist and principal investigator for Gravity Probe B." [Stanford Report 2011]
69 Der Philosoph Nicolai Hartmann charakterisiert bereits die frühen Raumzeit-Vorstellungen der SRT und ART als „Spekulative Relativismen des Raumes und der Zeit" [Hartmann 1950, S. 234].

Kernkraft vermitteln, die schweren Weakonen (W- und Z-Bosonen), welche die schwache Kernkraft vermitteln, und die bisher nicht nachweisbaren Gravitonen, welche die Gravitation mit Lichtgeschwindigkeit übertragen sollen.

Es handelt sich um Vermittlerteilchen im Sinne einer mechanistischen Vorstellung: Die Teilchen, die auch Eich- oder Vektorbosonen genannt werden, sind quantisierbare Entitäten, die eine Art Impulsübertragung über Direktkontakt realisieren. Dabei wird angenommen, dass Elementarteilchen, wie z. B. Elektronen oder Quarks, punktförmig sind. Das Paradigma der Punktmechanik geht auf die SRT zurück, während die Thermodynamik im Standardmodell keine Anwendung findet.

2. Der 1964 postulierte Higgs-Mechanismus [Higgs 1964], der einigen Elementarteilchen eine Ruhemasse verleiht (s. Punkt a in Kap. 5.1.2).

Das Higgs-Boson nimmt eine fundamentale Stellung ein. Ohne die Einführung eines skalaren Hintergrundfeldes wäre das Standardmodell nicht haltbar gewesen. Die Ruhemasse der Elementarteilchen, darunter die große Ruhemasse der Z- und W-Vektorbosonen, war zu erklären.

Bereits in den 60er Jahren ist die Higgs-Theorie von Glashow, Salam und Weinberg genutzt worden, um die elektromagnetische Wechselwirkung (mit den ruhemasselosen Photonen als Botenteilchen) und die schwache Wechselwirkung (mit den schweren Z- und W-Bosonen als Botenteilchen) vereinheitlicht zu beschreiben, womit es gelang, zwei der vier Fundamentalkräfte miteinander zu vereinen.[70]

Trotz der Erfolge erhoffen heute viele Physiker eine Physik jenseits des Standardmodells. Die Gründe dafür sind vielfältig:

So geht aus ihm beispielsweise nicht hervor, warum es im Universum mehr Materie als Antimaterie gibt oder was sich hinter der unsichtbaren Dunklen Materie verbirgt. Die auf kosmischen Skalen dominante Kraft, die Gravitation, kommt im Standardmodell überhaupt nicht vor, und bisher sind alle Versuche misslungen, sie formal einzubeziehen.   [Wilkinson 2018, S. 14]

Auch sind die Erfolge des Standardmodells teuer erkauft:

- mit sogenannten Renormierungen, mit denen in den Rechnungen auftretende Divergenzen bzw. Unendlichkeitstellen physikalischer Größen entfernt werden und die heute als ein notwendiger Bestandteil der Quantenfeldtheorie und der Festkörpertheorie gelten,[71]

---

70 Die vereinheitlichte Theorie der elektroschwachen Wechselwirkung wurde 1979 mit dem Nobelpreis geehrt.

71 Renormierungen sind frei wählbare, mathematische Cut-off-Prozeduren. Die Quantenelektrodynamik (QED) konnte nur erhalten werden, indem zum Beispiel die experimentellen Werte der Elektronenmasse und -ladung, die im Modell divergierten, per Hand festgesetzt wurden: „Die Quantenelektrodynamik war von dem Problem der unendlichen Größen fast umgebracht worden" [Weinberg 1993, S. 120].

– mit zurzeit mindestens 18 frei setzbaren, d. h. im Modell vorzugebenden Parametern, die nicht aus der Theorie, sondern aus Experimenten folgen – eine zu hohe Zahl, wie viele Physiker einschätzen, auch angesichts der Prinzipien der Modellierung, die der berühmte Mathematiker John von Neumann nach Enrico Fermis Überlieferung einmal so illustriert hat:

> [. . .] with four parameters I can fit an elephant, and with five I can make him wiggle his trunk.   [Dyson 2004, S. 297]

Bei allen Erfolgen stellt das Standardmodell daher bislang kein in sich stimmiges theoretisches Modell dar. Eher präsentiert es eine kreative, der Mathematik verpflichtete Anpassungsleistung an zweierlei:

1. an die Vorgaben der SRT und die Interpretationen der Quantentheorie, die sich in den frühen Jahrzehnten des 20. Jahrhunderts, nicht unabhängig voneinander und gegen den Widerstand vieler Wissenschaftler (s. Anhang), durchgesetzt haben,

2. an neue experimentelle Evidenzen: neue subatomare Teilchen, neue Eigenschaften von Elementarteilchen wie die oszillierende Masse der Neutrinos, neue Zerfalls- und Umwandlungsmechanismen, die dem fast 2000 Seiten starken „Review of Particle Physics" der Particle Data Group [Tanabashi et al. 2018], der sogenannten Bibel des Teilchenphysikers, jährlich hinzugefügt werden müssen.

Im Jahre 2012 wurde im Large Hadron Collider (LHC) am CERN in Genf ein neues Boson beobachtet, das als Higgs-Boson und in der Presse als „krönender Abschluss des Standardmodells" [Wolschin 2013, S. 19], „Gottesteilchen" und „wichtiger Meilenstein im Verständnis des Universums" bezeichnet wurde. Der Higgs-Mechanismus wurde mit dem Nobelpreis für Physik des Jahres 2013 gewürdigt.

Heute wird öffentlich eingeschätzt, dass mit dem experimentell nachgewiesenen Boson mehr Fragen aufgeworfen als geklärt worden seien. Diskutiert wird unter anderem:

– die zu kleine Masse des gefundenen Bosons, die man z. B. mit der Theorie der Supersymmetrie (SUSY) zu erklären versucht, nach der jedes Elementarteilchen ein Partnerteilchen hat, wobei bisher keine Partnerteilchen gefunden wurden,

– die Frage, ob es nicht mehrere Higgs-Bosonen und Higgs-Felder geben sollte, die elementarteilchenspezifisch eine Ruhemasse verleihen,

– die Frage, wie das Higgs-Hintergrundfeld mit den anderen Raumfüllungsvorstellungen der modernen Physik harmoniert (s. Tabelle 5.2) bzw. wie es sich mit der Vorstellung einer vierdimensionalen, gekrümmten Raumzeit vereinbaren lässt.

Die Higgs-Theorie [Higgs 1964] zur Erklärung der Ruhemasse von Elementarteilchen und ihre experimentelle Bestätigung im Jahre 2013 weisen einige Schönheitsfehler auf, wie z. B.:

a. Der Higgs-Mechanismus erlaubt es rein qualitativ, eine Ruhemasse von einigen Elementarteilchen zu postulieren. Die Werte der Ruhemasse hingegen werden nicht zugänglich:

> In the present note, the model is discussed mainly in classical terms; nothing is proved about the quantized theory. It should be understood, therefore, that the conclusions which are presented concerning the masses of particles are conjectures based on the quantization of linearized classical field equations. However, essentially the same conclusions have been reached independently by F. Englert and R. Brout, Phys. Rev. Letters 13, 321 (1964): These authors discuss the same model quantum mechanically in lowest order perturbation theory about the self-consistent vacuum. [Higgs 1964, S. 509]

b. Die Theorie macht keine Angaben zur Herkunft und Größe der Ruhemasse des kurzlebigen skalaren Higgs-Bosons selbst, das als elementare Anregung, Erregung oder Störung des homogenen Higgs-Feldes postuliert wird.

c. Mit einigen Teilchen wirkt das Higgs-Bosonen-Feld spezifisch im Sinne der Ruhemassezuteilung, mit anderen nicht: Quarks ja, Gluonen nein. Bis heute ist nicht geklärt, ob Gluonen nicht doch eine geringe Ruhemasse aufweisen oder warum sich Quarks und Gluonen nicht trennen lassen (vgl. Fußnote 61).

d. Der Higgs-Mechanismus kann die seit 1998 experimentell nachgewiesene Masse der (oszillierenden) Neutrinotypen, wofür im Jahre 2015 der Physik-Nobelpreis an Takaaki Kajita und Arthur B. McDonald vergeben wurde, nicht erklären:

> „Kaum jemand glaubt, dass der Higgs-Mechanismus den Neutrinos Masse verleiht", meint Fermilab-Direktor Nigel Lockyer. „Wahrscheinlich liegt es an einem völlig anderen Effekt, an dem neue Mitspieler beteiligt sind." [Moskowitz 2018, S. 65]

Von einigen Physikern werden deshalb neue Ansätze vorgeschlagen, z. B. Neutrinos als ihre eigenen Antiteilchen, unbekannte noch nicht entdeckte Felder oder hypothetische, extrem schwere Neutrinos als Ausgleich für die leichten Neutrinos [Moskowitz 2018, S. 65].

e. Die Ruhemasse des am LHC gefundenen Bosons beträgt ca. 125 GeV/c^2. Sie entspricht damit etwa dem 133-fachen der Protonenmasse und liegt

> [...] nur leicht oberhalb der Masse der sogenannten W- und Z-Bosonen, welche die schwache Wechselwirkung übertragen. Eigentlich sollte es zehn Billiarden Mal so schwer sein. [Wilkinson 2018, S. 14]

Für ein Teilchen, das ein vollkommen homogenes Hintergrundfeld erzeugt und eine so universale Aufgabe hat, hätten viele Physiker weitaus größere Massen bzw. Energien erwartet.

f. Angesichts der eher gewöhnlichen Eigenschaften (Masse ähnlich Z-Boson, Spin 0 wie die π-Mesonen, neutral, unterliegt der Gravitation und schwachen Wechselwirkung) erscheint die Sonderstellung des gefundenen LHC-Bosons wenig begründet.

Wie jedes andere Elementarteilchen zerfällt das Boson in Photonen und andere Elementarteilchen und stellt in diesem Sinne ein Teilchen wie jedes andere dar, dessen Ruhemasse wie die anderer Elementarteilchen zu erklären ist.

Die Vorstellung vom absolut homogenen, universalen Hintergrundfeld, das an jedem Punkt im Raum einen Wert hat, der nicht null ist, und allen Elektronen usw. exakt die gleiche Ruhemasse zuteilt, wirkt auf der Basis nur eines kurzlebigen Teilchens, das wie andere in Zerfällen kommt und geht, wie die pragmatische Lösung eines Problems.

g. Der alleinige Sinn des Higgs-Bosonen-Feldes ist es, einigen Elementarteilchen ihre Ruhemasse zu verleihen. Es handelt sich um einen nachträglich eingefügten Zusatzmechanismus, mit dem die Vorstellungen zur Masseherkunft segmentiert werden, da der Hauptteil der Masse zusammengesetzter Teilchen wie der Protonen und Neutronen nicht aus dem Higgs-Mechanismus herrührt.

Wenngleich es eine großartige experimentelle Leistung ist, ein neues Teilchen zu finden, lässt sich die Euphorie einer gesicherten Erkenntnis in Bezug auf den Higgs-Mechanismus nicht teilen. Es werden immer wieder neue kurzlebige Teilchen gefunden werden, die in den Report der Particle Data Group aufgenommen werden [Tanabashi et al. 2018], ein Trend, der sich mit fortschreitender Entwicklung der Technik noch verstärken wird.

Unabhängig davon stellt der Higgs-Mechanismus eine ätherähnliche Theorie dar (s. Kap. 5.1.2), was verdeutlicht, dass sich das heutige Standardmodell der Elementarteilchenphysik nur mit einer solchen aufrechterhalten lässt.

5.1.4 Die moderne theoretische Physik

In der modernen theoretischen Physik wird eine Klärung der vielfältigen Probleme und Unvereinbarkeiten mithilfe neuer mathematischer Modelle gesucht, die auf der SRT sowie auf der ART als Raumzeittheorie aufbauen.

Sollen z. B. die Ansätze der Quantentheorie mit denen der ART vereinbart werden, besteht die Aufgabe, die raumzeitlich interpretierte Gravitation zu quantisieren, um keins der Phänomene in der Natur mehr als Kontinuum zu beschreiben. In den letzten Dekaden wurden hierzu zwei Theorien stetig weiterentwickelt, die auch in der populärwissenschaftlichen Literatur sehr präsent sind: die *Stringtheorie* und die *Schleifenquantengravitation* (loop quantum gravity).

Unter dem Begriff Stringtheorie, die seit den 1960er Jahren existiert, werden verschiedene physikalische Theorien subsumiert, die als fundamentale Entitäten sogenannte Strings postulieren: eindimensionale Fäden, wobei in späteren Ansätzen wie der M-Theorie auch mehrdimensionale Objekte (Brane) beschrieben werden. In der bosonischen Stringtheorie z. B. werden Gluonen als schwingende Saiten zwischen den Quarks aufgefasst, um die starke Wechselwirkung in den Nukleonen (den Protonen und Neutronen) zu beschreiben.

Der intuitive Ansatz, dass reale Elementarteilchen nicht null-dimensional sein können, sondern eine räumliche Ausdehnung besitzen,[72] ist aufgrund der Vorgaben der ART-Raumzeit allerdings mit einer Höherdimensionalität der Raumzeit verbunden:

> Borcherds gelang der Durchbruch, als er eine monstersymmetrische Stringtheorie fand und so die Modulsymmetrie der String-Schläuche mit dem Monster paarte. Die von ihm untersuchte – aber mittlerweile aus physikalischer Sicht überholte – bosonische Stringtheorie erfordert, dass die Welt 25 Raumdimensionen hat. Um dieses Problem zu lösen, nehmen Stringtheoretiker an, dass die 22 überschüssigen Dimensionen „kompaktifiziert" sind [...]. Die Raumdimensionen können in beliebiger Weise aufgerollt sein, etwa als Kugel oder als donutförmiger Torus. Allerdings hängt die Physik von dieser genauen Form ab: Eine Stringtheorie, in der die Dimensionen als Zylinder aufgerollt sind, liefert beispielsweise andere Vorhersagen als eine, bei der sie eine Kugel formen.   [Bischoff 2018, S. 74]

Die bosonische Stringtheorie mit 25 Raumdimensionen und einer Zeitdimension stellt die historische Urform der Stringtheorien dar, deren unerreichtes Ziel die Vereinigung der starken, schwachen und elektromagnetischen Wechselwirkung (Grand Unified Theory, GUT) ist.

Die fünf populären Superstringtheorien, welche die Supersymmetrie (SUSY) vorhersagen, nach der jedes Elementarteilchen einen bisher unentdeckten Superpartner hat, postulieren 10 Dimensionen (9 Raum- und eine Zeitdimension), wovon 6 Raumdimensionen eingerollt sind. Mit der M-Theorie, welche die fünf 10-D-Superstringtheorien und die 11-dimensionale Supergravitation als Grenzfall einschließt, versucht man eine Vereinigung der vier Fundamentalkräfte (inklusive Gravitation) zu erzielen oder auch die Higgs-Boson-Masse vorherzusagen, was der Mitentwickler der Supersymmetrie (SUSY) Gordon Kane folgendermaßen beschreibt:

> Wenn wir unsere Welt verstehen und erklären und dabei sogar über eine vollständige mathematische Beschreibung hinausgehen wollen, sollten wir 10-D-Stringtheorien oder die 11-D-M-Theorie ernst nehmen und an ihnen arbeiten, indem wir sie zu unserer erscheinenden 4-D-Welt kompaktifizieren. Man sagt oft, Stringtheorien seien kompliziert. Tatsächlich scheinen kompaktifizierte M-/Stringtheorien die einfachsten Theorien zu sein, die alle Phänomene der physikalischen Welt in einer kohärenten mathematischen Theorie umfassen und integrieren könnten.   [G. Kane in: Brockman 2016, S. 100]

Wurde die Stringtheorie zunächst als aussichtsreichster Kandidat einer vereinheitlichten Theorie (genannt *Weltformel* oder *Theory of Everything*, ToE) verstanden, so gilt heute auch die Schleifenquantengravitation als ein gleichwertiger Kandidat:

---

72 Ein eindimensionales Objekt kommt der Realität schon näher als ein punktförmiges, d. h. null-dimensionales Elementarteilchen wie im Standardmodell. Doch ist auch Eindimensionalität noch eine nicht-physikalische Annahme.

Bei dem Modell erzeugen hypothetische, gewundene Gebilde durch ihr Zusammenwirken die Raumzeit. Dadurch ist diese nicht mehr glatt, sondern durch Schleifen und deren Knoten in Größenordnungen der Plancklänge quantisiert. Die Knoten des Netzwerks ähneln mathematisch den Spins von Elementarteilchen, daher sprechen Physiker auch vom Raum als Spin-Netzwerk. [Hossenfelder 2016, S. 34]

Weitere Kandidaten sind die asymptotisch sichere Quantengravitation, die kausale dynamische Triangulation, die emergente Gravitation und viele andere, wobei eine Quantisierung der Raumzeit bisher durch keinen der Ansätze zur Quantengravitation möglich ist, unter anderem aus den folgenden Gründen:

1. Eine kovariante Quantisierung[73] der vierdimensionalen ART-Raumzeit ist mit unendlich großen Energiedichten und damit unendlich großen, nicht-renormierbaren Raumzeitkrümmungen verbunden.

2. Eine dehn- und stauchbare Raumzeit lässt sich nicht als reguläres Netzwerk kleinster Quanten beschreiben, denn es gibt einen logischen „Konflikt mit Einsteins spezieller Relativitätstheorie. Diese beschreibt eine Längenkontraktion für bewegte Objekte, aber eine minimale Länge sollte nicht kontrahieren. Wenn man so ein Gitter voraussetzt, muss man daher die spezielle Relativitätstheorie abändern" [Hossenfelder 2016, S. 38].

Wird die Schleifenquantengravitation vor allem von Stringtheoretikern kritisiert, so wird die Stringtheorie ihrerseits oft von Vertretern der Schleifenquantengravitation wie Lee Smolin [Smolin 2006] bemängelt. Seit ein paar Jahren verstärkt sich die Kritik an der Stringtheorie (z. B. [Woit 2006]). Einige Physiker und Philosophen scheinen ihr über die Jahrzehnte müde geworden zu sein:

Für alle, die gegenwärtig über die Grundlagenphysik nachdenken, ist diese neueste *Edge*-Frage leicht und hat eine offenkundige Antwort: die Stringtheorie. [...] Nach vierzig Jahren Forschung und zehntausenden von Aufsätzen haben wir gelernt, dass dies eine leere Idee ist. [P. Woit in: Brockman 2016, S. 101]

Die experimentelle Bestätigung ist das Gütesiegel echter Naturwissenschaft. Da die Stringtheoretiker es nicht geschafft haben, überhaupt irgendeine Möglichkeit der experimentellen Bestätigung der Stringtheorie vorzuschlagen, sollte die Stringtheorie jetzt und heute in den Ruhestand geschickt werden. [F. Tipler, in: Brockman 2016, S. 96]

In ihrem kritischen Buch „Lost in Math: How Beauty Leads Physics Astray" [Hossenfelder 2018a] beschreibt die Physikerin Sabine Hossenfelder den Drang der modernen theoretischen Physik nach mathematischer Schönheit und den Verlust an Realitätssinn. In einem Interview in der Zeitschrift Der SPIEGEL gibt sie die

---

73 Die kovariante Quantisierung betrifft die gesamte vierdimensionale Raumzeit, während die Raumzeit in der sogenannten kanonischen Quantisierung wieder in ihre drei Raumdimensionen und eine Zeitdimension aufgesplittet wird.

Unzufriedenheit vieler Physiker und deren zunehmende Skepsis wieder, auch im Hinblick auf die physikalische Relevanz der eigenen Theorien:

> Wir kommen mit dem Verständnis der Naturgesetze nicht mehr voran. [...] [Wir haben] seit vier Jahrzehnten kaum mehr Daten gewonnen, die uns etwas Neues sagen könnten.
> [Hossenfelder 2018b, S. 103]

> Die meisten theoretischen Physiker, die ich kenne, studieren inzwischen Dinge, die noch niemand je gesehen oder gemessen hat. Sehr gern postulieren sie auch neue Teilchen, um ihre gedachten Weltmodelle aufzuhübschen. [Hossenfelder 2018b, S. 104]

Die Krise der modernen Physik erwächst daraus, dass viele ihrer Postulate (Dunkle Energie, Dunkle Materie, Quantisierbarkeit von allem, Supersymmetrie, Gravitonen usw.) empirischer Bestätigung harren und sich die vier Fundamentalkräfte des Standardmodells der Teilchenphysik nicht vereinigen lassen. In letzter Zeit wird immer häufiger offen eingeräumt, dass sich die Teilchenphysik und die Kosmologie in einer Krise befinden:

> Aber die Physiker kommen diesem Ziel, wenn überhaupt, nur langsam näher. Seit einigen Jahren wirkt es sogar so, als wären sie irgendwo falsch abgebogen. [Gast 2018, S. 16]

> Nun sind die Teilchenphysiker in einer Situation, die sie im Vorfeld der LHC-Experimente ein wenig verstohlen als Albraum-Szenario bezeichneten: [...] Für die meisten Forscher wirkt es jedenfalls so, als sei man 30 Jahre lang einem Phantom hinterhergelaufen. [Gast 2018, S. 17]

Viele individuelle und kollektive Anstrengungen laufen ins Leere, während die Bilanz der Anstrengungen der letzten Jahrzehnte im Sinne einer Vereinheitlichung der fundamentalen Theorien der Physik ernüchternd ist:

- Zwei der im Standardmodell beschriebenen Fundamentalkräfte, d. h. die schwache und die elektromagnetische Wechselwirkung, ließen sich miteinander vereinen, wozu der Higgs-Mechanismus erdacht werden musste.

- Die dritte Fundamentalkraft, die starke Wechselwirkung, wehrt sich gegen eine vereinheitlichte Beschreibung mit den beiden oben genannten Kräften (Erfolglosigkeit der Grand Unified Theory GUT).

- Die vierte Fundamentalkraft, die Gravitation, lässt sich nicht mit den anderen drei Kräften vereinen.

Obwohl die beiden Grundpfeiler der modernen Physik, die Quantentheorie und die Relativitätstheorie, nicht miteinander vereinbar sind, wird weiter auf dem Boden der historischen Vorgaben agiert. Die Standard-Lehrwerke der Physik, wie z. B. [Tipler 2000], [Gerthsen 2005], [Demtröder 2005], [Nolting 2010] oder [Günther 2010, 2013] (s. Kap. 3.3), vermitteln die SRT als unangefochtene und mit den empirischen Tatsachen in Einklang stehende Wahrheit. Alternativansätze werden nicht erwähnt oder wenn, dann in beiläufigen Bemerkungen als überholte Anschauungen bezeichnet, die aufgrund experimenteller Beweise ad acta gelegt werden konnten. Es gibt Lehrwerke zur SRT, z. B. [Nolting 2010], in denen das Wort *Äther* kein einziges Mal auftaucht.

Ein häufiges Stilmittel in der Vermittlung gegenwärtiger Modelle ist weiterhin, dass eigentlich spekulative Postulate als anerkanntes, d. h. bestätigtes Wissen dargestellt werden. Der Konjunktiv wurde zum Indikativ[74]:

> Dark energy is known to dominate the dynamics of the universe on large scales, and to oppose the natural tendency of the cosmos to collapse under the weight of its own contents. In fact, under the influence of dark energy, the universe has entered a period of „late-term inflation" in which the expansion of space has started to accelerate, and will never stop accelerating, world without end.   [Kragh und Overduin 2014, S. V, Vorwort]

Während Newton an die generalisierende Induktion glaubte und sehr vorsichtig war bei der Aufstellung neuer Theorien und Hypothesen, werden im wissenschaftlichen Konkurrenzkampf seit einigen Jahrzehnten mathematische Hypothesen generiert, die weder widerlegt noch empirisch überprüft werden können, wie z. B. die 11-dimensionale Supergravitation, die Dunkle Energie, die Dunkle Materie, das Multiversum, Parallelwelten, die Inflationstheorie oder die Vielzahl hypothetischer Teilchen:

> Noch krasser kann sich das herrschende idealistische Weltbild des Kosmos nicht von der naturwissenschaftlichen Methode der Untersuchung durch Beobachtung ablösen.
> [Jooß 2017, S. 179]

> Nun, neben den erwähnten Wimps haben wir inzwischen auch Wimpzillas und Simps, wir haben Präonen, Sfermionen, Axionen und Flaxionen, dazu Erebonen und Inflatonen. Wir haben sogar „Unparticles", auf Deutsch „Unteilchen". Es gibt Zehntausende Aufsätze, die diese Konstrukte genau beschreiben. Und die einflussreichsten darunter wurden wiederum tausendfach zitiert. Aber keiner dieser Partikel wurde je gesehen.   [Hossenfelder 2018b, S. 104]

Viele Physiker spüren, dass etwas fehlt oder nicht stimmen kann. Man sucht nach einer Physik jenseits des Standardmodells, doch wagt man nicht zu erwägen, dass die Ursache tiefer liegen könnte, zumal Einstein einmal geschrieben hat:

> Dem Zauber dieser Theorie wird sich niemand entziehen können, der sie wirklich erfasst hat; sie bedeutet einen wahren Triumph der durch Gauss, Riemann, Ricci und Levi-Civita begründeten Methode des allgemeinen Differentialkalküls [...]   [Einstein 1915a, S. 779],

und Leitfiguren der modernen Physik wie der Mitbegründer der Schleifenquantengravitation Carlo Rovelli schreiben:

---

[74] In vielen Fach- und Sachbüchern wurde der Konjunktiv auch zum Imperativ im Sinne eines „Versteh das doch auch." oder „Das ist leicht zu verstehen!" Es gibt unzählige Bücher, die einen einfachen Zugang zur Relativitätstheorie versprechen.

> Allerdings gleicht die Allgemeine Relativitätstheorie einem kompakten Edelstein.
>
> [Rovelli 2016, S. 21]

> Vor allem, weil die Theorie, hat man erst einmal verstanden, wie sie funktioniert, so einfach ist, dass es einem den Atem nimmt.   [Rovelli 2016, S. 14]

Im modernen Verständnis sind Physik und mathematische Schönheit eine Einheit, die nichts mit der physikalischen Poesie etwa eines Blaise Pascal (1623–1662) zu tun hat:

> Eher erträgt die Natur ihren Untergang als den kleinsten leeren Raum.

> Die kleinste Bewegung ist für die ganze Natur von Bedeutung; das ganze Meer verändert sich, wenn ein Stein hineingeworfen wird.

Es gibt wohl kaum eine wissenschaftliche Theorie in der Weltgeschichte, die so oft als bewiesen bezeichnet wurde wie Einsteins Relativitätstheorie und für die beständig weitere experimentelle Bestätigung gesucht und publikumswirksam präsentiert wird. Das betrifft sowohl die SRT als auch die raumzeitlich interpretierten Gravitationsaussagen der ART, wobei die experimentellen Ergebnisse oft nicht an sich, sondern als Beweis für die Relativitätstheorie gelten:

> Relativitätstheorie. Einstein hat doch recht. Jeder Versuch der Widerlegung bestätigt ihn aufs neue.   [Young in: DIE ZEIT, 3. Juni 1977]

> Stanford's Gravity Probe B confirms two Einstein theories.   [Stanford Report 2011]

> Einstein hatte recht. Gravitationswellen entdeckt, Einsteins große These, bewiesen. Jetzt können Sie es glauben. [...] Schon vor 100 Jahren kam Albert Einstein zu dem Schluss: Es muss solche Raumzeitkräuselungen geben.   [Lüdemann in: ZEIT Online, 10. Februar 2016]

> 1:0 für Einstein. [...] Das Grundprinzip der Allgemeinen Relativitätstheorie klingt einfach, ist jedoch revolutionär: Masse deformiert das Gewebe aus Raum und Zeit.   [Hattenbach in: FAZ, 27. Juli 2018]

> Messungen in der Milchstraße: Und wieder hatte Albert Einstein recht.
>
> [Wöhrbach in: ZEIT Online, 26. Juli 2018]

5.2 Das neue Weltbild

Weil eine Bestandsaufnahme oft auch eine Bedarfsanalyse ist, sollen wesentliche Aspekte der letzten Kapitel an dieser Stelle noch einmal zusammengefasst werden:

1. Der Gibbs-Formalismus leitet sich deduktiv und widerspruchsfrei aus zwei empirisch bestätigten Hauptsätzen der Thermodynamik ab (Kap. 2).

2. Die Annahmen der SRT führen zu einem „Interpretationsproblem" [Lorenzen 1978, S. 97], das bis heute nicht aufgelöst wurde (s. Tabelle 3.1).

3. Die Interpretation der Gleichung $E_0 = mc^2$ als vollständige Masse-Energie-Äquivalenz ist methodisch nicht zwingend (Kap. 3.2).

4. Es gibt keine empirische Evidenz für eine vollständige Masse-Energie-Äquivalenz (Kap. 3.4.2).

5. Eine vollständige Masse-Energie-Äquivalenz widerspricht der Energieerhaltung (Kap. 4).

6. Die moderne theoretische Physik steckt in einer Krise (Kap. 5.1).

Vor dem Hintergrund, dass die Relativitätstheorie heute einen Grundpfeiler im Gebäude der theoretischen Physik darstellt, erzwingt der Bestand einen Paradigmenwechsel. Kritisiert man eine Facette der Speziellen Relativitätstheorie, muss man, da eins das andere bedingt, auch jede andere Facette in Frage stellen. Stellt man die SRT in Frage, muss man auch darauf aufbauende Theorien prüfen, wie etwa die raumzeitliche Deutung der Gleichungen der ART und die heutigen Standardmodelle der Teilchenphysik und Kosmologie.

Infolge der beschriebenen Praxis, experimentelle Ergebnisse als Beleg für die Raumzeittheorie zu bewerten, ohne noch weiter zu prüfen, ob auch andere Interpretationen möglich sind, und aufgrund der fortgeschrittenen Verschränktheit der mittlerweile entwickelten mathematischen Modelle untereinander ist es mit den Jahren immer schwerer geworden, die SRT grundsätzlich zu kritisieren. Gleichwohl sind bereits die Annahmen der SRT logisch inkonsistent (s. Kap. 3.1), und es gibt keinen anderen Weg, als bei den zugrundeliegenden Konzepten anzusetzen. Das betrifft allem voran die Interpretation der Gleichung $E_0 = mc^2$, welche als unverzichtbar und experimentell bewiesen gilt.

Wenn Kritikern der SRT oft und vor allem vorgeworfen wird, sie würden keine Alternative anbieten, so soll hier eine Theorie vorgestellt werden, die die beschriebenen Widersprüche vermeidet.[75] Zugleich steht sie im Einklang mit den experimentellen Tatsachen, wie etwa der Gewinnung von Energie bei der Kernspaltung/Kernfusion, der Entstehung oder Annihilation von Elementarteilchen, der realen Massenzunahme von Objekten, der realen Verzögerung des Uhrengangs (Nutzung bei der GPS-Navigation) oder der realen Längenkontraktion physikalischer Objekte mit der Geschwindigkeit.

---

[75] Widerspruchsfreiheit ist hier gemeint im Sinne der Logik, nicht im Sinne einer Übereinstimmung mit heutigen Anschauungen. Die vorgestellte Theorie stellt eine Weiterentwicklung des vor- und nebenrelativistischen Gedankengebäudes unter Nutzung der thermodynamischen Methodik und aktueller experimenteller Ergebnisse dar.

5.2.1 Die Grundprämissen

Wie jede Theorie von Naturprozessen baut die nachfolgende auf Annahmen auf. Die Grundprämissen der Theorie sind:

a. Die Natur ist logischer Erkenntnis zugänglich.

Es gibt eine objektive Realität, die – anders als im heutigen Verständnis „So I hope you can accept nature as she is – absurd." [Feynman 1985, S. 10] – nicht absurd ist und die sich mit konsistenten Theorien beschreiben lässt.

b. Materie ist verschieden von Masse.

Masse ist eine Abstraktion. Sie beschreibt nur eine der messbaren Eigenschaften von Materie. Reale Materie ist, im Unterschied zu Masse, stets durch zusätzliche Eigenschaften gekennzeichnet, darunter z. B. Räumlichkeit (Spatialität), Struktur usw. Die reale Materie ist der Energieträger.

c. Es gibt keinen leeren Raum.

Leere ist eine Idealisierung der Mechanik, die das Rechnen erleichtert. In der Wirklichkeit ist ein Nichts nicht ohne logische Konflikte denkbar. Für die Ausbreitung von Lichtwellen wird ein Medium benötigt. Auch bedeutet ein leerer Raum sofort Reversibilität, was der Erfahrung widerspricht.[76]

d. Empirische Fakten sind glaubwürdiger als heuristische Postulate.

Empirisch bestätigten Tatsachen, die nach unabhängiger Prüfung durch unzählige Experimente den Status eines Axioms erhalten haben (wie die Hauptsätze der Thermodynamik), ist gegenüber Gedankenexperimenten und heuristischen Postulaten eine Überlegenheit in der Beschreibung der physikalischen Realität einzuräumen.[77]

Eine Kombination dieser Grundprämissen mit dem bisherigen physikalisch-empirischen Wissen der Physik führt zu einer Materie-Energie-Äquivalenz.

---

[76] Ein feld- und materiefreier Raum wäre auch zeitlos, da es keine Veränderungen in ihm geben kann. Die Wechselwirkung zwischen angrenzenden gefüllten Räumen wäre unterbrochen. Bewegte sich etwas, beispielsweise ein Teilchen durch den leeren Raum, gäbe es Bewegung, d. h. Prozesse (also Zeit), in der Zeitlosigkeit. Es gäbe eine Ursache-Wirkung-Kausalität in der Aufhebung der Ursache-Wirkung-Kausalität.

[77] Das bedeutet nicht, dass Axiome sich nicht als falsch erweisen oder Gedankenexperimente nicht zu großartigen neuen Entdeckungen führen können. Doch sollten durch die Erfahrung belegte Axiome, damit die Wichtung gewahrt bleibt, in der Bewertung zunächst einen Vertrauensbonus gegenüber dem Gedankenexperiment, meist eines Einzelnen, erhalten.

5.2.2 Die Materie-Energie-Äquivalenz

Nachdem mehr als ein Jahrhundert lang vergeblich versucht wurde, die Thermodynamik in das Konzept der SRT samt Lorentz-Transformationen aus Beobachtersicht einzufügen (vgl. Kap. 3.3.2), soll nun ein anderer Weg eingeschlagen werden.

Während das Denken der SRT ein Zustandsdenken ist (reversible Lageänderungen von Inertialsystemen im leeren Raum), ist die Thermodynamik durch ein Prozessdenken geprägt. Da eine vollständige Masse-Energie-Äquivalenz den beiden Hauptätzen der Thermodynamik, d. h. sowohl der Energieerhaltung als auch der Irreversibilität der Prozesse widerspricht (s. Kap. 4), erscheint es vernünftig, eine Theorie, die von potentiellen Energien abstrahiert, zugunsten einer anderen zurückzustellen, die nicht davon abstrahiert.

5.2.2.1 Die unvollständige Masse-Energie-Äquivalenz

In der SRT wurde die Ruhemasse m_T eines realen Elementarteilchens T als äquivalent zur Ruheenergie $E_{0,T}$ des Teilchens gedeutet:

$$E_{0,T} = m_T c^2. \tag{108}$$

In Kap. 4.5.4 wurde deutlich, dass die konstante molare Masse M_T eines Elementarteilchens, wie sie im heutigen Standardmodell der Elementarteilchenphysik verwendet wird:

$$M_T = \frac{m}{n} = \text{konst.}, \tag{109}$$

einer unvollständigen Masse-Energie-Äquivalenz entspricht, da m_T = konst. die veränderlichen potentiellen Energien von Elementarteilchen nicht erfasst.

Unter Beachtung der thermodynamischen Grundsätze und der Grundprämissen a bis d in Kap. 5.2.1 sollen $E_{0,T}$ und m_T nun neu interpretiert werden. Dazu erweist es sich als notwendig, auch die Begrifflichkeiten zu ändern, da sie Vorwegnahmen beinhalten, die sich bei genauerer Überlegung als nicht haltbar erweisen.

m_T wird von nun an nicht mehr als *Ruhemasse*, sondern als *intrinsische Masse* des Teilchens bezeichnet. Die intrinsche Masse m_T ist lediglich äquivalent zu einem Anteil der inneren Energie U des Teilchens, der intrinsische Energie $E_{0,T}$ des Teilchens genannt wird. Die Beweggründe für die Namensgebung werden etwas später deutlich.

Für die intrinsische Energie $E_{0,T}$ des realen Teilchens gilt also:

$$U \neq E_{0,T} = m_T c^2, \tag{110}$$

da ein reales Teilchen einerseits nicht ohne potentielle Energien und eine gewisse Ausdehnung, Struktur usw. denkbar ist (Grundprämisse b),[78] und andererseits der Raum nicht leer ist (Grundprämisse c). Das thermodynamische System eines Real-objekts ist stets „Objekt + Feld".

Betrachtet man als Elementarteilchen nun Photonen, so ist die Lehr- und Schul-buchgleichung ([Kurzweil et al. 2008, S. 322], [Stainer 2009, S. 73])

$$h\nu = mc^2 \tag{111}$$

mit dem Begriff der scheinbaren oder elektromagnetischen Masse nach Thomson, Poincaré u. a. vereinbar. Die vorrelativistische Annahme ist, dass Strahlungsenergie in einem Hohlraum mitwiegt. Ein Photon trägt dann, wie jedes andere Teilchen, d. h. jeder andere Welle-Teilchen-Dualismus, zur Masse m eines gebundenen Sys-tems bei, wie auch Einstein im letzten Satz seines Nachtrags von 1905 wiederholt:

> [...] so überträgt die Strahlung Trägheit zwischen den emittierenden und absorbierenden Kör-pern.   [Einstein 1905b, S. 641]

Analog zu Gl. (110) folgt für ein Photon v, wie für jedes andere Elementarteilchen, eine unvollständige m-U-Äquivalenz:

$$U \neq E_v = h\nu = m_v c^2. \tag{112}$$

Einerseits entspricht die Energie des nicht ausdehnungslosen Photons (Grundprämisse b) im nicht-leeren Raum (Grundprämisse c) nicht der gesamten inneren Energie U des Photons. Andererseits ist selbst ein Photonengas, etwa als Hohlraumstrahlung, kein ideales Gas ohne Wechselwirkungen.

Dass sich Photonen in Fermionen umwandeln lassen und umgekehrt, wie spä-ter noch eingehend diskutiert wird, bestärkt die Analogie der Gleichungen (110) und (112). Stets vorhandene potentielle Energien werden zwar durch die innere Energie U erfasst, nicht aber durch die intrinsische Energie $E_{0,T}$ der Teilchen, die der intrinsischen Masse m_T äquivalent ist, oder durch die intrinsische Energie E_v der Photonen, die der intrinsischen Masse m_v oder der scheinbaren Masse von Strahlung nach Poincaré äquivalent ist [Poincaré 1900].

Die entwickelten Vorstellungen sind mit der thermodynamischen Methode zur Ermittlung der Energieänderungen eines Systems vereinbar. Zur Veranschauli-chung soll ein Beispiel dienen:

---

[78] Das betrifft sämtliche Elementarteilchen, auch z. B. das Elektron oder das Myon, die im Stan-dardmodell als Punktteilchen beschrieben werden. Räumliche Singularitäten von Realobjekten sind in der Natur nicht vorhanden, was bereits am empirisch bestätigten Welle-Teilchen-Charakter der Elementarteilchen deutlich wird. Das ist heute eigentlich ein gesichertes Grundwissen, doch ist man in vielen Modellen noch gezwungen, weiter mit Punktteilchen zu hantieren.

Einem makroskopischen System, wie etwa einem realen Körper, werde bei konstantem Luftdruck Wärme in Form eines Photons der Energie $h\nu$ zugeführt. Durch die Zufuhr der Energiemenge $E_{0,\mathrm{T}}$ wird nicht nur die Systemmasse m erhöht, da sich die Temperatur T des Systems erhöht. Meist wird, in Abhängigkeit von den Prozessbedingungen, auch das gesamte System verändert, indem zum Beispiel unweigerlich Volumenarbeit und Grenzflächenarbeit verrichtet werden.

Beschränkt man die möglichen Arbeitsbeträge auf Volumenarbeit, wie thermodynamisch auf der untersten Ebene des Gibbs-Formalismus üblich, dann entspricht die zugeführte Wärmemenge der Enthalpieänderung:

$$\mathrm{d}H = (\delta Q)_p = (\delta(h\nu))_p. \tag{113}$$

Konkret gilt:

$$\mathrm{d}U = \delta(h\nu) - p\mathrm{d}V, \tag{114}$$

$$\mathrm{d}U = c^2\mathrm{d}m - p\mathrm{d}V, \tag{115}$$

mit der integralen Eulerform:

$$U = E_0 = mc^2 - pV. \tag{116}$$

Gl. (116) entspricht Plancks Ansatz in Gl. (41b) [Planck 1907, S. 564, Gl. (48)]. Die unweigerliche Begleiterscheinung Volumenarbeit, die mit einer Wärmezufuhr zum System bei p = konst. verbunden ist, trägt zwar zu einer Änderung des Volumens und der potentiellen Energie des Systems bei, nicht aber zu dessen Massenänderung.

5.2.2.2 Materie als Energieträger

Der Gedanke an Energie, die nicht wägbar ist, mag angesichts von mehr als einhundert Jahren Masse-Energie-Äquivalenz ungewohnt sein, doch folgt er direkt aus den Prozessgleichungen der Thermodynamik, die bisher nie widerlegt wurden.

Statt der Aussage:

> Weit natürlicher erscheint es, jegliche träge Masse als einen Vorrat von Energie aufzufassen.
> [Einstein 1907, S. 442]

steht die Aussage:

> Weit natürlicher erscheint es, jegliche Materie als einen Vorrat von Energie aufzufassen.

Da Masse nur *eine* abstrahierte, messbare Eigenschaft der Materie darstellt, eine unter vielen, sind Materie und Masse nicht dasselbe. Während man die Form, die Festigkeit, die Feinkörnigkeit usw. von Materie beschreiben kann, käme wohl niemand auf den Gedanken, einer abstrakten „Masse" mehr als eine Zahl mit einer Einheit unter Angabe der Ortskoordinaten zuzugestehen.

Dass sich Materie energetisch nicht auf Masse reduzieren lässt, ist ein natürlicher Gedanke.[79] Unterschiedliche Volumina, Grenzflächen, Strukturen, Formen usw. könnten nicht vorhanden sein, wären sie nicht Träger von Energie, da alles in der Natur Vorhandene energetisch ist. Oft wird Materie als Energieträger und in gewissem Grade kondensierte Energie bezeichnet (*Materie = Energie*), zumal die Umwandelbarkeit von Licht in Materie und vice versa bekannt ist. Dass in diesem Falle, weil Materie und Masse nicht dasselbe sind (Materie ≠ Masse), nicht zugleich die Formel *Masse = Energie* Gültigkeit beanspruchen kann, wird indessen verdrängt.

Das Leitprinzip einer Materie-Energie-Äquivalenz – in Abgrenzung zur Masse-Energie-Äquivalenz – ist das folgende: Nicht alle Energie ist wägbar.

Eine Materie-Energie-Äquivalenz macht aus Gl. (39) zunächst eine Ungleichung:

$$c^2 dm \neq dU = \sum_{i=1}^{k} \xi_i \, dX_i = \sum_{i=1}^{k} \left(\frac{\partial U}{\partial X_i} \right)_{X_1,\ldots,X_k (\neq X_i)} dX_i \tag{117}$$

$$= T \, dS - p \, dV + \sum_j \mu_j dn_j + \sigma \, dA + \ldots - T d_i S,$$

$$mc^2 \neq U = TS - pV + \sum_j \mu_j n_j + \sigma A + \ldots - T_i S. \tag{118}$$

Spricht man von nicht-wägbarer Energie, schließt sich die Frage an, welche Energie denn wiege und welche nicht.

Die Antwort steckt in der experimentell bestätigten Gibbs-Thermodynamik, dem Wissen um die elektromagnetische Masse und den experimentell bestätigten, realen Massenzunahmen von Elementarteilchen in Teilchenbeschleunigern.

Wenngleich sämtliche Austauschterme auf der rechten Seite von Gl. (117) zu einer Änderung der inneren Energie U eines Systems beitragen, ändern nicht alle ausgetauschten Energiebeiträge die Systemmasse m. Zum Beispiel wurde in Kap. 4.5 gezeigt, dass ausgeschlossen werden kann, dass sich die Masse m eines realen Systems infolge von Arbeitsverrichtung äquivalent ändert.

Die Tatsache, dass ein Arbeitsprozess, wie z. B. Volumenarbeit oder Federspannarbeit, gewöhnlich mit einem Wärmeaustausch oder anderen Arbeitsprozessen wie Grenzflächenarbeit verbunden ist, schmälert den Inhalt der getroffenen generellen Aussage nicht.

Die Struktur des Gibbs-Formalismus erlaubt es ja gerade, miteinander gekoppelte Prozesse über voneinander unabhängige, abstrahierte Austauschprozessterme zu beschreiben. In jedem Prozessterm ist jeweils nur eine intensive Zustandsgröße ξ_i (als generalisierte Kraft bzw. Ursache des Prozesses) mit einer extensiven Zustandsgröße X_i verbunden, die sich infolge der Kraftwirkung im Prozess ändert – eine

---

[79] Eine Reduktion von Materie auf Masse ist nur möglich, wenn man im Rahmen stark abstrahierender, rein mechanistischer Modelle agiert, etwa dem Modell des idealen Gases oder dem Modell von bewegten Inertialsystemen im leeren Raum der SRT (s. Kap. 4.6).

definierte, auf Immanuel Kant zurückgehende Ursache-Wirkung-Struktur [Kant 1787, S. 205 f.].

Über die Wahl der Prozessbedingungen können Prozesse isoliert beschrieben werden; zum Beispiel kann auf die Änderung der potentiellen Energie des Systems fokussiert werden, indem S und n konstant gehalten werden. Findet bei einer Arbeitsverrichtung zugleich auch ein Wärmeaustausch des Systems mit der Umgebung statt, wodurch sich die kinetische Energie im System ändert, ändert sich dementsprechend auch die Systemmasse m.

Findet indes kein Wärmeaustausch statt (S = konst.), sondern ändert sich nur eine extensive Eigenschaft wie das Volumen V oder die Grenzfläche A, ändert sich auch die Systemmasse m nicht. Nimmt man nun an, dass sich die potentielle Energie in den Eigenschaften der Materie neben der Masse äußert, und folgt man damit den Aussagen zu den Gleichungen (110), (112) und (116), lösen sich alle logischen Konflikte und Widersprüche zur thermodynamischen Methode auf.

Die bisherigen Schlüsse sollen als Diskussionsgrundlage kurz zusammengefasst werden:

1. Die intrinsische Masse m_T eines Teilchens wird als *eine* Eigenschaft des elektromagnetischen Seins (Fermionen, Bosonen) interpretiert. Sie trägt mit zur Systemmasse m bei.

2. Die jeweilige kinetische Energie E_{kin} eines Teilchens, das sich als Ganzes im Raum bewegt, trägt ebenfalls zur Masse m eines gebundenen Systems bei.

3. Potentielle Energien im System, die sich in makroskopischen Eigenschaften wie Lage, Spannung, Volumen oder Grenzfläche des Systems manifestieren, wirken sich nicht auf die Masse, sondern auf diese Eigenschaften aus. Den Eigenschaften wird eine eigene energetische Qualität neben der Masse zugestanden.

4. Die Energie zwischen den Teilchen, darunter auch die Energie des „Vakuumfeldes", wiegt nicht (eine vertiefte Diskussion erfolgt etwas später).

In Übereinstimmung mit den Gln. (20a) und (20b) gilt jetzt:

$$dU = c^2\,dm + \text{weitere Terme}, \tag{119}$$

$$U = c^2 m + \text{weitere Terme}. \tag{120}$$

Ein „Massenänderungsprozess" $c^2\,dm$ als solcher lässt sich an zwei Prozesstermen $\xi_i\,dX_i$ in Gl. (117) festmachen:

1. am Wärmeaustausch $\delta Q = T\,dS$,

2. am Stoffmengenaustausch $\delta W_n = \mu_j\,dn_j$.

Eine Massenänderung eines Systems erfolgt also, wenn sich durch ausgetauschte Materieteilchen (Atome, Moleküle, Elektronen, Myonen, Tauonen usw.), ausgetauschte Strahlung (niederfrequent, IR-Bereich oder hochenergetisch wie Gammaquanten, Röntgenstrahlung usw.) oder durch Wärmekonduktion die Zahl oder Art der Teilchen (Fermionen, Bosonen) und/oder die kinetischen Energien der Teilchenbewegungen im System verändern.

Der Prozessterm Td_iS bleibt an dieser Stelle noch unbeachtet, weil bisher (wie in der SRT) nur reversible Prozesse betrachtet wurden. In Kap. 6.3 wird diese Beschränkung aufgehoben.

Für die Systemmasse m folgen damit Abhängigkeiten, die eine gewisse Rückkehr zu vorrelativistischen Anschauungen darstellen (vgl. Gl. (42a)):

$$\textbf{Einstein, 1905}: m = f(S, V, n, A, \ldots) \tag{121a}$$

$$\textbf{Diese Arbeit}: m = f(S, n). \tag{121b}$$

Wenn Einstein fragt:

> Ist die Trägheit eines Körpers von seinem Energieinhalt abhängig?   [Einstein 1905b, S. 639],

so lautet die Antwort von Gl. (121b):

> Die Trägheit (die Masse) eines Körpers ist abhängig von der Art, Zahl und Geschwindigkeit der elektromagnetischen Individuen im Körper und von dessen eigener Geschwindigkeit im Raum. Nicht abhängig ist die Masse eines Körpers von den potentiellen Energien des Körpers, die sich in seiner Gestalt, Spannung, Porosität, Grenzfläche, Lage im Gravitationsfeld, der Orientierung der Moleküle in seinem Inneren usw. ausdrücken.

In der Folge wird diese Position logisch erweitert, was zu einer einfachen Schlussfolgerung führen wird.

Wie bereits beschrieben, hatten einige Forscher wie Sir Joseph John Thomson [Thomson 1881] bereits vor 1905 erkannt, dass Strahlung, d. h. elektromagnetische Energie, zur Masse eines Körpers beiträgt. Im Jahre 1900 hatte Henri Poincaré gezeigt, dass sich Strahlung unter räumlicher Begrenzung wie eine Art scheinbares (materielles) Fluid verhalten muss, dem eine Masse $m_{hv} = E/c^2$ zuzuschreiben ist, wenn das 3. Newtonsche Axiom (*actio = reactio*) gilt. Er sprach vom „fluide fictif":

> Nous pouvons regarder l'énergie électromagnétique comme un fluide fictif [...]. [Poincaré 1900, S. 256] (Wir können die elektromagnetische Energie als ein fiktives Fluid ansehen [...]. [Übersetzung d. Verf.])

Die Botschaft ist, dass die von elektromagnetischen Wellen transportierte Energie (Bewegung mit Lichtgeschwindigkeit) zur Masse beiträgt. Die Gleichungen (110) und (112) sind vollkommen analog zueinander. In Teilchenbeschleunigern wurde nachgewiesen, dass sich die Masse von Elementarteilchen mit der Geschwindigkeit erhöht – eine reale Massenzunahme, die sich mit der Lorentz-Transformierten in Gl. (31) beschreiben lässt, ohne die Spezielle Relativitätstheorie zurate zu ziehen. Bewegungsenergie wiegt.

Lässt man nun die im Grunde bereits von jedem Physiker als Notbehelf begriffene Annahme fallen, dass es sich bei Elementarteilchen um Punktteilchen handle, und gesteht stattdessen auch jedem Elementarteilchen wie dem Neutrino, Myon, Elektron oder Quark eine Ausdehnung (Spatialität) zu, so muss innerhalb des Raumbereichs, den ein Teilchen einnimmt, etwas passieren. Wohin man die (wägbare und träge) Materie auch verfolgt, gibt es keine Statik in ihr, keinen noch so kleinen mit Materie gefüllten Raumbereich, in dem nicht das stattfindet, was wir als Bewegung erfahren.

Die logische Konsequenz ist: *Allein* die Bewegung ist masseäquivalent. Zwar ist es im Falle von Fermionen wie Elektronen oder Myonen keine mehr translatorische, wenngleich schwingende Bewegung mit Lichtgeschwindigkeit durch den Raum wie bei den Photonen, sondern eine mehr räumlich gedrängte Bewegung mit Lichtgeschwindigkeit, eine Rotation oder Torsion eines eng lokalisierten Wellenpakets etwa, die mit langreichweitigen Materiewellen verbunden ist. Doch ist es weiterhin das, was wir *Bewegung* nennen, was die intrinsische Masse m_T der Elementarteilchen hervorruft.

Man erkennt, warum der Begriff der Ruheenergie am Anfang dieses Kapitels vermieden wurde. Folgt man dem Gedankengang, so gibt es keine „Ruheenergie" von Materieteilchen wie auch keine „Ruhemasse".

Prinzipiell sind stets drei Varianten denkbar:

1. Potentielle Energie wiegt (Einsteins Postulat).

2. Potentielle Energie wiegt zum Teil.

3. Potentielle Energie wiegt nicht.

Doch gibt es mehrere gute Gründe, die ersten zwei Varianten auszuschließen und sich von den Begriffen der *Ruheenergie* und *Ruhemasse* von Elementarteilchen von nun an gänzlich zu verabschieden:

a. Variante 1 (Einsteins Postulat) war, wie bereits ausgeführt (s. Kap. 3.2), von Beginn an eine Verlegenheitslösung, die aus einer rein mechanistischen Anschauung von bewegten Massepunkten in einem leeren Raum resultierte.

b. Variante 2 anzunehmen, wäre logisch inkonsequent und entbehrt bisher jeder Grundlage. Bis heute ist es nicht gelungen zu zeigen, dass auch nur eine einzige Form von potentieller Energie wägbar ist (s. Kap. 3.4.2). Wird versucht, die Gleichung $E_0 = mc^2$ zu beweisen, indem $\Delta E_0 = c^2 \Delta m$ experimentell oder per Gedankenexperiment untersucht wird, spart man die thermodynamische Methodik unter Angabe der Prozessbedingungen regelmäßig aus (vgl. Kap. 4.5). Die Energiebilanz wird damit unbestimmt. Mit Worten wird zwar ein Prozess behauptet, zum Beispiel eine Stoffumwandlung oder eine Verrichtung von

Arbeit, d. h. eine Veränderung in der Zeit, doch hingeschrieben wird mit $E_0 = mc^2$ und selbst mit $\Delta E_0 = c^2 \Delta m$ ohne konkrete Angaben zur Änderung von realen Zustandsgrößen der Materie nur ein energetisches Gleichsein. Hinzu kommt, dass formal zwar die Äquivalenz von *Masse* und Energie behauptet und verteidigt wird, dabei aber oft an eine Äquivalenz von *Materie* und Energie gedacht wird, ohne sich über die Unterschiede in den Begriffen Rechenschaft abzulegen. Es sind die unscharfen Begrifflichkeiten der SRT, die eine Inklusion der potentiellen Energien in die Masse möglich machen.

c. Dass es nach Variante 3 keine Ruhemasse, sondern nur bewegte Masse im nicht-leeren Raum gibt (Grundprämisse c), ist eine einigende Vorstellung. Diese Aussage soll kurz argumentativ belegt werden:

c1. Es hat wiederholt Versuche gegeben (z. B. [Vigier 1997], [Munera 1997]), auch den Photonen eine verschwindend kleine Ruhemasse und damit gravitative Wechselwirkung zuzuschreiben, beispielsweise „of the order of 10^{35} gr. for yellow light" [Munera 1997, S. 77].[80] Der Hintergrund dafür ist einerseits der Wunsch, die Experimente, wie etwa die Lichtablenkung im Gravitationsfeld, besser zu deuten. Andererseits ist das Bewusstsein um die prinzipielle Entsprechung von Materieteilchen und Photonen gewachsen. Die vehemente Suche nach einer Ruhemasse der Photonen ist nicht zuletzt in der Erwartung begründet, dass alle Elementarteilchen, unabhängig von ihrem bosonischen oder fermionischen Charakter, qualitativ denselben Prinzipien genügen sollten.

Wenn keine Ruhemasse existiert, sondern *nur* bewegte Masse, hat ein Photon ebenso keine Ruhemasse wie alle übrigen Elementarteilchen. Die elementare Verwandtschaft (Wesensgleichheit) aller Elementarteilchen inklusive der Analogie ihrer energetischen Beschreibung in den Gleichungen (110) und (112) fände sofort ihre schlüssige Erklärung.

c2. Der Begriff der Ruhemasse neben dem der Masse hat für viel Verwirrung und eine unübersehbare Interpretationsbreite bis hin zu widersprüchlichen Massedeutungen gesorgt (s. Tabelle 3.1 und Kap. 4.5.3). Einerseits hat eine Ruhemasse – und mit der behaupteten Masse-Energie-Äquivalenz der SRT auch die Ruheenergie bzw. innere Energie – gemäß ihrer Definition als Ruheeigenschaft konstant zu bleiben, wenn sich ein System als Ganzes bewegt. Andererseits gibt es im bewegten System einen experimentell bestätigten Massenzuwachs, der sich auf die innere Energie U des Systems auswirken muss.

---

[80] Die obere Grenze der bisher nicht messbaren Ruhemasse von Photonen wird zurzeit mit $1{,}2 \cdot 10^{-51}$ Gramm angegeben [Luo et al. 2003].

Mit einer rein kinetisch begründeten Masse eines Teilchens oder Systems entfällt das in Kap. 3.3 beschriebene Interpretationsproblem. Da jede Masse *träge Masse* (Impulsmasse) ist und sich auf einen Widerstand des nicht-leeren Raums (Grundprämisse c) gegen die Bewegung zurückführen lässt, ist die Masse eines stärker bewegten Teilchens oder Systems immer entsprechend real höher als die eines weniger bewegten.

d. Mit Variante 3 lässt sich die Herkunft der Masse auf ein Prinzip zurückführen. Die Vorstellungen zur Herkunft der Masse zersplittern heute in verschiedene Ideen, darunter die nachträglich eingeführte Idee des Higgs-Mechanismus ([Higgs 1964], [Englert und Brout 1964]). Daneben existieren vage Vorstellungen davon, dass die restliche Masse, z. B. eines Protons, „aus der Bewegungs- und der Bindungsenergie seiner Bestandteile" [Düren und Stenzel 2012, S. 6] herrühre, wobei offen eingeschätzt wird, dass die Herkunft der Masse eines Protons oder Neutrons, immerhin die Grundbausteine der Atomkerne, bis heute ungeklärt bleibt [Wiedner 2018, S. 46].

Setzt man Ockhams Rasiermesser an, ist die Ableitung der Masse aus Bewegung in seiner Einfachheit bestechend und entspricht der Grundregel der Sparsamkeit und Aussonderung unnötiger Annahmen.

e. Variante 3 stellt die Verallgemeinerung aller empirisch bewiesenen Einzelaussagen zur Wägbarkeit bzw. Trägheit von Masse dar und lässt sich ohne Logikbruch folgern. Auf ihrer Basis wird die Herkunft der Masse nicht nur besser erklärbar, sondern es werden genau genommen erstmals Erklärungsansätze auf Quantenebene möglich. Das betrifft beispielsweise die oszillierende intrinsische Masse der Neutrinos und den Confinement-Effekt in der QCD, d. h. die Nicht-Trennbarkeit von Quarks und Gluonen in den Nukleonen (s. Kap. 5.2.3.3).

f. Mit Variante 3 wird die heute sehr genau empirisch bestätigte Gleichheit von träger und schwerer Masse eines Körpers[81] erstmals erklärbar. Wenn bereits die rein gravitative ursprüngliche „Ruhemasse" eines Elementarteilchens, d. h. „passive schwere Masse", aus einer Bewegung im nicht-leeren Raum herrührt, wird deutlich, dass schwere Masse nicht *neben* träger Masse existieren kann. Es gibt nur *ein* Prinzip der Masseentstehung, d. h. schwere und träge Masse sind nicht nur gleich, sondern identisch.
Schreibt Max Planck 1907:

---

81 Unter der *schweren Masse* versteht man die jedem Objekt inhärente Eigenschaft, der Gravitationskraft eines anderen zu unterliegen. Die sogenannte *träge Masse* wieder ist die jedem Objekt inhärente Eigenschaft, sich einer gleichmäßigen Beschleunigung zu widersetzen. „Wir wissen alle, was schwere Masse ist. Das ist das, was eine Masse auf einer Waage schwer macht. Die träge Masse ist das, was einer Beschleunigung entgegenwirkt." [Grotelüschen 2015]

> Und doch lässt sich jetzt ganz allgemein beweisen, dass die Masse eines jeden Körpers von der Temperatur abhängig ist. Denn die träge Masse wird am directesten definirt durch die kinetische Energie.   [Planck 1907, S. 543],

so ist auch schwere Masse jetzt definiert über Bewegung im Raum. Eine Gleichheit von träger und schwerer Masse kann nun nicht mehr verwundern.

Das schwache Äquivalenzprinzip (die Gleichheit von schwerer und träger Masse) und das starke Äquivalenzprinzip (die Äquivalenz von Trägheits- und Gravitationskräften, auch auf kleinen Abstands- und Zeitskalen) gelten heute als fundamentale Postulate der Allgemeinen Relativitätstheorie (ART). Die immer genauere experimentelle Evidenz der Äquivalenz von träger und schwerer Masse bzw. Trägheit und Gravitation wird oft als eine Bestätigung für die ART gewertet:

> Einstein auf dem Prüfstand. Äquivalenz von schwerer und träger Masse. Laut allgemeiner Relativitätstheorie sind träge und schwere Masse identisch.   [Grotelüschen 2015]

Da das Äquivalenzprinzip kein Ergebnis der ART darstellt, kann seine Richtigkeit nicht als Bestätigung für die ART geltend gemacht werden. In den Lehrbüchern bilden Einsteins Gedankenexperimente zu den eingeschränkten Wahrnehmungen von Beobachtern im fensterlosen Raum, im Fahrstuhl, im abgeschlossenen Kasten usw. gewöhnlich den Ausgangspunkt zur Vermittlung der ART. Diese Gedankengänge setzen lediglich ins Bild, was bereits Galilei oder Newton bekannt war. Auch tragen die Gedankenexperimente nicht zu einer *Erklärung* bei:

> Wir wissen nicht, warum das Äquivalenzprinzip gilt. Es ist eine Erfahrungstatsache, der wir einfach Rechnung getragen haben.   [Grotelüschen 2015]

Variante 3 indes trägt zur schlüssigen Erklärung der Beobachtungen bei. Um den Spieß einmal umzudrehen: Die experimentelle Evidenz der Gleichheit von träger und schwerer Masse bestätigt den Ursprung der Masse aus nur einem Prinzip und die Materie-Energie-Äquivalenz.

Es wird deutlich, dass Variante 3 den gegenwärtigen Vorstellungen zur Herkunft der Masse weit überlegen ist. Dabei ist es nicht allein die höhere Wahrscheinlichkeit für nur eine Ursache der Masse bzw. das verführerisch-reduktionistische Prinzip der Sparsamkeit (statt einer Vielzahl von Massequellen), was den Ausschlag dafür gibt, Variante 3 gegenüber den beiden anderen zu priorisieren.

Variante 3 ist auch nicht-spekulativ – und genau genommen experimentell bewiesen. Letztlich brauchen wir nicht zu warten, bis sich die Technik einmal so weit verfeinert haben wird, dass eventuelle Auswirkungen beispielsweise von Grenzflächen- oder Federspannarbeit auf die Masse eines Körpers (bei S, n = konst.) mittels Waage überprüfbar sein werden. Es ist nicht notwendig, so lange weiter an Variante 1 zu glauben, bis die postulierten, bisher nicht nachweisbaren, weil zu kleinen Effekte in ferner Zukunft durch hochpräzise Experimente ausgeschlossen werden können. Denn es stimmt zwar, dass die bislang zu ungenauen Wäge-Experimente weder das eine noch das andere beweisen können. Doch haben die logischen Konflikte mit der (empirisch geprüften) thermodynamischen Methode gezeigt (s. Kap. 4.5), dass potentielle Energie nicht wiegen kann.

So ist Variante 3 im Grunde keine Hypothese oder nur ein denkbarer Vorschlag, sondern entspricht der thermodynamischen Methodik und der Energieerhaltung als Erfahrungssatz. Die natürliche Lösung lautet: Allein die Bewegungsenergie von Elementarteilchen kann über die Masse erfasst werden.

Ausgestattet mit dieser Einsicht erscheint es sinnvoll, auch die nicht-wägbaren potentiellen Energien und die nicht-wägbaren Energien des nicht-leeren Raums (Grundprämisse c) zu erfassen. Um den Beiträgen rein formal Rechnung zu tragen, wird zunächst die folgende Materie-Energie-Äquivalenz für ein System S vorgeschlagen:

$$U_S = m_S c^2 + \sum_i E_{\text{pot},i} + E_{\text{Null}}. \tag{123}$$

Danach tragen drei Beiträge zur inneren Energie U_S eines Systems S bei:

1. Der Masseterm $m_S c^2$, in dem die Summe der intrinsischen Massen m_T und m_v aller abzählbaren i „Individuen" im System (Fermionen, Bosonen), inklusive des realen Massenzuwachses von Elementarteilchen wie Elektronen mit der Geschwindigkeit infolge ihrer Bewegung als Ganzes erfasst ist, d. h. es gilt[82]:

$$m_S = \sum_i m_{T,i}(v) + \sum_i m_{v,i}. \tag{124}$$

2. Die potentiellen Energien, die alle i Bosonen und Fermionen im System und das System selbst besitzen.

   Während die teilchengebundenen kinetischen Energien ihren entsprechenden Beitrag zur Ruhemasse m_S des Systems leisten, so nicht die potentiellen Energien.

3. Ein Hintergrundfeld, das vorerst E_{Null} genannt werden soll und das den leeren Raum Einsteins ersetzt und nicht wägbar ist.

   Der Index Null bezieht sich auf die experimentell nachgewiesene Nullpunktsenergie gemäß Nernst [Nernst 1916] (vgl. Tabelle 5.2). Schreibt Wolfgang Pauli 1933 auch, die Nullpunktsenergie sei:

   > [...] prinzipiell unbeobachtbar, da sie weder emittiert, absorbiert oder gestreut wird, also nicht in Wände eingeschlossen werden kann, und da sie, wie aus der Erfahrung evident ist, auch kein Gravitationsfeld erzeugt [...]   [Pauli 1933, S. 250],

---

[82] Es wäre auch möglich, die kinetische Energie $E_{\text{kin},T}$ der Bewegung der Elementarteilchen T als Ganzes extra aufzuführen. Dies kann zur Abgrenzung zuweilen sinnvoll sein, erscheint hier hingegen als nicht notwendig, da es sich sowohl bei der intrinsischen Energie $E_{0,T}$ eines Teilchens als auch bei $E_{\text{kin},T}$ um Bewegungsenergie handelt.

so mag der Energiebeitrag E_{Null} zwar nicht wägbar und zurzeit auch als Wert nicht zugänglich sein, doch teilt er sich mittelbar über Prozesse mit, wie später noch ausführlicher diskutiert werden soll.

Mit Gl. (123) ist eine Masseerhaltung im abgeschlossenen System nicht mehr zwingend, zumal kinetische und potentielle Energien ineinander umwandelbar sind, wie hinlänglich bekannt ist.

Während mit einer vollständigen m-U-Äquivalenz bei $\Delta U = 0$ auch $\Delta m = 0$ gelten würde:

> Der Satz von der Konstanz der Masse ist nach unserem Resultat für ein einzelnes physikalisches System nur dann zutreffend, wenn dessen Energie konstant bleibt; er ist dann gleichbedeutend mit dem Energieprinzip.   [Einstein 1907, S. 442],

gilt nun:

$$\Delta m \neq 0 \quad \text{bei} \quad \Delta U = 0. \tag{125}$$

Energieerhaltung bedeutet damit nicht zugleich Masseerhaltung, d. h. die Masse ist keine Erhaltungsgröße.

Eine Änderung der Ruhemasse m eines abgeschlossenen Systems ließe demnach auf den Ablauf innerer Prozesse schließen. Dabei kann sich die Systemmasse m unter Energieerhaltung ändern, wenn zum Beispiel die folgenden inneren Prozesse ablaufen:

1. eine Entstehung von Elementarteilchen mit einer intrinsischen Masse m_T, die die Systemmasse m vergrößert, durch die in Kap. 5.1.2 beschriebenen sogenannten *Quantenfluktuationen des Vakuums*,

2. eine Vernichtung von Elementarteilchen durch Quantenfluktuationen, womit sich die Systemmasse m verringert.

In keinem Falle sind mit inneren Prozessen, die zu Massenänderungen eines Systems führen, Verletzungen der Energieerhaltung verbunden. Dieses Ergebnis hat weitreichende interpretatorische Konsequenzen, insbesondere, wenn man bedenkt, dass heute im Grunde beliebige „kurzfristige Verletzungen der Energieerhaltung" mittels der Heisenbergschen Unschärferelation sanktioniert werden müssen, selbst wenn goldatomschwere Topquarks ($m_{\text{Top}} \approx 172{,}4$ GeV/c^2) aus „dem Nichts" entstehen (s. Kap. 5.1.2).

Mit Gl. (125) stellt die Entstehung von masseäquivalenter kinetischer Energie in einem System keine Verletzung der Energieerhaltung dar. Im nicht-leeren Raum entstehen sehr kurzfristig reale, nicht-stabile Teilchen, die wieder zerfallen. Sie entstehen dabei weder aus dem Nichts, noch verschwinden sie ins Nichts, sondern werden in (nicht wägbare) potentielle Energie umgewandelt. Das energetische Hintergrundfeld trägt einerseits zur inneren Energie, nicht aber zur trägen oder schweren Masse eines thermodynamischen Systems bei. Die Energieerhaltung der Thermodynamik ist unbegrenzt gültig, auch auf Quantenebene.

5.2.2.3 Die Wesensgleichheit von Materie und Strahlung

Nach Einstein sind Masse und Energie eines Körpers:

> wesensgleich, d. h. nur verschiedene Äußerungsformen derselben Sache. [Einstein 1922, S. 49]

Übernimmt man den Begriff der *Wesensgleichheit*, so ist bekannt, dass sowohl Materie als auch Strahlung Energieträger sind. Es ist experimentell nachgewiesen, dass Materieteilchen (Fermionen, Materie/Antimaterie) und Photonen wie Gammaquanten (Bosonen) ineinander umwandelbar sind. Aus Photonen entstehen Hadronen, Leptonen und vice versa, d. h. Photonen und andere Elementarteilchen sind „nur verschiedene Äußerungsformen derselben Sache". Man weiß um den Welle-Teilchen-Charakter jedes Elementarteilchens.

Die Wesensgleichheit betrifft demnach Materie und Strahlung.

Denkt man zunächst dualistisch, macht es Sinn, Materie und Licht (Strahlung jedweder Wellenlänge) als antagonistische Wechselspieler aufzufassen und ihre Wechselwirkungen zu untersuchen, wie es zum Beispiel Richard Feynman in seinen Beiträgen zur Quantenelektrodynamik (QED) getan hat [Feynman 1985].

Im dialektischen Sinne der Einheit der Gegensätze ließe sich Materie (mehr Teilchencharakter) dann als gebundene Strahlung auffassen. Licht (mehr Wellencharakter) wiederum ließe sich als eine freie Form von Materie verstehen.

Dass Materie und Licht ineinander umwandelbar sind, wurde schon früh vermutet. In seiner Abhandlung „Opticks" von 1704 war Isaac Newton sicherlich nicht der erste, der das, was sich später experimentell bestätigen sollte, vorweggenommen hat:

> The changing of Bodies into Light, and Light into Bodies, is very conformable to the Course of Nature, which seems delighted with Transmutations. [Newton 1704, S. 374]

Nicht-intuitiv ist hingegen der Gedanke, dass Masse und Licht ineinander umwandelbar seien. Dass man heute oft bereit ist, ihn ungeprüft hinzunehmen, liegt auch daran, dass man der Suggestion der Formel Masse = Energie erliegt, zumal man damit aufgewachsen ist.

Erneut soll das Lehrbuch-Beispiel [Nolting 2010, S. 54] zum Zerfall eines Photons der Energie „$E_v \geq 2m_e c^2 = 1{,}022$ MeV" in ein Elektron e^- und ein Positron e^+ betrachtet werden (vgl. Kap. 3.4.2). Der Autor gibt zusätzlich an, dass die Energiedifferenz $E_v - 2m_e c^2$ der kinetischen Energie von e^- und e^+ entspreche. Er formuliert damit:

$$E_v = 2m_e c^2 + E_{\text{kin}, e^-} + E_{\text{kin}, e^+}. \tag{126}$$

Weit davon entfernt, eine vollständige Masse-Energie-Äquivalenz zu beweisen, beschreibt Gl. (126) lediglich eine energetische Gleichheit des masseäquivalenten Anteils der Energie.

Die linke Seite von Gl. (126) entspricht der beschriebenen unvollständigen m-U-Äquivalenz $E_v = hv = m_v c^2$ in Gl. (112), die mit dem Begriff der elektromagnetischen Masse der Photonen nach Thomson, Poincaré u. a. vereinbar ist. Für die rechte Seite gilt die unvollständige m-U-Äquivalenz $E_{0,T} = m_T c^2$ in Gl. (110) zuzüglich der kinetischen Energie $E_{kin,T}$ der Materieteilchen, die an die Teilchen gebunden ist, also „zu ihnen gehört".

Da alle energetischen Beiträge in Gl. (126), sowohl die der Photonen als auch die der Materieteilchen, auf Bewegung zurückzuführen sind, stehen auf beiden Seiten lediglich kinetische Energien. Zu den veränderlichen potentiellen Energien, die in der Natur wesentlich sind und denen Elementarteilchen stets ausgesetzt sind, macht das Lehrbuch keine Aussage, ebenso nicht zu der Frage, unter welchen Bedingungen der *Prozess* der Paarentstehung denn ablaufe.

Im Prozess ändern sich die räumliche Verteilung und die Art der Bewegung der Teilchen im nicht-leeren Raum, was zu anderen Lageenergien führt, die in Gl. (126) nicht erfasst sind. Auch wenn viele Lehrbücher heute die Unterschiede zwischen Materie und Licht betonen, indem sie die Ruhemasse der Materieteilchen der nicht vorhandenen Ruhemasse der Photonen entgegensetzen, so sprechen die Umwandelbarkeit des einen in das andere und die Analogie der Gleichungen (110) und (112) eine andere Sprache. Ruhemasse ist eine Setzung der SRT.

Wenn Materieteilchen und Photonen wesensgleich sind, ist logisch ausgeschlossen, dass Photonen keiner Wechselwirkung unterliegen, wenn die Materieteilchen es tun. Mit dieser Tatsache lässt sich unter anderem die Lichtablenkung im Gravitationsfeld erklären (s. Beispiel 6 in Kap. 5.2.3.3). Die Gravitationswirkung auf Materieteilchen ist nur weitaus stärker ausgeprägt, da deren Bewegungsenergie von anderer Art ist und, generell gesehen, auf ein kleineres Raumgebiet fokussiert ist.

Materie und Strahlung haben beide die Eigenschaft der Masse, *sind* jedoch keine Masse. Versteht man Materie und Strahlung als zwei Seiten einer Medaille, d. h. zwei verschiedene Ausprägungen ein- und derselben Sache, erkennt man in ihrem Dualismus, der sich in dem Pluralismus der mikro- und makroskopischen Erscheinungen manifestiert, einen Monismus, in dem auch Strahlung als Teil der Materie aufzufassen ist und der noch zu erweitern sein wird.

In dieser Weise nähert man sich auch einer Antwort auf die Frage, was *Elementarteilchen* sind bzw. was sich in ihnen durch Bewegung zu erkennen gibt – und warum sie wirklich wesensgleich sind.

5.2.3 Die Konsequenzen der Materie-Energie-Äquivalenz

Die Konsequenzen einer Materie-Energie-Äquivalenz sind so weitreichend, dass sie sich hier nur skizzieren lassen. Verglichen mit dem Kompositum Masse-Energie-Äquivalenz mag *Materie-Energie-Äquivalenz* wie eine marginale Änderung klingen. Doch lässt sich auf der Grundlage des „kleinen Unterschieds" ein radikal anderes, in sich konsistentes Weltbild entwickeln.

Wenn Physiker heute einschätzen, dass $E_0 = mc^2$ quasi den Dreh- und Angelpunkt der modernen Physik darstellt:

If this equation were found to be even slightly incorrect, the impact would be enormous – given the degree to which special relativity is woven into the theoretical fabric of modern physics and into everyday applications such as global positioning systems.

[Rainville et al. 2005, S. 1096],

ist das nicht übertrieben.

Einerseits ist es beeindruckend, wie weit man mit einer Materie-Energie-Äquivalenz denken kann und nun auch muss, und wie tragfähig das abgeleitete Prinzip der Herkunft von Elementarteilchen aus Bewegung ist, indem alle Elementarteilchen qualitativ denselben Prinzipien genügen. Andererseits werden einige der Ideen der modernen Physik gleichsam apodiktisch ausgeschlossen, wie etwa wesentliche Vorstellungen der derzeitigen Standardmodelle der Teilchenphysik und Kosmologie.

Mit einer Materie-Energie-Äquivalenz werden die grundlegenden Konzepte des Seins und Werdens neu verhandelt, über die seit Jahrtausenden nachgedacht wurde. Erneut soll auf historischer Grundlage diskutiert werden, nicht zuletzt, um dabei auch einige vergessene, verdrängte oder unbeachtet gebliebene Ideen zu rehabilitieren, die der wissenschaftlichen Methode verpflichtet waren und sind, weshalb sie vor und neben der SRT auch stets gedacht wurden.

Die Welt, die sich nun offenbart, ist eine bewegte Welt. Eine Welt der unablässigen Prozesse im zum Teil noch verborgenen Untergrund, die viele Wissenschaftler vor und nach Einstein schon erahnt und beschrieben haben – und die über einige Hintertürchen auch längst wieder einen gewissen Zugang in das Gebäude der modernen Physik gefunden hat, wenngleich das Hauptportal zu ihrem Verständnis im Jahre 1905 verschlossen wurde.

Hier kann nur das Naheliegende beschrieben werden, denn auf eine Materie-Energie-Äquivalenz gründet sich eine neue Physik, deren Details erst noch im Einzelnen erarbeitet werden müssen.

5.2.3.1 Der neue alte Äther

Die Schlussfolgerung, dass sich alle Elementarteilchen mittels Bewegung bilden, wurde im vorherigen Kapitel als Schlüssel zu tieferer Welterkenntnis bezeichnet. Wenn zur Erklärung der intrinsischen Masse m_T jeglicher Elementarteilchen Bewegungsenergie herangezogen wird, sodass es eine Ruhemasse oder Ruheenergie von Elementarteilchen nicht mehr gibt, ist zu klären, *was* sich bewegt bzw. was sich uns durch Bewegung zu erkennen gibt.

An dieser Stelle ist zwangsläufig das wieder einzuführen, was Einstein 1905 zugunsten eines leeren SRT-Raumes wegdefiniert hat: der Äther.

Dabei ist einzuschränken, dass der Ätherbegriff im letzten Jahrhundert so stark in Verruf geraten ist (und es im Grunde noch heute ist), dass selbst ausgewiesene SRT-Kritiker wie Georg Galeczki und Peter Marquardt [Galeczki und Marquardt 1996] (s. Anhang) empfehlen, auf die Verwendung des Begriffs besser zu verzichten. In modernen SRT-Lehrbüchern wird der Äther entweder nicht erwähnt (z. B. [Nolting 2010]) oder in einer Randnotiz als altbackene, zu belächelnde Vorstellung von vor über hundert Jahren abgetan, die mit den bahnbrechenden Entdeckungen Einsteins ad acta gelegt werden konnte. Mit der offiziellen Anerkennung der SRT wurde die Äther-Vorstellung gewissermaßen ausradiert.

Haben die Methoden der Autorität und Beharrlichkeit nach Charles Sanders Peirce [Peirce 1877, S. 160 ff.] (s. Anhang) auch Früchte getragen, so wurde in Kap. 5.1.2 zugleich deutlich, dass der Äther in der modernen Physik hochpräsent ist. Die heute vorgeschlagenen Ätherersatzkonzepte wie etwa das Higgs-Bosonen-Feld, die Quantenfluktuationen des Vakuums, die kosmologische Konstante oder die Dunkle Energie (s. Tabelle 5.2), bei denen es erklärungstechnisch oft gar nicht wenig Aufwand bedeutet, den Ätherbegriff zu vermeiden, versuchen seit Jahrzehnten einen Spagat zu machen zwischen:

i) der Anerkennung der SRT und ihres Energiebegriffs in Form der vollständigen Masse-Energie-Äquivalenz, und

ii) der notwendigen Anpassung an die experimentellen Tatsachen, die zeigen, dass dann Energie im Universum „fehlt".

In Tabelle 5.1 wurde Walther Nernsts[83] wichtiger Aufsatz „Über einen Versuch, von quantentheoretischen Betrachtungen zur Annahme stetiger Energieänderungen zurückzukehren" aus dem Jahre 1916 mit aufgenommen, in dem Nernst eine untere Schranke von „$U_0 > 1{,}52{\cdot}10^{23}$ Erg = $0{,}36{\cdot}10^{16}$ g-cal" [Nernst 1916, S. 89] für die von ihm postulierte Nullpunktsenergie des Vakuums pro Kubikzentimeter berechnet:

> Die Menge der im Vakuum vorhandenen Nullpunktsenergie ist also ganz gewaltig, extraordinäre Schwankungen derselben sind der größten Wirkung fähig [...]. [Nernst 1916, S. 89]

Als Nernst seine Ideen in der Sitzung der Deutschen Physikalischen Gesellschaft vom 28. Januar 1916 vorstellte, wurden sie angesichts der kopernikanischen Wende, die Planck 1909 mit der SRT und der Minkowski-Raumzeit ausgerufen hatte [Planck 1909, S. 117 f.], belächelt und als nicht relevant zur Seite gelegt. Nernsts Ideen, die

---

83 Der Physiker und Chemiker Walther Nernst (1864–1941) hat sich in vielen Bereichen der Physikalischen Chemie verdient gemacht, vor allem in der Thermodynamik und Elektrochemie. Noch heute erlernen Studenten das Nernstsche Verteilungsgesetz, den Nernstschen Wärmesatz (3. Hauptsatz der Thermodynamik) oder die Nernst-Gleichung für elektrochemische Prozesse, die auf die van't-Hoffsche Reaktionsisotherme zurückgeht. Im Jahre 1920 erhielt Walther Nernst für Arbeiten in der Thermochemie den Chemie-Nobelpreis.

auf thermodynamischem Boden gewachsen und bei allem tastenden Hypothesen-
reichtum der Logik verpflichtet waren, waren unbequem und stellten eine gewisse
Bedrohung dar. Nicht zuletzt lief sein Vorschlag, der den Ätherbegriff beinhaltete,
darauf hinaus, die Relevanz der SRT und die Quantisierbarkeit jeglicher Energie,
d. h. die damals gerade neu entwickelten Vorstellungen der erstarkenden Quantentheorie, noch einmal zu hinterfragen:

> Der leere Raum, d. h. der Lichtäther, ist mit einer dieser Energie entsprechenden Nullpunkts-
> strahlung erfüllt: [. . .]. [Nernst 1916, S. 114]

> Mit der Annahme des Lichtäthers entsteht wiederum die Frage nach der Möglichkeit, absolute
> Geschwindigkeiten im Raume zu messen. [Nernst 1916, S. 111]

> [. . .], so muß sich daraus ein System der Physik entwickeln lassen, das allgemeiner sein wird,
> als die Quantentheorie, aber der alten Physik viel näher stehen wird, als letztere.
> [Nernst 1916, S. 107]

Heute hat Nernsts Aufsatz von 1916 eine gewisse Rehabilitierung erfahren, die allerdings nicht die wesentlichen Inhalte des Aufsatzes betrifft. Nernsts „Nullpunktsenergie" wurde adaptiert und gilt als ein Vorläufer der modernen Ideen der
Quantenfluktuationen des Vakuums:

> According to a theory proposed by Walther Nernst in 1916, empty space (or the ether) was
> a reservoir of zero-point electromagnetic radiation with an energy density of the order 10^{23} erg cm^{-3}.
> Nernst's idea implied a new picture of empty space in which heavy atomic nuclei might emerge
> from vacuum fluctuations, [. . .]. Only much later has this early idea been reevaluated and seen as
> an anticipation of the vacuum of modern quantum physics. [Kragh und Overduin 2014, S. 29]

Wird Nernsts Nullpunktsenergie als Vorläufer der modernen Ideen des Standardmodells und als „anticipation of the vacuum of modern quantum physics" bezeichnet,
so stellt diese Auslegung genau genommen eine Vereinnahmung einer grundlegend
anderen Idee für das eigene Konzept dar – in ähnlicher Weise, wie es Lorentz'
Äthertheorie in Einsteins SRT beschieden ist.

In Nernsts Aufsatz hingegen wird „die logische Möglichkeit der Entstehung der
Heute müssen die empirisch nachweisbaren „Quantenfluktuationen des Vakuums" unter Anerkennung der SRT dahingehend gedeutet werden, dass Teilchen
aus dem Nichts entstehen und wieder darin vergehen, wobei die hierdurch angenommene doppelte Verletzung des Energieerhaltungssatzes argumentativ damit ge-
billigt wird, dass die Heisenbergsche Unschärferelation gilt.

In Nernsts Aufsatz hingegen wird „die logische Möglichkeit der Entstehung der
Materie, d. h. von mit bestimmter Masse begabten Elementaratomen" [Nernst 1916,
S. 111] aus der Nullpunktsenergie begründet. Damit sind Nernsts Vorstellungen
keine Vorwegnahme von „Quantenfluktuationen des Vakuums" aus dem Nichts,
sondern gehen auf die Hypothesen von William Thomson (Lord Kelvin), Joseph Larmor und vielen anderen vom Äther als einer Art Urmaterie zurück:

> Oft geht man noch weiter und betrachtet den Äther als die einzige, ursprüngliche Materie oder sogar als die einzige wirkliche Materie. Diejenigen, welche gemäßigter denken, betrachten die gewöhnliche Materie als kondensierten Äther, was nichts Befremdliches an sich hat; [...]. So ist z. B. nach Lord Kelvin das, was wir Materie nennen, nur der Ort der Punkte, in welchem der Äther durch wirbelartige Bewegungen erregt ist; nach Riemann ist es der Ort der Punkte, in welchem beständig Äther vernichtet wird.   [Poincaré 1902, S. 169]

Man erkennt, dass der Äther als ein mechanisches Fluidum, dass *neben* der Materie den Raum ausfüllt, bereits weit vor 1905 aufgegeben worden war, weil die experimentellen Tatsachen längst dafürsprachen, die Natur als eine Einheit zu begreifen. Bereits im 19. Jahrhundert gab es mit William Thomson, George Francis FitzGerald, Joseph Larmor, Bernhard Riemann usw. eine beträchtliche Anzahl von Physikern, die den Äther als ein Medium begriffen, *aus dem heraus* sich die uns bekannte Materie bildet.

In seinem Buch „Selbstorganisation der Materie" prägt der Physiker Christian Jooß den Begriff Quantenäther, weil ihm „ein neuer dialektischer Ätherbegriff notwendig" [Jooß 2017, S. 24] erscheint:

> Wir wissen heute, dass der Quantenäther nicht nur Teilchen als Entwicklungsprodukte hervorbringt, sondern selbst wiederum aus kondensierten Materieformen besteht.   [Jooß 2017, S. 25]

Anhand einer Fülle von Experimenten zeigt Jooß, dass der Quantenäther längst physikalische Realität ist [Jooß 2017, S. 103 ff.] und greift zu Recht heutige Interpretationen der Quantentheorie als auch die kinematische Interpretation der Lorentz-Transformierten durch die SRT an. Allerdings bleibt Jooß der SRT verhaftet, indem er die vollständige Masse-Energie-Äquivalenz von Einstein nicht in Frage stellt:

> Daraus konnte Albert Einstein eine einheitliche Theorie formulieren, die [...] hervorragend neue Zusammenhänge, wie den zwischen Masse und Energie aufdeckte.   [Jooß 2017, S. 163]

Der Begriff *Quantenäther* mag hinsichtlich der Akzeptanz in der modernen Physik einige Vorteile mit sich bringen, weil der Begriff *Äther*, der heute als indiskutabel gilt, darin eine aufwertende Modernisierung erfährt. Allerdings ist der Begriff der Quanten besetzt – er impliziert die Möglichkeit einer Quantisierung, d. h. einer Diskretisierung jeder physikalischen Erscheinung.[84]

Denkt man über eine adäquate Namensvergabe nach, erscheint eine Idee des theoretischen Physikers und Philosophen Jean-Marc Lévy-Leblond als angemessen.

---

[84] Wie experimentell nachgewiesen wurde, sind viele physikalische Größen gequantelt, zuvorderst das Licht mit seinen kleinsten Bestandteilen, den Photonen (Lichtquantenhypothese [Einstein 1905 c]), doch auch z. B. der Impuls, der Drehimpuls, die Ladung oder der Spin. Ebenso gelten heute die Fundamentalkräfte des Standardmodells, wie z. B. die starke Wechselwirkung (mit dem Botenteilchen Gluon) oder die Gravitation (mit dem Botenteilchen Graviton), als gequantelt. Inwieweit diese Vorstellung plausibel ist, wird etwas später ausführlich diskutiert.

In seinem Buch „Von der Materie" bezeichnet er die heute bekannten Entitäten der Quantentheorie als Quantonen:

> Wir werden diesen quantentheoretischen Entitäten eine Benennung geben, die gegenwärtig noch nicht universell verbreitet ist, die mir aber als die bestmögliche erscheint: Wir werden sie „Quantonen" nennen, wobei dieser relativ junge Neologismus, versteht man ihn richtig, geradezu suggeriert wird von dem Vorbild der Ausdrücke Elektron, Proton, Photon, Neutron etc.
> [Lévy-Leblond 2012, S. 22]

Wenn hier der Begriff *Quantonenäther* in Betracht gezogen und auch genutzt wird, dann nicht nur, um Lévy-Leblonds Vorschlag zu folgen und zur universellen Verbreitung des Begriffs Quantonen beizutragen. Es erscheint auch inhaltlich als richtig, sich von den derzeitigen Begriffen der Quantentheorie wie *Elementarteilchen* oder Welle-Teilchen-Dualismen abzugrenzen. Denn es bedarf eines unverbrauchten Begriffs für dasjenige, was der Äther mittels seiner Anregungen, Erregungen, Bewegungen, Freisetzungen usw. generiert, was also in gewisser Weise er selbst ist, sich aber doch von ihm abhebt, indem es sich uns durch messbare, quantisierbare Eigenschaften zu erkennen gibt.

Der Quantonenäther besteht aus Quantonen und dem unangeregten Äthermedium. Von der Grundidee her ist es genau Thomsons, Larmors usw. Äther als Urmedium, dessen Anregungen sich in den uns heute bekannten Quantenobjekten manifestieren.

Zwar nimmt Nernst noch an, dass auch „das Zwischenmedium [. . .] atomistischer Struktur" [Nernst 1916, S. 88] sei und lässt ganze Heliumatome aus dem Äther hervorspringen und wieder verschwinden [Nernst 1916, S. 85]. Doch ist die letztere konkrete Ausprägung seiner Vorstellungen lediglich den damals noch unentwickelten Ideen vom „Elementaren" zuzuschreiben. In ihrer Auffassung von der Herkunft der Masse wieder sind William Thomson (Lord Kelvin), Walther Nernst u. a. moderner denn je.

Um Lord Kelvin, Henri Poincaré, Bernhard Riemann, Walther Nernst usw. gerecht zu werden, die in ihren Ätherbegriffen die Einheit der Natur bereits vorweggenommen haben, soll in der vorliegenden Arbeit der Begriff *Äther* genutzt werden, wenn der unangeregte Teil des Quantonenäthers gemeint ist.

Im Folgenden sollen einige logische Konsequenzen der Materie-Energie-Äquivalenz in Bezug auf den Quantonenäther dargelegt werden. Die ausgewählten Unterpunkte sind erneut nicht gänzlich unabhängig voneinander, sondern sollen dazu dienen, bestimmte Aspekte stärker hervorheben zu können.

1. Der Äther, der als ausgezeichnetes Bezugssystem dienen kann, ist Realität. Als allgegenwärtiges Medium repräsentiert er Energie, die weder zur ponderablen noch zur trägen Masse beiträgt.

Die energetische Präsenz und Unwägbarkeit des Äthers ergibt sich direkt und logisch aus den Prozessgleichungen der Thermodynamik. Nur auf der Grundlage eines ruhenden Äthers lässt sich die thermodynamisch zwingende unvollständige

Masse-Energie-Äquivalenz und die daraus logisch abgeleitete träge Masse (Impuls-masse) der Quantenobjekte im nicht-leeren Raum erklären.

Im Sinne von Newtons berühmter Aussage *hypotheses non fingo* ist es dabei bei einer Äquivalenz von Materie und Energie zunächst unnötig, sich hinsichtlich der Beschaffenheit des Äthers auf „Urmaterie" oder „Urenergie" festzulegen. Dennoch soll etwas später eine von den folgenden Deutungen abweichende bzw. präzisierende Vorstellung formuliert werden:

> Auch das Zwischenmedium ist (wie ich übrigens immer annahm [...]) atomistischer Struktur; [...]. [Nernst 1916, S. 88]

> [...] dass der Quantenäther [...] aus kondensierten Materieformen besteht. [Jooß 2017, S. 25]

2. Sämtliche bekannten und noch unbekannten Quantenobjekte sind mehr oder minder stabile Anregungen des Äthers, also im Grunde nur bedingt eigenstän-dige Wesenheiten oder Entitäten.

Die Quantenobjekte, die hier *Quantonen* (Photonen, Elektronen, Protonen, Neutronen, Myonen, Neutrinos, Tauonen, Higgs-Boson, Weakonen, Gluonen, Quarks usw., d. h. alle Bosonen und Fermionen) genannt werden, sind Aus-druck des Quantonenäthers. Jedes Quanton und jeder Quantonenverbund ist zugleich auch Äther, womit zum Beispiel Vorstellungen entfallen, wonach in einem Atom mehr Nichts sei als etwas.

Stabile Anregungen können sich im Raum ausbreiten, während instabile Anregungen fast instantan zerfallen und im Äther wieder aufgehen. Quantonen sind, unabhängig davon, wie stabil oder instabil sie sind, stets real.

Während Welle und Teilchen menschengeschaffene Abstraktionen sind, sind Quantonen, wie auch Lévy-Leblond betont, *weder* Welle *noch* Teilchen. Das bedeutet, sie müssen unseren Abstraktionen von Welle und Teilchen nicht entsprechen. Wenn Richard Feynman schreibt:

> Elektronen verhalten sich in gewisser Hinsicht genauso wie Photonen; sie sind beide ver-rückt, aber beide in exakt derselben Weise. [Feynman 1990, S. 159],

dann ist die Verrücktheit, die wir den Elementarteilchen zuschreiben, ein Zei-chen für die Verrücktheit (auch im Wortsinne einer Verrückung) unserer Theo-rien. Dass sich Elektronen und Photonen „in exakt derselben Weise" verhalten, spricht für die Materie-Energie-Äquivalenz. Die spezielle, eigene Natur der Quant-onen hingegen folgt aus der Art der jeweiligen Anregung im Äther. Unsere Theo-rien von der Natur werden angemessen sein, wenn wir den Quantonen keine Verrücktheit mehr zuschreiben. Kein Quanton verhält sich „verrückt", solange sich eine andere Sichtweise belegen lässt, nach der das Verhalten von Quanto-nen einem Ursache-Wirkung-Prinzip unterliegt und damit eine innere Logik der Prozesse im Quantonenäther markiert.

Als nicht vollständig vom Äther abgrenzbares Objekt, da aus ihm generiert, unterliegt ein Quanton der ständigen Beeinflussung durch den Äther und dessen Nebenanregungen, während es selbst wieder kontinuierlich auf sein „Nährmedium" und dessen Nebenanregungen zurückwirkt.

3. Bekannte Konstanten wie das Plancksche Wirkungsquantum h oder die Lichtgeschwindigkeit c sind Charakteristika des Quantonenäthers.

Mit hoher Wahrscheinlichkeit kennzeichnen empirisch gefundene physikalische Konstanten wie h und c Eigenschaften des Quantonenäthers, wie schon einige Wissenschaftler wie etwa Walther Nernst und Christian Jooß vermuteten[85]:

> Die PLANCKsche Konstante h wird nunmehr, ähnlich wie die Lichtgeschwindigkeit, eine dem Lichtäther eigentümliche Größe, sie ist der für die Nullpunktsstrahlung charakteristische Parameter und ihre fundamentale Bedeutung scheint dadurch erst sich völlig zu offenbaren. [Nernst 1916, S. 116]

> Die Lichtgeschwindigkeit ist als maximale Ausbreitungsgeschwindigkeit von stabilen Anregungen eine Materialkonstante des Quantenäthers. [Jooß 2017, S. 154]

> Die Lichtgeschwindigkeit ist Ausdruck der Eigenschwingung des Äthers und relativ zu ihm konstant. [Jooß 2017, S. 166]

Die Lichtgeschwindigkeit als Grenzgeschwindigkeit und die Analogie der Gleichungen (110) und (112) für die masseäquivalente intrinsische Energie eines Quantons, die nicht der gesamten inneren Energie des Quantons entspricht, erhalten eine logische Fundierung. Dies umso mehr, als Photonen auch Teilcheneigenschaften aufweisen und Materieteilchen mit Louis De Broglie [De Broglie 1924] auch Welleneigenschaften.[86]

---

85 Auf Basis seiner Äther-Nullpunktsenergie schlägt Walther Nernst vor, auch die Boltzmannkonstante k_B anders zu deuten: „[...], vielmehr ergibt es sich daraus, daß wir in die Formeln der klassischen statistischen Mechanik $h\nu$ für kT einführen" [Nernst 1916, S. 90]. Vorschläge wie diese werden zu prüfen sein. In jedem Falle wird deutlich, dass es mit einem Äther als Urmedium möglich wird, physikalische Konstanten nicht nur hinzunehmen, sondern ihnen und den Naturgesetzen auf den Grund zu gehen.

86 Die erste Gleichung in De Broglies Arbeit lautet „énergie = masse c^2" [De Broglie 1924, S. 30], gedeutet als vollkommene Masse-Energie-Äquivalenz. Einsteins Interpretation wird ungeprüft übernommen. Danach wird diese Gleichung mit der Planck-Beziehung „énergie = h·fréquence" gleichgesetzt:

> On peut donc concevoir que par suite d'une grande loi de la Nature, à chaque morceau d'énergie de masse propre m_0, soit lié un phénomène périodique de fréquence ν_0 telle que l'on ait: $h\nu_0 = m_0 c^2$. [De Broglie 1924, S. 33] (Man kann demnach folgern, dass, infolge eines großen Naturgesetzes, jedes Energiestück der Masse m_0 mit einem periodischen Phänomen der Frequenz ν_0 in der Weise verknüpft sei, dass gilt: $h\nu_0 = m_0 c^2$. [Übersetzung d. Verf.])

Diese Gleichung wieder nutzt De Broglie als Ausgangspunkt für die Herleitung des Welle-Teilchen-Dualismus unter Nutzung des Lorentzformalismus, doch kann er damit, ohne sich dessen bewusst zu sein, nur Bewegungsenergien erfassen.

Mit einer unvollständigen Masse-Energie-Äquivalenz ergibt sich für die intrinsische Energie $E_{0,Q}$ eines Quantons Q in Analogie zu den Gleichungen (110) und (112):

$$U \neq E_{0,Q} = m_Q c^2. \tag{127}$$

Unter Einbeziehung der kinetischen Energie (vgl. Gl. (124)) infolge der Bewegung von Quantonen als Ganzes im Raum folgt die Gleichung:

$$U \neq E_Q = m_Q(v)c^2. \tag{128}$$

Wenn bereits der französische Physiker Augustin Jean Fresnel (1788–1827) das Licht am Anfang des 19. Jahrhunderts auf Ätherschwingungen zurückführte, so gilt nun für alle Quantonen, d. h. auch für die den Photonen wesensgleichen Fermionen oder andere Bosonen, dass ihr Dasein auf Bewegungen im Äther zurückzuführen ist.

Ob und inwieweit die heutigen Konstanten c, h, k_B usw. auch über sehr lange Zeitstrecken konstant sind, also die Charakteristika des Äthers sich mit der Zeit ändern können, weil auch der Äther womöglich eine Evolution durchmacht, kann erst die Erfahrung zeigen.[87]

4. Quantonen sind zwar abzählbar, d. h. diskretisierbar, doch räumlich kontinuierlich.

Aus der Tatsache, dass Quantonen als Anregungen des Äthers weder Welle noch Teilchen sind und abhängig vom Experiment nur als das eine oder andere erscheinen, folgt ihre besondere Spatialität:

> [...], ein Quanton ist ein Objekt, das man nicht in einem Punkt lokalisieren kann, [...]; a priori nimmt ein Quanton den gesamten ihm zur Verfügung stehenden Raum ein – in verständlicherweise sehr spezifischen, jeweils besonderen Formen. [Lévy-Leblond 2012, S. 30]

5. Die Eigenschaften von Quantonen folgen aus der jeweiligen Charakteristik der Anregung des Äthers.

Wenn Quantonen Anregungen im Äther darstellen, so muss die überschaubare Zahl ihrer Eigenschaften, die wir voneinander zu abstrahieren in der Lage sind, auf verschiedenartige Anregungen des Äthers im dreidimensionalen Raum zurückführbar sein. Jegliche Anregung des Äthers wird massiv, seien es nun die „Elektronenstrudel" oder die „Photonenpfeile".

Während die Massen m_Q und $m_Q(v)$ in den Gleichungen (127) und (128), die stets träge Masse (Impulsmasse) sind, aus der *Stärke* der Anregung des Äthers und dem damit verbundenen Widerstand im Äther folgen, so wird sinnfällig,

---

[87] Eine Veränderlichkeit von Naturkonstanten wird heute von einigen Autoren wie etwa Lee Smolin [Smolin 2014] als möglich erwogen. Dafür gibt es bisher keine experimentelle Evidenz.

dass Ladung, Farbladung, Spin usw. auf die spezielle räumliche *Art* der Anregung des Äthers zurückzuführen sind.

Es wirkt unnötig, hier mehr Raumdimensionen anzunehmen, als durch die Erfahrung bekannt sind. Die von fassbaren Körpern vorgegebene euklidische Geometrie kann, zumal der Äther gewöhnliche Materie = Energie darstellt, bevorzugt werden, wie schon Poincaré und viele Protophysiker vorgeschlagen haben:

> Und die Euklidische Geometrie ist die bequemste und wird es immer bleiben: 1. weil sie die einfachste ist, [...]. 2. weil sie sich hinreichend gut den Eigenschaften der natürlichen, festen Körper anpaßt, dieser Körper, welche uns durch unsere Glieder und unsere Augen zum Bewußtsein kommen und aus denen wir unsere Meßinstrumente herstellen.
>
> [Poincaré 1902, S. 52]

Zugleich erscheint es als nicht sinnvoll, bestimmte Freiheitsgrade der Bewegung auszuschließen. Alles, was empirisch bekannt ist, ist auch möglich, von Translation, Schwingung und Rotation über eine Kombination von Anregungen bis hin zu Wirbeln, Helixbildungen usw., was nicht nur die äußeren, sondern insbesondere auch die inneren Freiheitsgrade eines Quantons betrifft, d. h. die uns noch verborgene Bewegung des Quantonenäthers. Elektronen beispielsweise sind weder Massepunkte noch strukturlose Billardkugeln, sondern weisen eine komplexe Materiestruktur, d. h. Anregungsstruktur auf.

Im Unterschied zum *Super-Substanzialismus* („Alles, was es gibt, ist Raumzeit." [Lehmkuhl, in: Esfeld 2012, S. 62]), wonach sich alle Eigenschaften der Materie auf die Geometrie einer flexiblen vier- oder höherdimensionalen Raumzeit zurückführen lassen, ist der reduktionistische Ansatz, die Eigenschaften der Quantenobjekte auf die verschiedenen räumlichen Anregungsarten und -stärken im Urmedium Äther zurückzuführen, mit konkreten physikalischen Anschauungen im dreidimensionalen Raum verbunden.

Betrachtet man zum Beispiel die abstrahierte Eigenschaft *elektrische Ladung*, so hat Benjamin Franklin im 18. Jahrhundert das Begriffspaar *positiv* und *negativ* gewählt, um zu beschreiben, dass Fälle auftreten können, in denen sich Objekte in einer Eigenschaft genau entgegengesetzt verhalten.[88] Ebenso gut hätte er Begriffspaare wie Yin-Yang, Kopf-Zahl oder Nord-Süd nutzen können, denn bis heute steht hinter dem Plus und Minus, das die Schüler in der Schule erlernen, keine konkrete Vorstellung. Dabei wirkt es plausibel, sich hier zum Beispiel gleich- bzw. ungleichsinnig drehende, räumlich konzentrierte (quantoneninnere) Ätherbewegungen vorzustellen.

Wie diese Anregungen konkret aussehen, wird, solange keine direkten Beobachtungen möglich sind, auf der Grundlage der Wirkung von Ladungen in

---

88 Mit den Begriffen *positiv* und *negativ* wird kein Überschuss oder Defizit wie im herkömmlichen Sinne beschrieben. Das Begriffspaar dient lediglich einer Polarisierung.

Übereinstimmung mit den experimentellen Tatsachen theoretisch modellierbar sein. Ähnliches trifft auf abstrahierte Eigenschaften wie drittelzahlige Farbladungen oder Flavour zu, während der Spin (englisch: spin = „Drehung, Drall") zwar ursprünglich rein mathematisch hergeleitet wurde, doch bereits heute in vielen Physik-Lehrbüchern als eine Art Eigendrehimpuls eines Teilchens als Ganzes, wenn auch nicht als konkrete Rotation gedeutet wird.

6. Die Fundamentalkräfte sind auf Bewegungen zurückzuführen

Im Standardmodell der Teilchenphysik unterscheidet man vier Fundamentalkräfte (s. Kap. 5.1.3). Die Aufteilung ist eine anthropogene, den derzeit gültigen Theorien und Erfahrungen verpflichtete. Wenn sich alle Eigenschaften der Quantonen aus einem Prinzip generieren, muss dasselbe auch auf die Wechselwirkungen zwischen ihnen zutreffen.

Es ist eine durchaus alte Idee, potentielle Energien „auf verborgene Bewegungen zurückzuführen":

> Der Gedanke, potentielle Energie und damit zugleich den Kraftbegriff auf verborgene Bewegungen zurückzuführen, ist nicht neu, es sei z. B. an die HERTZsche Mechanik erinnert. Wir gehen allerdings noch einen Schritt weiter und ersetzen auch den Begriff der Masse vollständig durch die in der Nullpunktsenergie aufgespeicherte Bewegung.   [Nernst 1916, S. 113]

Bereits im 17. und 18. Jahrhundert gab es eine Vielzahl von Bewegungsmodellen, um etwa die Massenanziehung (Gravitation) zu erklären, darunter Körperwellenmodelle wie das von Robert Hooke, Wirbelmodelle nach Christiaan Huygens oder Äthervernichtungsmodelle nach Bernhard Riemann [Poincaré 1902, S. 169].

Die Ansicht der verborgenen Bewegungen lässt sich noch erweitern. Es sind sowohl die derzeit noch verborgenen Bewegungen (z. B. die intrinsischen Bewegungen von Fermionen wie Elektronen) als auch die nicht verborgenen Bewegungen (die Photonenbewegung und die Bewegung von Teilchen und Materie im Raum), die potentielle Energien bedingen.

Bildet sich ein Quanton, besitzt es mit seiner kinetischen Energie stets Lageenergie im Quantonenäther. Diese potentielle Energie ist abhängig von der Umgebung des Quantons und von der Art der Anregung, die das Quanton als solches selbst präsentiert. Bewegt sich ein Quanton durch den Raum (das Äthermedium), ändert es beständig seine potentielle Energie, weil es seine Lage ändert. Mit kinetischer Energie ist stets veränderliche potentielle Energie verbunden.

7. Der unangeregte Äther ist ein energetisches Kontinuum. Lediglich die Anregungen sind quantisierbar.

Schreibt Walther Nernst, er gehe „noch einen Schritt weiter" und ersetze „auch den Begriff der Masse vollständig durch die in der Nullpunktsenergie aufgespeicherte Bewegung", gelangt er zu einem Resultat im Sinne der Materie-Energie-

Äquivalenz. Allerdings gibt er ursprünglich masselosen, aber vorhandenen Teilchen („Ätheratome") eine Masse durch die Nullpunktsenergie:

> Wie werden sich die Ätheratome verhalten, wenn sie durch irgendeinen Umstand in Freiheit gesetzt sind? Ursprünglich masselos werden sie durch die Nullpunktsstrahlung in Kreisen rotieren und durch den so gewonnenen Energiegehalt eine Masse m_1 bzw. m_2 bekommen. [Nernst 1916, S. 110]

Mit der Vorstellung vom Quantonenäther lässt sich noch ein Schritt weitergehen.

Erst durch Bewegungen im Äther entstehen für uns abgrenzbare Entitäten mit messbaren quantisierbaren Eigenschaften. Der ruhende, zwar energetische, jedoch nicht wägbare Äther als Nährboden für die kinetische Energie der Quantonen kann im Unterschied zu seinen wägbaren Anregungen nicht „atomistischer Struktur" [Nernst 1916, S. 88] oder diskontinuierlich sein.

Wenn sich jede Eigenschaft der Quantonen, die durch Anregungen (oder Freisetzungen von Bestandteilen) vom Äther abgrenzbar werden, auf spezielle Charakteristika der jeweiligen Bewegungen zurückführen lässt, so sind für den nicht angeregten Äther, also das energetisch dichte Medium, aus dem sich die Anregungen speisen, quantisierbare Eigenschaften wie Masse, Ladung, Farbladung oder Spin ausgeschlossen.

Anregungen und Nichtanregung müssen sich, da ansonsten Quantonen nicht als mehr oder minder eigenständige Objekte erfahrbar sein könnten, unterscheiden, wie schon Lorentz vermutete:

> [...] the ether [...] with a certain degree of substantiality, however different it may be from all ordinary matter. [Lorentz 1909, S. 230]

Quantisierbar sind, wie eine Materie-Energie-Äquivalenz nahelegt, lediglich messbare Energien und Eigenschaften der Materie, die auf Bewegungen zurückzuführen sind, wie z. B. die Masse, die elektrische Ladung, der Impuls, der Drehimpuls, der Bahndrehimpuls des Elektrons, der Spin, das Licht usw. Nicht quantisierbar sind die potentiellen Energien, die 1905 versehentlich in der Masse mitvereinnahmt wurden.

Bereits aus den sogenannten Quantenfluktuationen des Vakuums, bei denen nach heutiger Interpretation Teilchen unter Verletzung der Energieerhaltung aus dem Nichts entstehen und wieder darin vergehen, wird deutlich, dass der unangeregte Äther weder wägbar noch elektrisch geladen oder magnetisiert sein kann. Entstehen Quantonen, entsteht wägbare Energie aus nicht-wägbarer, quantisierbare aus nicht-quantisierbarer, Bewegungsenergie aus potentieller Energie. Vergehen Quantonen, passiert das Umgekehrte. Das vormals (allein mittels Bewegung) Abgegrenzte geht im großen Ganzen auf und verliert seine Identität.

Es ist seit Jahrhunderten die immense Abstraktionsleistung der Mechanik, zwei grundlegende Prinzipien, die kinetische Energie (*lebendige Kraft* nach Leibniz) und die potentielle Energie (*Fall- oder Spannkraft* nach Leibniz) zu unterscheiden. Diese Leistung ist es, die es uns gestattet, großartige technische Bauwerke zu errichten, wobei viele unserer Berechnungen von makroskopischen Vorgängen bis hin zur Himmelsmechanik mustergültig sind. Wenn Schulkinder heute im ersten Jahr Physikunterricht lernen, dass kinetische und potentielle Energie ineinander umwandelbar sind, werden sie bereits früh herangeführt an einen Dualismus der Energie: die Potenz, die in der Bewegung steckt, einerseits, und die Potenz, die in der Ruhe steckt, andererseits – wenngleich beides, da ineinander umwandelbar, irgendwie, auf irgendeiner Stufe, dasselbe sein muss: eben Energie zunächst.

Mit der Erkenntnis, dass Quantonen Anregungen des Äthers darstellen, lässt sich der Schul-Dualismus noch erweitern: um die Diskretheit (Abzählbarkeit) von kinetischer Energie einerseits und die Nicht-Abzählbarkeit von potentieller Energie andererseits, um die Quantisierbarkeit von kinetischer Energie einerseits und die Nicht-Quantisierbarkeit von potentieller Energie andererseits.

In Tabelle 5.3 ist der Dualismus der Energie in der Natur, so wie er uns erfahrbar wird, d. h. durch Beobachtung und Messung erscheint, noch einmal zusammengefasst.

Tabelle 5.3: Kinetische vs. potentielle Energie des Quantonenäthers.

Merkmal	Energie des Quantonenäthers	
	kinetische Energie	potentielle Energie
Bewegungszustand	bewegt	ruhig
Masse	ja	nein
Quantität	diskret	kontinuierlich
Energie	quantisierbar	nicht quantisierbar
Spatialität	kontinuierlich	kontinuierlich

8. Der Zusammenhalt des Quantonenäthers bedingt die potentielle Energie.

Potentielle Energien sind Ausdruck für das Äthermedium an sich – im Grunde das einzige ruhig erscheinende Medium, das existiert, während jegliches, was sich seiner Homogenität entreißt oder ihr entrissen wird, auf das gegründet ist, was wir als Bewegung erfahren. Als Urmedium präsentiert der Äther, wie schon Walther Nernst vermutete, einen Vorrat an zusammengehöriger, kontinuierlicher Energie. Eine konkrete, physikalisch begründete Vorstellung der Ätherenergie wird in Kap. 6.3 gegeben, wenn auch irreversible Prozesse betrachtet werden.

Zugleich sind potentielle Energien Ausdruck der Lageenergie („Fall- oder Spannkraft"), die infolge des Zusammenwirkens der Ätheranregungen entsteht. Wenn uns nur die Anregungen des Äthers als Quantonen erfahrbar werden, so auch nur die damit verbundenen kinetischen und potentiellen Energien. Letztere versuchen die heutigen Fundamentalkräfte zu beschreiben.

Da ein Quanton nichts wirklich Eigenständiges ist, sondern nur eine Anregung des Grundvorrates darstellt, dessen Menge an kinetischer Energie sich über die Masse erfassen lässt, stellt der Energiebetrag E_Q in Gl. (128), der als unvollständige Masse-Energie-Äquivalenz bezeichnet wurde, womöglich nur einen kleinen Teilbetrag dar.

Das bedeutet zugleich, dass Einsteins Masse-Energie-Äquivalenz $E_0 = mc^2$ in Gl. (20), welcher in Kap. 3.2 noch der Charakter einer Näherungsgleichung zugeschrieben wurde, nicht zwingend beanspruchen kann, eine Näherung zu sein. Weder mit Gl. (20) noch mit Gl. (128) wird die nicht-wägbare Energie des Äthers erfasst. Es ist möglich, dass man mit den Energiebeträgen nur mehr oder minder an der Oberfläche des Seins kratzt, während die Tiefe und der Zusammenhalt des energetischen Urozeans, von dem ein paar Wellenbewegungen beschrieben werden, verborgen bleiben.

Ist die potentielle Energie zwischen und in den Anregungen mit Gl. (128) auch nicht erfasst, so wird sie aber, zumindest teilweise, über die Prozessgleichungen der Thermodynamik zugänglich.

9. Zur Wechselwirkung bedarf es keiner eigenständigen Teilchen.

In einer großen kollektiven Anstrengung wurde seit der Anerkennung der SRT in der Quantenelektrodynamik und Quantenfeldtheorie versucht, auch potentielle Energien zu quantisieren, indem spezielle eigene Wechselwirkungsteilchen kreiert wurden. Doch kann dieser Idee mit einer Materie-Energie-Äquivalenz keine Relevanz zukommen.

Das Trägermedium jeder Anregung und damit auch das Überträgermedium ist der Äther. Die Wechselwirkung zwischen Quantonen oder Quantonenverbünden kann rein logisch nicht durch spezielle, sich durch den Äther bewegende Austauschteilchen, Feldbosonen o. Ä. vermittelt werden, da sich kinetische Energie (Bewegung) und potentielle Energie (Ruhe) voneinander abgrenzen müssen (s. Tabelle 5.3).

Man betrachte etwa elektrische Feldlinien zwischen Ladungen, die nie „Ladungen" sind, sondern stets Quantonen oder Quantonenverbünde, die u. a. eine besondere abstrahierte Eigenschaft aufweisen, die heute Ladung genannt wird. Dann ließe sich annehmen, dass sich die elektromagnetische Abstoßung bzw. Anziehung auf gleich- bzw. ungleichsinnig drehende, räumlich konzentrierte Anregungen zurückführen lässt, die durch den Äther mittels De-Broglie-Wellen übertragen werden.

Die Realität von Materiewellen (De-Broglie-Wellen) wurde bereits vielfach empirisch nachgewiesen, z. B. in Beugungs- und Interferenzphänomenen, die sich nicht nur bei Bosonen, sondern auch bei Fermionen finden lassen. Bose-Einstein-Kondensate sind für Atome [Ketterle 2002] und für Photonen [Klärs er al. 2010] bekannt, die einerseits den Wellencharakter der Materie und andererseits die extrem geringe Wechselwirkung eines photonischen Gases belegen. Auch weitere Experimente, wie z. B. die Entdeckung von Gravitationswellen [Abbott et al. 2016], belegen die Existenz von Materiewellen (s. die Diskussion in Kap. 5.2.3.3). Sowohl die Massenanziehung als auch die elektromagnetische, schwache und starke Wechselwirkung werden über Materiewellen (Ätherwellen) realisiert.

10. Der Massenverlust beim Eingehen von Bindungen geht zulasten der kinetischen Energie.

Da potentielle Energie nicht masserelevant ist, ist der sogenannte Massendefekt bei Kernreaktionen unter Freisetzung von elektromagnetischer Energie (Gammastrahlung etc.) durch einen Verlust an träger Masse (Impulsmasse) begründet, die der kinetischen Energie äquivalent ist.

Betrachtet man beispielsweise rein schematisch die Fusionsreaktion eines Protons P und Neutrons N zu einem Atomkern, d. h. größeren Quantonenverbund V, unter Massenverlust. Dann werden über die masseäquivalenten Energien:

$$E_P + E_N \longrightarrow E_V + h\nu, \quad T, p = \text{konst.} \tag{R5}$$

lediglich die Energieanteile $E_P = m_P(\nu)\,c^2$, $E_N = m_N(\nu)\,c^2$ und $E_V = m_V(\nu)\,c^2$ (vgl. Gl. (128)) erfasst, während vorhandene und veränderte potentielle Energien, die sich in veränderten Volumina, Grenzflächen usw. und einer geänderten Lage niederschlagen, nicht inkludiert sind.

Bei der Bindung vergesellschaften sich Materiewellen, wobei Strahlung an die Umgebung abgegeben wird. Die Summe der kinetischen Energien der Konstituenten P und N im freien Zustand ist damit größer als die kinetische Energie des gebildeten Kerns V ($E_P + E_N > E_V$), insofern die Strahlung nach außen abgegeben wird und nicht im System verbleibt, wie es bei $S = $ konst. der Fall wäre.

Mit einer bestimmten Ätheranregung, die träge Masse besitzt, ist stets eine bestimmte potentielle Energie im Äther verbunden. Bildet sich ein neuer Verbund, so sind dessen Bestandteile bestrebt, eine optimale Lage im Verbund (als auch im Äther mit dessen Nebenanregungen) einzunehmen. Abweichungen von der optimalen Lage führen bei $S = $ konst. zur Erhöhung der (nicht masserelevanten) potentiellen Energie.

Eine Bindung erfolgt, um die Stabilität der Anregungen im Äther zu erhöhen, da die kinetische Energie eines Verbundes jeweils größer ist als die der einzelnen Konstituenten ($E_V > E_P$ und $E_V > E_N$). Diese Sichtweise wird in Kap. 6.3 weiter fundiert, wenn auch die Irreversibilität der Prozesse mit einbezogen wird.

11. Die mikro- und makroskopische Materie ist Ausdruck der Selbstorganisation
    des Quantonenäthers.

Es ist eine Folge des zusammenhängenden Gefüges des Quantonenäthers, der mit
charakteristischen Eigenschaften begabt ist, die sich in Naturkonstanten (Planck-
sches Wirkungsquantum h, Lichtgeschwindigkeit c, Boltzmann-, Gravitations-,
Coulombkonstante usw.) ausdrücken, dass seine Anregungen nicht isoliert
voneinander auftreten, sondern dass stets eine komplexe Vergesellschaftung
stattfindet. Selbstorganisation ist ein der Natur inhärentes Prinzip und setzt
bereits auf der untersten Ebene des Werdens ein.

Physikalisch und philosophisch grundlegend ist hier die *Emergenz*, also die
Entstehung einer gewissen Eigenständigkeit von Entitäten mit erfahrbaren, d. h.
messbaren und quantisierbaren Eigenschaften wie Masse und Ladung aus einer
Energie, die wir als nicht eigenständig erfahren bzw. die all diese Eigenschaften
nicht oder nur rudimentär aufweist. Wenn nach Aristoteles das Ganze mehr ist als
die Summe seiner Teile, so sind auch die fundamentalen „untersten" Anregungen
des Äthers bereits emergente, komplexe räumliche Gebilde.

Mit der empirischen Tatsache, dass Fermionen nicht zur gleichen Zeit am gleichen Ort sein können (Pauli-Ausschlussprinzip), können infolge von Selbstorganisation stabile geordnete Anordnungen wie etwa Atome entstehen bis hin zu
makroskopischen Strukturen mit fassbaren Volumina, Formen oder Grenzflächen.
Letztere Eigenschaften sind im Grunde in jedem Elementarteilchen, da jedes Spatialität aufweist, schon angelegt und treten in den Organisationsverbünden der
Materie (Atome, Moleküle, Körper, Himmelskörper usw.) durch Emergenz zutage.

Was unsere Wirklichkeit konstituiert, ist einerseits die Aktivität und andererseits die Passivität des Quantonenäthers. Ersteres betrifft sowohl stabile Anregungen in Form von langlebigen Photonen, Elektronen, Protonen usw., die
sich zu größeren, physikochemisch bereits gut beschriebenen Verbünden wie
Atomen, Molekülen bis hin zu Körpern und Himmelskörpern zusammenfinden,
als auch die instabilen Anregungen, die gleichwohl wesentlich mit zur – experimentell erfahrbaren (z. B. [Casimir 1948]) – Wirklichkeit beitragen:

> Im Mikrokosmos kann der Einfluss zufällig fluktuierender und instabiler Teilchenanre-
> gungen der Nullpunktfelder auf die Bewegung von atomaren und subatomaren Teilchen
> nicht vernachlässigt werden. [Jooß 2017, S. 103]

Lehrt man heute, dass das Vakuum vor spontaner Quantenaktivität nur so vibriere,
so sind auch diese bisher noch unverstandenen Prozesse sicherlich auf temporäre
räumliche Ungleichgewichte im Äther zurückzuführen, wie alle Prozesse auf ein
Nicht-Gleichgewicht zurückzuführen sind. Die Vorstellung der brodelnden Aktivität eines zusammenhängenden, also dichten Äthergewebes, das instabile und stabile Quantonen generiert, erinnert an ein kreatives Spiel der Energien, in denen
Teilen des Verbundes eine gewisse Freiheit gestattet wird, sich abzugrenzen gegen
die Umgebung, sich also gleichsam zu „individualisieren":

> Schließlich besteht ja das Ding nur durch seine Grenzen und damit durch einen gewisser-
> maßen feindseligen Akt gegen seine Umgebung.   [Musil 1930, S. 26]

Da die Abgrenzung unvollständig ist, kann es in der Natur keine scharfen Grenzen geben, keine Singularitäten, keine physikalische (energetische) Null. Fass-
bare, für uns „scharfe" Grenzen und Grenzflächen, „starre Körper", Kompaktheit,
Festigkeit usw. entstehen erst durch die Selbstorganisation der Quantonen und
sind stets unserem nur ungenauen makroskopischen Blick zuzuschreiben.

Die Bildung halbwegs eigenständiger Entitäten, die energetisch kooperie-
ren, um sich durch eine insgesamt höhere Anregungsenergie zu stabilisieren
(bis hin zu komplexen makroskopischen Strukturen und individuellen Daseins-
formen inklusive des Menschen selbst), hat dabei stets ihre zeitlichen Grenzen,
wie in Kap. 6 ausgeführt wird.

5.2.3.2 Rückkehr zu Lorentz' materialistischer Deutung

Mit dem neuen alten Äther kann Henri Poincarés Wunsch nach Bewahrung und
Weiterentwicklung der Lorentzschen Äthertheorie nachgekommen werden:

> [...]; diese Leichtigkeit beweist zur Genüge, daß die Lorentzsche Theorie kein künstlicher, zur
> Auflösung bestimmter Bau ist. Man muß sie vermutlich modifizieren, aber man braucht sie
> nicht zu zerstören.   [Poincaré 1902, S. 176]

Auch wenn sich die Theorie von Hendrik Antoon Lorentz historisch gegenüber der
SRT nicht durchgesetzt hat, so ist die materialistische Deutung der Lorentz-
Transformierten der idealistischen von Einstein doch in vielen Punkten überlegen.
Dies nicht nur, weil die SRT zu Interpretationsproblemen führt (s. Tabelle 3.1). Die
Lorentz-Theorie ist auch die ursprüngliche, originäre Theorie, die auf konkret-
anschauliche Weise die reale physikalische Veränderung von Objekten in Abhängigkeit von ihrer Geschwindigkeit im Äther zu beschreiben vermag. Sie ist eine physikalische Theorie, während einer kinematischen Theorie wie der SRT genau
genommen prinzipiell keine energetischen Aussagen zugestanden werden können.

Einige lorentz-transformierte Größen mit dem Lorentz-Faktor $\gamma = 1/\sqrt{1 - (v^2/c^2)} \geq 1$
[Lorentz 1904] aus Kap. 3.3 sollen jetzt gemeinsam diskutiert werden:

$$E(v) = \gamma E_0 \geq E_0, \qquad m(v) = \gamma m \geq m,$$

$$dt = \gamma\, d\tau \geq d\tau,$$

$$l(v) = \frac{l}{\gamma} \leq l, \qquad\qquad V(v) = \frac{V}{\gamma} \leq V. \tag{129}$$

Mit Effekten aus der Sicht von bewegten, in den Ursprüngen von speziellen Koordi-
natensystemen lokalisierten Beobachtern haben diese Gleichungen nichts zu tun.

Die Längenkontraktion eines bewegten Objektes zum Beispiel geht auf einen physikalischen Effekt zurück, den der irische Physiker George Francis FitzGerald (1851–1901) bereits 1889 in einer Note in „Science" vermutete, um den Ausgang des Michelson-Morley-Experiments zu erklären:

> I have read with much interest Messrs. Michelson and Morley's wonderfully delicate experiment [...]. Their result seems opposed to other experiments showing that the ether in the air can be carried along only to an inappreciable extent. I would suggest that almost the only hypothesis that can reconcile this opposition is that the length of material bodies changes, according as they are moving through the ether or across it, [...].   [FitzGerald 1889, S. 390]

Auch als Hendrik Antoon Lorentz (1853–1928) seine berühmten Lorentz-Transformationen der Längen- und Zeitvariablen herleitete [Lorentz 1892, 1904], um den Ausgang des Michelson-Morley-Experiments zu erklären, ging es um die Beschreibung des physikalischen Verhaltens eines bewegten Elektrons im nichtleeren Raum. Noch im Jahre 1909 verteidigte Lorentz seine Sichtweise als die natürlichere:

> In this line of thought, it seems natural not to assume at starting that it can never make any difference whether a body moves through the ether or not, and to measure distances and lengths of time by means of rods and clocks having a fixed position relatively to the ether.
> [Lorentz 1909, S. 230]

Andererseits schätzte Lorentz Einsteins unkonventionellen Geist – wie Einstein auch für Poincaré „einer der originellsten Köpfe, die ich je kennen gelernt habe" war [Galison 2003, S. 314]). Zugleich war Lorentz ein nicht-taktierender Wissenschaftler, der jeden Einwand sehr ernst nahm und eigene Fehler einräumte, da er – im Unterschied zu Einstein – die Zeitvariable oder Ortszeit t' in seiner Ableitung lediglich als eine mathematische Größe interpretiert hatte:

> The chief cause of my failure was my clinging to the idea that the variable t only can be considered as the true time and that my local time t' must be regarded as no more than an auxiliary mathematical quantity.   [Lorentz 1909, S. 321][89]

---

89 Die historische Parallele ist folgende: Bei der Lichtquantenhypothese vom März 1905 [Einstein 1905 c] hatte sich Einstein von Plancks Interpretation der Schwarzkörperstrahlung mit einer rein mathematischen Hilfsgröße h (für „hilf") entfernt und den Lichtquanten eine eigene physikalische Existenz zugesprochen, wobei die Experimente ihm Recht geben sollten. Auch im Falle der SRT, die Einstein den „Annalen der Physik" im Juni 1905 zusendete [Einstein 1905a], spricht er einer bis dahin nur mathematisch gedeuteten Variable (der Lorentzschen Zeitvariable oder Ortszeit t') physikalische Realität zu. Erneut geben ihm die Experimente recht. Allerdings belässt es Einstein diesmal nicht dabei, eine Größe nicht als mathematisch zu akzeptieren, sondern gibt den Lorentz-Gleichungen insgesamt eine andere Interpretation, d. h. er konstruiert eine neue Theorie mit grundsätzlich neuen Annahmen: die SRT.

Obwohl Lorentz dem jungen Einstein stets wohlwollend gegenüberstand, ihn zu Recht als großartigen Wissenschaftler verehrte und bei seinen Bemühungen um die Allgemeine Relativitätstheorie unterstützte, vertrat er bis an sein Lebensende seine eigene Äthertheorie. Auch Henri Poincaré (1854–1912), wenngleich heute gern als „der zweite ‚Vater' der Relativitätstheorie" [Galison 2003, Umschlagtext] bezeichnet, gab der Lorentz-Theorie lebenslang den Vorzug und erklärte die Längenkontraktion auf natürliche Weise als Volumenarbeit, die der Äther am Elektron verrichtet:

> Il faut donc en revenir à la théorie de Lorentz; mais si l'on veut la conserver et éviter d'intolérables contradictions, il faut supposer une force spéciale qui explique à la fois la contraction et la constance de deux des axes. J'ai cherché à déterminer cette force, j'ai trouvé *qu'elle peut être assimilée à une pression extérieure constante, agissant sur l'électron déformable et compressible, et dont le travail est proportionnel aux variations du volume de cet électron.*
>
> [Poincaré 1906, S. 130]

> Wir müssen also zur Theorie von Lorentz zurückkehren; wenn wir sie aber bewahren und nicht-tolerierbare Widersprüche vermeiden wollen, müssen wir eine spezielle Kraft annehmen, die sowohl die Kontraktion als auch die Konstanz zweier Achsen erklärt. Ich habe versucht, diese Kraft zu bestimmen, und herausgefunden, *dass sie mit einem konstanten externen Druck vergleichbar ist, der auf das deformierbare und kompressible Elektron wirkt und dessen Arbeit proportional zur Volumenänderung des Elektrons ist.* [Übersetzung d. Verf.]

Betrachtet man Gl. (129), ist es allein die dynamische Wechselwirkung mit der Umgebung, welche die abstrahierten Eigenschaften von Quantonen und deren Organisationseinheiten verändern kann. Das betrifft die Energie und die Masse eines Systems ebenso wie das Zeitmaß eines atomaren Schwingungsübergangs, die Länge von Objekten in Bewegungsrichtung oder ihr Volumen – jeweils in Abhängigkeit von der Geschwindigkeit, mit der sich die Anregungen durch den Äther bewegen, von dem sie sich mittels Bewegung abgegrenzt haben, doch der sie auch selbst sind.

Ist die Eigenschaft Masse auf die Stärke der Ätheranregungen zurückzuführen, muss eine Erhöhung der Geschwindigkeit eines Quantons im Ganzen zu einer realen Massenzunahme führen, da sich die Anregung und damit auch der Widerstand des Äthers verstärken. Die reale Massenzunahme von Teilchen mit der Geschwindigkeit ist experimentell bewiesen, kann mit der SRT jedoch nicht *erklärt* und nur bedingt beschrieben werden, da der Massenzuwachs zugleich auch scheinbar sein müsste (s. Kap. 3.3.2).

Die in Kap. 3.3 aufgezeigte Unsicherheit in der Fachliteratur bezüglich einer Zerlegbarkeit der Gesamtenergie E eines Systems, d. h. der Abgrenzung der vormaligen „Ruheenergie" E_0 und der kinetischen Energie E_{kin} eines Systems, lässt sich nun beantworten.

In dem relativistischen Energiesatz $E(P) = \sqrt{E_0^2 + c^2 P^2}$ in Gl. (21) stellt $E(P)$ zwar die Gesamtenergie eines Massepunktes dar, nicht aber die Gesamtenergie eines realen Teilchens im nicht-leeren Raum. $E(P)$ symbolisiert lediglich die gesamte *kinetische* Energie des Teilchens (Quantons). Statt der fraglichen Zerlegbarkeit der „Gesamtenergie" eines Systems in Gl. (27) folgt für die kinetische Energie eines makroskopischen Systems S mit i Quantonen:

$$E_S(P) = \sum_i E_{Q,i}(P_{\text{innen}}) + E_{\text{kin,S}}(P_{\text{außen}}), \quad P = P_{\text{innen}} + P_{\text{außen}}. \tag{130}$$

mit dem Impuls P_{innen} aller Quantonen im System und dem Impuls $P_{\text{außen}}$, den das System, wie etwa ein Körper, als Ganzes besitzt.

Eine Aufteilung der gesamten kinetischen Energie $E_S(P)$ wäre nur möglich, wenn die beiden Energieanteile in Gl. (130) rechts voneinander unabhängig wären und von unterschiedlichen extensiven Zustandsvariablen abhingen. Dies ist nicht der Fall, da ein innerer Impuls grundsätzlich nicht von einem äußeren Impuls unbeeinflusst sein kann, zumal es weder feste, d. h. starre, noch undurchlässige Grenzen gibt – „Grenzen", die darüber hinaus erst durch Bewegung entstehen.

Denkbar ist eine Abgrenzung nur, wenn die innere Bewegung eines Systems S, beispielsweise eines Körpers, durch die zusätzliche Bewegung des Systems S als Ganzes durch den Äther nicht merklich beeinflusst wird. Das kann nur dann sinnvoll angenommen werden, wenn die Gesamtgeschwindigkeit von S vernachlässigbar klein ist gegenüber den Geschwindigkeiten der Anregungen im System.

Zusätzlich sind Systeme in ihren Grenzen, Volumina usw. veränderlich. Je schneller sich ein System bewegt, desto stärker wird es verändert. In Bewegungsrichtung wird Volumen- und damit auch Grenzflächenarbeit verrichtet, auch elektrische und magnetische Arbeit, Hubarbeit durch die Veränderung der Lage im Raum etc., da sich die äußeren Einflüsse auf das System ständig verändern. Die innere Energie $U_S(P_{\text{innen}}, V, A, \ldots)$ eines Systems lässt sich also, genau genommen, unter keinen Umständen von der kinetischen Energie der Bewegung eines Gesamtsystems durch den Äther abtrennen.

Das betrifft auch Quantonen, wie z. B. ein Elektron, für dessen kinetische Energie gilt:

$$E_e(P) = E_{0,e}(P_{\text{innen}}) + E_{\text{kin,e}}(P_{\text{außen}}), \quad P = P_{\text{innen}} + P_{\text{außen}} \tag{131}$$

und dessen potentielle Energie mit der kinetischen Energie $E_{\text{kin,e}}$ und Änderungen in der Umgebung veränderlich ist. Deshalb macht es wenig Sinn, eine Theorie der Massepunkte oder starren Körper ohne potentielle Energien zu einer Weltanschauung zu machen. Ist bereits die Bewegung eines Objekts durch den Raum (Quantonenäther) ein physikalischer Prozess, d. h. keine geometrische Kinematik, so ist es die damit verbundene Veränderung des Objekts umso mehr.

Wenn es um Physik geht, nicht um Mathematik, sollte der Materie das Primat gegenüber der Geometrie eingeräumt werden, wie schon viele Wissenschaftler vorgeschlagen haben. Während zum Beispiel der italienische Physiker und Naturphilosoph Franco Selleri („Recovering the Lorentz ether" [Selleri 2004]) aufgrund der vielen nicht scheinbaren Paradoxien der SRT explizit einen Äther fordert, so dringen andere Wissenschaftler wiederum, da nur dynamische Kraftwirkungen eine logische Erklärung für reale physikalische Veränderungen zulassen, implizit auf einen Äther:

> Die Lorentzkontraktionen bzw. die Einsteindilatationen, die sich aus der Lorentzmetrik ergeben, können dagegen – wie schon bei Lorentz – als Verkürzungen von Körpern bzw. Verlangsamung von Bewegungen interpretiert werden. Man brauchte nicht von einer Revision von Raum und Zeit zu sprechen.
> [Lorenzen 1977, S. 7]

> [...] die dem Raum und der Zeit zugeschriebene Relativität bezieht sich tatsächlich auf das dynamische Verhalten der Materie und der Kraftfelder, rechtfertigt aber keinen weiteren Schluß.
> [Hartmann 1950, S. 249]

In Kap. 3.3 wurde dargestellt, dass man sich in der modernen Fachliteratur heute bezüglich der Realität oder Scheinbarkeit der Eigenschaftsänderungen von Objekten mit der Geschwindigkeit nicht einigen kann. Man befindet sich in einer Zwickmühle.

Um nicht, wie viele andere Lehrbücher zur SRT, das „unglaubliche Postulat" der absoluten Konstanz der Lichtgeschwindigkeit an den Anfang zu stellen, und um die Längenkontraktion und die „Zeitdilatation" von vornherein als Realeffekte deuten zu können, schlägt Helmut Günther in seinem Buch „Starthilfe Relativitätstheorie" einen neuen Zugang zur SRT vor:

> Alle bisherigen Lehrunterweisungen zur SRT beharren darauf, den ursprünglichen EINSTEINschen Weg nachzuvollziehen. Dem unvorbereiteten Leser wird zuerst das unglaubliche Postulat von der universellen Konstanz der Lichtgeschwindigkeit vorgesetzt, [...]. Wir werden hier einen Zugang entwickeln, mit dem die SRT ganz bestimmt nicht schwerer zu begreifen sein wird als irgendeine andere Frage von Bedeutung.
> [Günther 2010, S. 7]

Aus den willkürlich festgelegten Definitionen des Meters und der Sekunde:

> Das Meter L_N wird definiert als das 1 650 763,73 fache der Wellenlänge einer bestimmten orangeroten Spektrallinie des Kryptonisotops ^{86}Kr. Das Zeitintervall T_N von einer Sekunde ist die Dauer von 9 192 631 770 Schwingungen einer bestimmten Spektrallinie des Cäsiumisotops ^{133}Cs.
> [Günther 2010, S. 11]

folgert der Lehrbuch-Autor:

> Das Meter und die Sekunde sind damit keine abstrakten Begriffe, sondern physikalische Eigenschaften von Atomen und Molekülen. Also können und werden wir die Instrumente unserer Messungen selbst zu Gegenständen von Messungen machen.
> [Günther 2010, S. 11]

Darauf aufbauend lehrt er eine reale Längenkontraktion von Objekten und eine reale Zeitdilatation infolge von Beobachtungen aus der Sicht bewegter Inertialsysteme.

Reale Veränderungen von Objekten, darunter Uhren, zu beschreiben, entspricht dem Gegenstand der Physik. Beschreibt man allerdings reale Veränderungen infolge von räumlicher Bewegung mit höherer Geschwindigkeit, befindet man sich bereits in einer Äthertheorie, in welcher der Einfluss der Umgebung auf die Materie erfasst wird. Da jede Materieform, jedes Atom, jeder Quantonenverbund anders auf äußeren Stress reagiert, werden sowohl die Längenkontraktion in Bewegungsrichtung als auch die Veränderung eines Taktgebers, z. B. einer ^{133}Cs-Schwingung, in Abhängigkeit vom Material jeweils anders ausfallen.

Aus einer beeinflussten Länge bzw. Schwingungsdauer auf die Beeinflussung von Raum bzw. Zeit zu folgern, womit sich Raumzeitkrümmungen konstruieren lassen, wirkt wenig substanziiert (vgl. Kap. 6.2). Was sich verändert hat und lediglich durch *reale* Einflüsse verändern konnte, sind Uhr und Länge. Ein rhythmischer Prozess hat sich unter einer höheren Beanspruchung verlangsamt; an einem Objekt wurde Volumenarbeit verrichtet.

Was Helmut Günther als neuen Lehransatz an den Anfang seiner Darstellungen stellt, ist demnach, noch ohne es so zu benennen, die Annahme einer Äther-Theorie und hinsichtlich der kontrahierten Länge in Bewegungsrichtung auch die FitzGeraldsche Kontraktionshypothese. Dass der Autor danach an der Gültigkeit der SRT festhält und ihren mathematischen Formalismus präsentiert, zudem mit dem Anspruch, Paradoxien aufzulösen, ist nur möglich, indem die folgenden Unterschiede negiert werden:

a) der Unterschied zwischen Länge (Extension) und Raumkoordinate (Dimension),

b) der Unterschied zwischen Uhr (das Messinstrument) und Zeit (das Gemessene),

c) der Unterschied zwischen Beobachtung und Realeffekt.

Die intendierte „Starthilfe Relativitätstheorie" [Günther 2010] ist so einer mehrfachen begrifflichen Unschärfe zuzuschreiben, die auf Einsteins Darstellungen (z. B. [Einstein 1905a, 1917a]) zurückzuführen ist.

Allein die Lorentz-Theorie vermag eine reale, d. h. dynamische Veränderung von Materie infolge höherer Geschwindigkeiten zu beschreiben – zum Beispiel eine reale Massenzunahme mit der Geschwindigkeit, die nicht nur in Teilchenbeschleunigern, sondern auch thermodynamisch bestätigt ist, da die Masse eines Systems mit der Temperatur zunimmt. Man kann mit Henri Poincaré zur Lorentz-Theorie zurückkehren, wenn man sie um die Äthervorstellungen modifiziert, die im letzten Kapitel entwickelt wurden und die noch konkretisiert werden:

> Das Befriedigendste ist die Lorentzsche Theorie; sie ist ohne Widerspruch diejenige, welche am Besten von den bekannten Tatsachen Rechenschaft gibt, sie ist diejenige, welche die größte Anzahl wirklicher Beziehungen zu Tage fördert, von ihr wird man bei der definitiven Konstruktion des Gebäudes am meisten beibehalten. [Poincaré 1902, S. 175 f.]

5.2.3.3 Die experimentelle Evidenz

Lehrbücher der Speziellen Relativitätstheorie beginnen oft mit einer Darstellung des Michelson-Morley-Experiments als Beweis für die SRT, während die Äther-Vorstellung kaum noch Erwähnung findet. Im deutschen Wikipedia-Beitrag zum Äther ist zu lesen:

> Der ruhende Äther wurde durch das Michelson-Morley-Experiment widerlegt, und eine Äthermitführung widersprach der Aberration des Lichtes. [...] Ein Äther spielt also bei den beobachtbaren physikalischen Phänomenen keine Rolle. Ein Alternativkonzept, in dem ein mit einem Bewegungszustand verbundenes Medium nicht benötigt wird, wurde mit der speziellen Relativitätstheorie geschaffen. Mit ihrer Hilfe ließ sich die Ausbreitung elektromagnetischer Wellen erstmals widerspruchsfrei beschreiben; [...]
>
> (https://de.wikipedia.org/wiki/Äther_Physik, abgerufen am 16.03.2019)

Unter dem Gesichtspunkt einer Materie-Energie-Äquivalenz ergibt sich eine Interpretation, die in allen Punkten von dem obigen Wikipedia-Zitat abweicht.

In diesem Kapitel soll dargelegt werden, dass die Beweiskraft von Experimenten im Sinne der SRT bzw. der ART als Raumzeittheorie nicht gegeben ist. Im Gegenteil lassen sich die bisher durchgeführten Experimente dahingehend interpretieren, dass die Materie-Energie-Äquivalenz und die Vorstellung des Quantonenäthers als bestätigt gelten müssen, während die SRT verfrüht als experimentell bewiesen und theoretisch gesichert angesehen wurde.

Einige der folgenden Beispiele wurden im Vorfeld bereits diskutiert, sollen aber mit aufgeführt werden, um die Vereinbarkeit von Theorie und Experiment umfassender zu dokumentieren:

1. Der Massendefekt bei Kernreaktionen

    Dass der Massendefekt derzeit als Beweis für eine vollständige Masse-Energie-Äquivalenz gedeutet wird, ist ein Ergebnis der Vernachlässigung der thermodynamischen Methode. Prozessbedingungen werden für Kernreaktionen nicht angegeben (s. die Diskussion zu den Reaktionsgleichungen (R1) bis (R5)).

    Der Energiegewinn bei Kernspaltungs- oder Fusionsreaktionen ist in der unvollständigen Masse-Energie-Äquivalenz gemäß den Gleichungen (128) und (130) begründet. In Kernreaktionen wird elektromagnetische Energie (Strahlung) freigesetzt, womit sich die träge Masse (Impulsmasse) der im System verbleibenden Quantonen oder Quantonenverbünde verringert, während die potentielle Energie nicht masserelevant ist (s. (R5) in Kap. 5.2.3.1).

    Damit entfallen die zum Teil widersprüchlichen Argumentationen in der Fachliteratur bezüglich der Auswirkungen von potentieller Energie auf die Masse:

    a. Zugeführte potentielle Energie erhöht die Masse eines Körpers (z. B. einer Feder).

b. Bindungsenergie als negative potentielle Energie verringert die Masse, zum Beispiel eines Atomkerns gegenüber seinen konstituierenden Nukleonen als freien Teilchen.

c. Bindungsenergie als positive potentielle Energie erhöht die Masse eines Protons gegenüber seinen konstituierenden Gluonen und Quarks als freien Teilchen: „Die restliche Masse muss aus der starken Wechselwirkung kommen. In ihr steckt sehr viel Energie." [Wiedner 2018, S. 46] (vgl. Kap. 5.1.2)

2. Der Massenverlust der Sonne durch Photonenabstrahlung, die Massenänderung durch Erwärmung/Abkühlung, die Massenänderung durch Paarerzeugung und Paarvernichtung (vgl. Kap. 3.4.2)

Diese Effekte belegen die *unvollständige* Masse-Energie-Äquivalenz von Quantonen gemäß Gl. (128). Dass die Effekte derzeit als Beweis für eine vollständige Masse-Energie-Äquivalenz gelten, ist wieder ein Ergebnis der Tatsache, dass Prozessbedingungen für die konkreten Reaktionen von Materie (nicht Masse) in keiner der Beweislegungen formuliert werden. Aussagen zur Änderung des energetischen Zustands eines Systems müssen damit unbestimmt bleiben.

3. Massenänderungen eines Körpers durch Kompression, Spannung, Zerteilung, Deformation, die Lage im Gravitationsfeld der Erde usw.

Äquivalente Massenänderungen durch mechanische Arbeit wurden bislang nur behauptet (z. B. [Einstein 1905b, S. 641], [Tipler und Mosca 2008, S. 229], [Nolting 2010, S. 54]), bleiben aber empirisch unbelegt. Erneut trifft zu, dass in den vorgelegten Beweisen bzw. Rechenbeispielen keine Prozessbedingungen definiert werden, sodass die Energieänderungen eines Systems unbestimmt bleiben.

Da sich die Eigenschaft Masse aus dem entsprechenden Widerstand des Äthers gegen seine eigenen Anregungen generiert, es also lediglich träge Masse (Impulsmasse) gibt, sind Massenänderungen durch Arbeitsverrichtung, insofern dabei nicht Begleitprozesse (Wärmeaustausch, Stoffaustausch) stattfinden, physikalisch ausgeschlossen. Eine Vereinnahmung der potentiellen Energien als masseäquivalent, die in Arbeiten Einsteins und Plancks (z. B. [Einstein 1905b], [Planck 1907], [Einstein 1907], [Planck 1909]) ihren Anfang genommen hat, widerspricht der Energieerhaltung (s. Kap. 4.5–4.7).

4. Das Michelson-Morley-Experiment [Michelson und Morley 1887], das Kennedy-Thorndike-Experiment, das Trouton-Noble-Experiment usw.

Das Michelson-Morley-Experiment wird oft als *experimentum crucis* gegen die Äthertheorien und für die SRT bezeichnet, was nicht zuletzt auf Einsteins eigene Darstellung zurückgeht:

> In diesem Sinne wurde der berühmte Michelson-Morley-Versuch durchgeführt, dessen Er-
> gebnis einem Todesurteil für die Hypothese von dem ruhenden Äthermeer gleichkommt,
> in dem die ganze Materie umhertreiben sollte.   [Einstein und Infeld 1938, S. 174]

Im Experiment wird die Konstanz der Lichtgeschwindigkeit in senkrecht aufeinander stehenden Interferometer-Armen, also die Richtungsunabhängigkeit
(Anisotropie) der Lichtgeschwindigkeit geprüft. Im Jahre 1887 sollte der ruhende Äther und folglich eine Ätherdrift von mindestens 30 km/s der Erde nachgewiesen werden. Die Ergebnisse waren viel kleiner als erwartet, weshalb man von
einem Nullresultat sprach.[90] Spätere Präzisionsmessungen konnten das Nullresultat, also die Anisotropie des Lichts, im Rahmen ihrer Messgenauigkeit weiter
bestätigen.[91] Heute werden maximale Anisotropien von $\Delta c/c \approx 10^{-17}$ [Herrmann
et al. 2009, S. 1] angegeben.

Die experimentell bestätigte Anisotropie des Lichts ist auf die Charakteristik
des Quantonenäthers zurückzuführen, die sich in Konstanten wie c, h, k_B ausdrückt
[Nernst 1916]. Versteht man die konstante Lichtgeschwindigkeit c als charakteristische Eigenschaft, welche die Eigenbeweglichkeit der Anregungen des Äthers beschreibt, werden sowohl die Lichtgeschwindigkeit c als maximale Geschwindigkeit
als auch die Notwendigkeit plausibel, dass c unabhängig von der Lichtquelle, also
konstant in Bezug zum Äther und richtungsunabhängig sein muss.

Von einer Bestätigung für das Fehlen eines Äthers oder die Richtigkeit der
SRT kann dennoch keine Rede sein. Es war ja gerade der Wunsch, den Ausgang
des Michelson-Morley-Experiments [Michelson und Morley 1887] zu erklären, der
FitzGerald [FitzGerald 1889] und unabhängig von ihm Lorentz [Lorentz 1892,
1904] annehmen ließ, dass sich ein schneller bewegtes Objekt real in Bewegungsrichtung verkürze. Die Lorentzsche Äthertheorie mit einer realen Längenkontraktion infolge der Einwirkung des Äthers vermag die Ergebnisse von Michelson
und Morley und der nachfolgenden Präzisionsmessungen zu beschreiben und im
Unterschied zur SRT mit realen Wechselwirkungen zu erklären.

Es ist ausreichend, die Lorentz-Theorie gemäß Poincarés Vermutung „Man
muß sie vermutlich modifizieren" [Poincaré 1902, S. 176] zu modifizieren.
Nimmt man wie Lorentz eine strikte Trennung von Äther (elektromagnetisches
Feld) und Materie (Elektronen) an, folgen, wenn der ruhende Äther von der
sich darin bewegenden Materie unbeeinflusst bleibt, Widersprüche im Sinne
der Energieerhaltung und zum dritten Newtonschen Axiom (*actio est reactio*):

---

90 Ein Null- oder Negativeffekt wurde von Michelson und Morley noch nicht gemessen. Die Physiker fanden für die relative Verschiebung der Interferenzmuster einen Wert von weniger als 0,02
statt des erwarteten Wertes von 0,44: „The actual displacement was certainly less than the twenti-
eth part of this" [Michelson und Morley 1887, S. 341].
91 Das betrifft auch verwandte Anordnungen wie das Kennedy-Thorndike-Experiment (mit unterschiedlich langen Seitenarmen des Interferometers) oder alternative Experimente wie das Trouton-
Noble-Experiment.

[...] sie ist im Widerspruche mit dem Newtonschen Prinzipe von der Gleichheit der Wirkung und Gegenwirkung; oder vielmehr dieses Prinzip wäre nach der Ansicht von Lorentz auf die Materie allein nicht anwendbar; damit das Prinzip wahr würde, müßte man von den durch den Äther auf die Materie ausgeübten Wirkungen Rechenschaft geben und ebenso von der Gegenwirkung der Materie auf den Äther [...].   [Poincaré 1902, S. 176]

Nimmt man, wie mit einer Materie-Energie-Äquivalenz evident, keine strikte Trennbarkeit von Äther und Quantonen an, da jegliche Quantonen sich lediglich als Anregungen des Äthers von ihrer Umgebung abgrenzen – verbunden mit Wechselwirkungen zwischen dem Äther und seinen Anregungen –, entfallen alle interpretatorischen Schwierigkeiten.

Dann vermag eine reale Längenkontraktion der Interferometerarme in Bewegungsrichtung gemäß Gl. (129) die im Rahmen der Messgenauigkeit bestätigte Anisotropie zu erklären. An bewegten Objekten, d. h. Quantonen oder Quantonenverbünden, wird aufgrund des Widerstands des Äthers Volumenarbeit in Bewegungsrichtung verrichtet (auch Grenzflächenarbeit, elektrische Arbeit usw.), die umso größer ist, je schneller sich das System (Fermion, Atom, Körper etc.) durch den Äther bewegt. Das Michelson-Morley-Experiment und seine Abkömmlinge können demnach als Bestätigung für einen Quantonenäther und die Richtigkeit der Lorentz-Theorie gewertet werden.

5. Das Michelson-Morley-Experiment von 2015 [Abbott et al. 2016]

In den Michelson-Morley-Experimenten der LIGO Scientific Collaboration and Virgo Collaboration am 14. September 2015, in denen die Messtechnik stark vergrößert und verbessert wurde, wurden erstmals doch (und seitdem immer wieder) für sehr kleine Zeitspannen sehr geringe, wenngleich mit hoher Wahrscheinlichkeit signifikante Unterschiede in den Längen der beiden Interferometerarme gemessen:

The LIGO sites each operate a single Advanced LIGO detector [...], a modified Michelson interferometer [...] that measures gravitational-wave strain as a difference in length of its orthogonal arms.   [Abbott et al. 2016, S. 3]

Interpretiert wurden die Messdaten wie folgt:

This is the first direct detection of gravitational waves and the first observation of a binary black hole merger.   [Abbott et al. 2016, S. 1]

Für den Nachweis der Gravitationswellen als Schwingungen der Raumzeit wurde der Physik-Nobelpreis des Jahre 2017 vergeben, unter anderen an den Physiker Kip Thorne, den Mitautor des umfangreichen Lehrbuchs „Gravitation" [Misner 1973], in dem die Gravitation als geometrische Eigenschaft der Raumzeit beschrieben und die sogenannte Geometrodynamik gemäß der ART gelehrt wird.

Mit einem Quantonenäther sind nachweisbare Längendifferenzen der Interferometerarme (zuzüglich der mittels Lorentz-Transformation beschriebenen) erklärbar. Bei verfeinerter Technik werden immer wieder kleine Unterschiede zu messen sein, da Quantonen keine unbeeinflussbaren Entitäten darstellen. In einem zusammenhängenden Quantonenäther werden sie nicht nur durch das Äthermedium beeinflusst, sondern ebenso durch Nebenanregungen, also durch andere Quantonen und Quantonenverbünde.

Da es nur den Äther und dessen Anregungen gibt, können Ätherwellen, d. h. die langreichweitigen Materiewellen von sehr kompakten Quantonenverbünden, messbare Auswirkungen auf die Interferometerarme haben, gerade dann, wenn es zu Auslöschungen riesiger Materieansammlungen kommt.

Die Gravitationskraft ist zwar die dominante (abstrahierte) Kraft auf weite Entfernungen hin, da die schwache und starke Kernkraft kurzreichweitig und Himmelskörper (als Quantonenverbünde) meist elektrisch neutral sind, doch ist ein Gravitationsfeld nicht das einzige Feld im Universum, sodass es nicht die Raumzeit sein kann (s. Kap. 5.1.1). Die gemessenen „Schwingungen der Raumzeit" stellen Ätherwellen dar, die wir heute Materiewellen oder De-Broglie-Wellen nennen.

Mit der Lorentz-Theorie lassen sich die neueren Michelson-Morley-Experimente beschreiben und physikalisch erklären, während sie sich mittels der SRT nur bedingt beschreiben lassen, da eine Längenkontraktion hier als beobachterabhängig beschrieben wird, also eigentlich nicht real sein dürfte (s. Kap. 3.3.2).

6. Die Krümmung von Lichtstrahlen im Gravitationsfeld der Sonne, entdeckt durch die British Royal Society Expedition von Sir Arthur Eddington anlässlich der totalen Sonnenfinsternis am 29. Mai 1919 [Dyson et al. 1920]

Die Lichtablenkung im Gravitationsfeld um 1.75" (wie auch die Perihelbewegung des Merkur oder die Rotverschiebung der Spektrallinien) machte Einstein [Einstein 1917a, S. 98 ff.] als Bestätigung für seine Allgemeine Relativitätstheorie geltend, in der die Gravitation als Krümmung der Raumzeit beschrieben wird [Einstein 1915a, 1915b].

Mit einem Quantonenäther, in dem sich Materieteilchen und Photonen mittels desselben Prinzips abgrenzen und über den Äther wechselwirken, wird einsichtig, dass auch Photonen von größeren Materieansammlungen merklich beeinflusst werden müssen. Dabei stellt das „Nährmedium" der Quantonen, der Äther, zugleich das einzige mögliche Wechselwirkungsmedium dar.

Da Photonen (wie alle Quantonen) physikalischen Wechselwirkungen unterliegen, werden eine Krümmung der Raumzeit und eine Geometrisierung der Materie gegenstandslos. Wie Steven Weinberg festgestellt hat, kann die ART als eine reine Gravitationstheorie aufgefasst werden, in der physikalische Effekte („the physical effect of gravitational fields on the motion of planets and photons" [Weinberg 1972, S. 147]) beschrieben werden. Statt einer Krümmung des Raumes wird eine Krümmung der Lichtbahn in starken Gravitationsfeldern beschrieben, wie bereits viele Kritiker der SRT empfohlen haben (z. B. [Lorenzen 1977, S. 2]).

7. Das Fizeau-Experiment [Fizeau 1851]

Das Fizeau-Experiment, in dem die Lichtgeschwindigkeit in bewegtem Wasser gemessen und der Fresnelsche Mitführungskoeffizient bestätigt wurde, war laut Albert Einstein eine Ursache für die Ausarbeitung der SRT.

Als Bestätigung für die Aussagen der SRT kann das Fizeau-Experiment nicht gewertet werden, da die Ergebnisse des Experiments sich mit der Lorentz-Theorie unter Annahme eines ruhenden Äthers beschreiben lassen, wie bereits Poincaré festgestellt hat:

> Wie dem auch sei, vermöge der Lorentzschen Theorie finden sich die Resultate Fizeaus über die Optik der bewegten Körper, die Gesetze der normalen und anomalen Dispersion und Absorption untereinander und mit den anderen Eigenschaften des Äthers durch Bande verknüpft, welche ohne Zweifel nicht mehr zerreißen werden. [Poincaré 1902, S. 176]

Mit einer modifizierten Lorentzschen Äthertheorie, in der Äther und Materie nicht voneinander getrennt sind, sondern sich gegenseitig beeinflussen, lassen sich das Fizeau-Experiment und weitere Effekte, darunter auch die sogenannte Aberration (Ablenkung) des Lichtes in bewegten Medien, als physikalische Effekte deuten, d. h. ohne Annahme von Effekten aus Beobachtersicht.

8. Die Verzögerung von „Uhren" bei höheren Geschwindigkeiten: das Ives-Stilwell-Experiment [Ives und Stilwell 1938], der verzögerte Zerfall von Myonen [Rossi und Hall 1941], das Hafele-Keating-Experiment [Hafele und Keating 1972] usw.

Die empirische Tatsache, dass periodische, atomare Vorgänge wie etwa elektronische Oszillationen oder Schwingungsübergänge durch höhere Geschwindigkeiten im Raum verzögert werden, wird heute als Bestätigung der SRT gewertet und als *Zeitdilatation* bezeichnet.

Im Ives-Stilwell-Experiment [Ives und Stilwell 1938] wurden Atomuhren (Ionenstrahlen) bewegt. Es wurde gemessen, wie sich die Frequenzen des von ihnen ausgestrahlten Lichts ändern. Dabei wurde der transversale Dopplereffekt nachgewiesen, der sich auf eine Verlangsamung von Oszillationen in der Elektronenhülle der Ionen mit deren Geschwindigkeit zurückführen lässt. Man spricht von einem relativistischen Doppler-Effekt elektromagnetischer Wellen, die sich im leeren Raum (ohne Medium) ausbreiten – ein geometrischer Effekt der Raumzeit.[92] In moderneren Ives-Stilwell-ähnlichen Experimenten wird beispielsweise untersucht, wie sich die ausgesandten Licht-Frequenzen von Lithium-Ionen verändern, welche auf einige Prozent der Lichtgeschwindigkeit beschleunigt werden, was als Beleg für die SRT und Zeitdilatation gedeutet wird [Reinhardt 2007].

---

92 Herbert Eugene Ives war, wie auch Albert Michelson oder der Erfinder der Atomuhr Louis Essen, lebenslang ein Gegner der Relativitätstheorie und erklärte, mit seinem Experiment den Äther von Larmor und Lorentz bestätigt zu haben [Hazelett und Turner 1979].

Ein häufiges Lehrbuch-Beispiel für die Erklärung der Zeitdilatation ist auch die verlängerte Lebensdauer der Myonen, d. h. instabiler Elementarteilchen, die bei höheren Geschwindigkeiten langsamer zerfallen [Rossi und Hall 1941]. Als Test der SRT und Zeitdilatation gilt auch das berühmte Experiment, in dem die Gangunterschiede von vier Caesium-Atomuhren an Bord eines Linienflugzeugs gemessen wurden, die zweimal um die Erde transportiert wurden: „Around-the-world atomic clocks: predicted relativistic time gains" [Hafele und Keating 1972]. Nicht zuletzt findet man in den Lehrbüchern und in der Presse immer wieder Darstellungen, wonach die GPS-Satelliten-Navigationssysteme nicht funktionieren würden, wenn die SRT und ART nicht gültig wären.

Wie bereits beschrieben, ist die Zeitdilatation der SRT (statt einer naheliegenden Prozessdilatation) mit dem in Tabelle 3.1 illustrierten Interpretationsproblem verbunden. In der Fachliteratur hat man sich zwar heute, aufgrund der experimentellen Beweislage, mehr oder weniger auf eine Zeitdilatation als Realeffekt geeinigt, doch bleibt die SRT eine Lehre der Beobachtungen aus der Ferne, weshalb die Effekte eigentlich zugleich auch scheinbar sein müssten, wie einige Autoren, die die Lehre ernst nehmen, nicht umhin kommen zu beschreiben (z. B. [Leggett 1989, S. 35])

Bei den hier aufgezählten Experimenten zur realen Taktverzögerung von Uhren, d. h. atomaren Vorgängen, lässt sich von einer Bestätigung der SRT oder der Zeitdilatation nicht sprechen, zumal die Lorentz-Transformierten in der SRT Einsteins lediglich umgedeutet wurden und die behauptete reale Zeitdilatation der SRT mit begrifflichen Unschärfen verbunden ist, wie etwa einer Verwischung des Unterschiedes zwischen kinematischer Beobachtung und dynamischen Prozessen (s. Kap. 5.2.3.2).

Mit der Lorentz-Transformation in Gl. (129) lässt sich jedes der Uhren-Experimente als eine reale, d. h. dynamische Veränderung von Materie infolge der höheren Geschwindigkeiten im Äther beschreiben. Wie schon Larmor vermutete, laufen atomare Prozesse bei schneller bewegten Objekten im Äther langsamer ab.

Ein Quantonenäther auf Grundlage der Materie-Energie-Äquivalenz vermag die ablaufenden physikalischen Prozesse im Atom zu erklären:

Bei Atomen, Ionen usw. handelt es sich um Quantonenverbünde aus Protonen, Neutronen und Elektronen als Anregungen des Äthers. Werden zum Beispiel in modernen Ives-Stilwell-ähnlichen Experimenten einwertige Lithium-Ionen auf 3 oder 6,4 Prozent der Lichtgeschwindigkeit beschleunigt [Reinhardt 2007], unterliegen diese Quantonenverbünde einer höheren Beanspruchung als weniger bewegte. Mit zunehmender Geschwindigkeit eines Li^+-Ions (Index Li) erhöht sich nicht nur dessen massenäquivalente kinetische Energie:

$$U_{Li} \neq E_{Li}(P) = \sum_i E_{Q,i} + E_{kin,\,Li} = m_{Li}(v)c^2. \tag{132}$$

Ebenso wird zunehmend mehr Arbeit in Poincarés Sinne (Volumenarbeit, Deformationsarbeit usw.) am Li$^+$-Ion verrichtet. Die dem Quantonenverbund zugeführte potentielle Energie gehört mit zur inneren Energie des bewegten Lithium-Ions:

$$U_{Li} = E_{Li}(P) + E_{pot,\,Li}.$$ (133)

Durch die erhöhte potentielle Energie (*Fall- oder Spannkraft* nach Leibniz) im Quantonenverbund werden Schwingungsübergänge, wie etwa Oszillationen in der Elektronenhülle, verlangsamt, da ihnen mehr Widerstand (im nicht-leeren Raum) entgegengebracht wird. Damit verbunden ist, dass sich die jeweilige Frequenz des abgestrahlten Lichtes verringert, welches also langwelliger wird (Rotverschiebung).

Die gemachten Aussagen betreffen ebenso die Caesium-Atomuhren im Hafele-Keating-Experiment [Hafele und Keating 1972]. Wenn eine Sekunde heute als die Dauer von 9 192 631 770 Schwingungen einer bestimmten Spektrallinie des Caesium-Isotops ^{133}Cs definiert ist, so wird mit der Zufuhr von potentieller Energie durch die Beschleunigung im Äther jeder einzelne Schwingungsübergang der Spektrallinie des ^{133}Cs verzögert. Es lässt sich dann weiter von einer „Weitung der Sekunde" sprechen, doch wurde in Wahrheit der Sekundenmesser, die Uhr, verändert. Sind die Takte eines Taktgebers nicht konstant, sondern veränderlich, ist lediglich die Uhr ungeeignet, die Zeit noch angemessen anzuzeigen.

Analoges lässt sich zur empirisch bestätigten verlängerten Lebensdauer der Myonen [Rossi und Hall 1941] sagen. Konkreten instabilen Materieteilchen, Quantonen, wird durch Beschleunigung im Äther potentielle Energie zugeführt, welche die innere Kinetik beeinflusst und verlangsamt, sodass die Zerfallsprozesse real langsamer ablaufen. Eine Reaktion wird in ihrer Kinetik beeinflusst.

Während die SRT nur bedingt als Theorie herangezogen werden kann, reale Verzögerungen von Uhrengängen zu beschreiben, ist eine Erklärung der Uhrengangveränderungen als Prozessdilatation eindeutig und ohne logische Probleme möglich.

9. Die Massenzunahme von Elektronen, Protonen usw. in Teilchenbeschleunigern, wie z. B. am CERN

In Kap. 3.3.2 wurde dargestellt, dass das Interpretationsproblem der gemessenen Massenzunahme von Elementarteilchen in Teilchenbeschleunigern heute gravierend ist. Man hat begonnen, sich notgedrungen auf die Interpretation zu einigen, dass der Massenzuwachs scheinbar sei (z. B. [Nolting 2010, S. 53]), da lediglich die Ruhemasse von Elementarteilchen die „richtige Masse" sei.

Der experimentell nachgewiesene reale Massenzuwachs von beschleunigten Teilchen lässt sich mit einer Theorie der Beobachtungen wie der SRT im Grunde nur beschreiben, wenn man logische Inkonsistenzen in Kauf nimmt (s. Kap. 3.3.2). Unter Annahme eines Quantonenäthers hingegen lässt er sich mit der entsprechenden Lorentz-Transformierten in Gl. (129) berechnen und physikalisch erklären.

Da Masse stets träge Masse (Impulsmasse) ist und es keine Ruhemasse gibt, muss mit der Geschwindigkeit eines Quantons als Ganzes im Äther auch die Quantonenmasse zunehmen, d. h. es handelt sich um einen realen Massenzuwachs.

10. Die empirisch nachweisbare Äquivalenz von träger und schwerer Masse (das schwache Äquivalenzprinzip) bzw. von Gravitation und Trägheit (das starke Äquivalenzprinzip) [Wagner et al. 2012]

Das Äquivalenzprinzip ist heute mindestens „with precisions at the part in 10^{13} level" [Wagner et al. 2012] bestätigt. Seine Bestätigung wird oft als Test für die Allgemeine Relativitätstheorie (ART) gewertet, wenngleich das Äquivalenzprinzip kein *Ergebnis* der ART darstellt. Bis heute kann die Gleichheit von schwerer und träger Masse lediglich hingenommen, aber nicht erklärt werden.

Wie bereits ausgeführt, gestattet die Materie-Energie-Äquivalenz eine logische Erklärung. Wenn eine Ruhemasse nicht existiert, ist jede Masse, d. h. auch die schwere Masse, auf Trägheit zurückzuführen. Da es, anders als im heutigen Standardmodell der Teilchenphysik, nur ein Prinzip der Masseentstehung gibt, müssen schwere und träge Masse identisch sein.

Wenn einige moderne Theorien, wie etwa die Stringtheorie, die Schleifenquantengravitation oder die Supergravitation, das Äquivalenzprinzip unterhalb einer Messungenauigkeit von 10^{-13} in Frage stellen, so sind solche Aussagen wenig begründet, da diese Theorien auf dem Raumzeitbegriff aufbauen.

Die experimentelle Evidenz der Gleichheit von träger und schwerer Masse ist ein schwerwiegendes Argument für die Materie-Energie-Äquivalenz, den Ursprung der Masse aus nur einem Prinzip und den Quantonenäther.

11. Die Verzögerung von Uhren im Gravitationsfeld

Auch die experimentell bestätigten Taktverzögerungen von atomaren Vorgängen wie in Caesium-Atomuhren im Gravitationsfeld lassen sich auf eine reale, d. h. dynamische Veränderung von Materie zurückführen. Grundsätzlich ist das wirkende Prinzip dasselbe wie bei der Beschleunigung im Äther, zumal Trägheit und Gravitation zueinander äquivalent sind. Der Gang der Uhren wird infolge der Zufuhr von potentieller Energie zum System aktiv beeinflusst. Die erhöhten potentiellen Energien im Quantonenverbund ^{133}Cs, die zu einer Verzögerung der Schwingungen der Spektrallinie des Caesiumisotops führen, sind auf die höheren potentiellen Energien von größeren Quantonenverbünden wie der Erde zurückzuführen.

Von einer Weitung der Sekunde lässt sich auch in diesem Falle nicht sprechen, da lediglich der Sekundenmesser, die Uhr, im Gravitationsfeld verändert wird. Die ART ist eine Gravitationstheorie, die die physikalische Wirkung des Gravitationsfeldes beschreibt, während sie über Raum und Zeit keine Aussagen zu treffen vermag.

12. Die gravitative Rotverschiebung (z. B. [Pound und Rebka 1960])

Unter der gravitativen Rotverschiebung versteht man den Effekt, dass Licht, welches sich von einem Gravitationszentrum entfernt, langwelliger wird, d. h. energieärmer. Umgekehrt wird Licht, das sich auf ein Gravitationszentrum zubewegt, kurzwelliger, d. h. energiereicher (Blauverschiebung).

Man erklärt die gravitative Rotverschiebung heute mit der Zeitdilatation, d. h. als aus der SRT folgend. Eine gravitative Rotverschiebung wurde zum Beispiel von Pound und Rebka [Pound und Rebka 1960] für Gammastrahlung im Gravitationsfeld der Erde nachgewiesen. Zuvor wurde sie mehrfach astronomisch mittels Spektralanalyse gemessen, was Einstein als einen Fortschritt der Relativitätstheorie bewertete [Einstein 1922 (Anhang I), S. 107].

Der Effekt der *dynamischen* Einwirkung des Gravitationsfeldes auf das Licht wird mit der *Gravitationstheorie* ART, auch ohne Raumzeit-Annahmen, recht gut beschrieben. Mit der Materie-Energie-Äquivalenz und einem Quantonenäther kann er auf einfache Weise erklärt werden.

Wenn sich ein Photon aus einem größeren Quantonenverbund mit starken Gravitationswechselwirkungen (und anderen Wechselwirkungen) entfernt, verliert das System Photon kinetische Energie, wodurch es niederfrequenter, also langwelliger wird und dementsprechend nach Gl. (127) an Masse verliert. Die kinetische Energie des Photons, wie etwa des Gammaquants im Experiment von Pound und Rebka, wird in potentielle (nicht masseäquivalente) Energie umgewandelt. Da c eine Materialkonstante des Äthers darstellt, entfernt sich das Gammaquant weiter mit Lichtgeschwindigkeit aus dem Gravitationsfeld der Erde, während seine masserelevante Frequenz sinkt.

Eine Annäherung an einen größeren Quantonenverbund wiederum lässt das Photon an masseäquivalenter kinetischer Energie gewinnen, d. h. es wird hochfrequenter und kurzwelliger, indem jetzt potentielle Energie in kinetische Energie umgewandelt wird, ähnlich wie bei einem herabfallenden Körper. Da es sich um schlichte Wechselwirkungen zwischen Quantonen als Anregungen des Äthers handelt, ist es unnötig, hier von Zeitdehnungen zu sprechen.

13. Die Periheldrehung des Merkur [Le Verrier 1859]

Da sich die stark elliptische Bahn des Merkurs um die Sonne ständig um einen kleinen Winkel dreht, verschiebt sich der sonnennächste Punkt (Perihel) bei jedem Umlauf und wandert voraus, was *Präzession* genannt wird. Diese Tatsache ist seit den Beobachtungen durch Urbain Jean Joseph Le Verrier im Jahre 1859 bekannt.

Mit der klassischen Gravitationstheorie Newtons wurde eine Periheldrehung von etwa 531" (Bogensekunden) pro Jahrhundert berechnet, während genauere Messungen zeigten, dass die tatsächliche Drehung um etwa 43" pro Jahrhundert von diesem Wert abweicht. Die ART vermag die gemessenen Abweichungen zu beschreiben, wobei auch die nicht-relativistische Gravitationstheorie von Paul

Gerber [Gerber 1898] dies konnte, der eine Ausbreitung des Gravitationspotentials mit Lichtgeschwindigkeit annahm.

In seinem Aufsatz „Erklärung der Perihelbewegung des Merkur aus der allgemeinen Relativitätstheorie" [Einstein 1915c] bekräftigt Einstein seine These von einer Relativierung von Raum und Zeit:

> [...] und ich habe dargetan, daß der Einführung dieser Hypothese, durch welche Zeit und Raum der letzten Spur objektiver Realität beraubt werden, keine prinzipiellen Bedenken entgegenstehen.   [Einstein 1915c, S. 831]

Die nachgewiesene Abweichung von Newtons Vorausberechnungen interpretiert er als Bestätigung der ART als Raumzeit-Theorie:

> In der vorliegenden Arbeit finde ich eine wichtige Bestätigung dieser radikalsten Relativitätstheorie; es zeigt sich nämlich, daß sie die von LEVERRIER entdeckte säkulare Drehung der Merkurbahn im Sinne der Bahnbewegung, welche etwa 45" im Jahrhundert beträgt, qualitativ und quantitativ erklärt, ohne daß irgendwelche besondere Hypothese zugrunde gelegt werden müßte.   [Einstein 1915c, S. 831]

Von einer Bestätigung der ART als *Raumzeit-Theorie*, in der die verbliebene Drehung durch eine Raumkrümmung verursacht wird, kann unter dem Gesichtspunkt eines Quantonenäthers keine Rede sein. Der Merkur als Quantonenverbund, d. h. Anregung des Äthers, ist lediglich den dynamischen Wechselwirkungen mit dem Äther und dessen weiteren Anregungen ausgesetzt. Die ART ist, wie schon Steven Weinberg, Paul Lorenzen u. a. folgerten, als reine Gravitationstheorie zu interpretieren.

14. Die Konstanz der Lichtgeschwindigkeit

Die Unabhängigkeit der Lichtgeschwindigkeit vom Bewegungszustand der *Lichtquelle* wurde bereits in den Maxwell-Gleichungen zur Elektrodynamik angenommen und ist vielfach experimentell bestätigt. Sie ergibt sich, wie auch die Anisotropie des Lichts, direkt aus der Annahme eines Quantonenäthers mit charakteristischen Eigenschaften [Nernst 1916]. Deutet man $c = 299792,458$ km/s als „Materialkonstante" [Jooß 2017, S. 154] für die Eigenbeweglichkeit der Anregungen des Äthers, folgt die Konstanz von c in Bezug zum Äther und die Richtungsunabhängigkeit von c.

Wie in Kap. 3.1 beschrieben, setzte Albert Einstein zusätzlich, unter beiläufiger Erwähnung experimenteller Evidenz („der Erfahrung gemäß"), eine Konstanz von c in Bezug auf den Bewegungszustand des *Beobachters* fest [Einstein 1905a, S. 894], die Grundlage der Relativierung von Raum und Zeit. Das Postulat der absoluten Konstanz von c, das später auch *Prinzip* und *Gesetz* genannt wurde, hat von Beginn an viel Kritik erregt (s. Kap. 6.2).

Von „der Erfahrung gemäß" [Einstein 1905a, S. 894] lässt sich nicht sprechen, denn es gibt kein Experiment, dass als Beleg für die *absolute Konstanz* von *c* geltend gemacht werden kann. Die Ergebnisse der Michelson-Morley-Experimente und verwandter Experimente (Kennedy-Thorndike etc.), des Fizeau-Experiments usw. können mithilfe der Lorentzschen Äthertheorie beschrieben werden (s. z. B. die Punkte 4, 5 und 7), welche eine absolute Konstanz von *c* ausschließt, da der Äther als absolutes Bezugssystem dient.

Während Experimente, die eine Konstanz von *c* relativ zum Beobachter nicht zu belegen vermögen, heute als Beleg für die absolute Konstanz von *c* gedeutet werden, werden andere Befunde, wie etwa das Äther-Experiment von Sagnac [Sagnac 1913], in der Diskussion ausgespart. Der Sagnac-Effekt, auf dessen Kenntnis auch die heutige GPS-Technologie zurückgeht, wurde in einem Großversuch von Michelson und Gale bestätigt, die den Effekt auf der Basis des ruhenden Äthers zu deuten vermögen und eine „Theory of the effect of the rotation of the earth on the velocity of light as derived on the hypothesis of a fixed ether" beschreiben [Michelson und Gale 1925, S. 137].

Es wird eine Abhängigkeit der Lichtgeschwindigkeit *c* von der Beobachtergeschwindigkeit nahegelegt:

> Die Synchronisation der Atomuhren im GPS [...] bestätigt jedoch die Änderung der „Ein-Weg"-Lichtgeschwindigkeit durch die Bewegung der Erde relativ zu geostationären Satelliten. [Jooß 2017, S. 161]

Da eine absolute Konstanz von *c* nicht experimentell bewiesen ist und mit einem Logikbruch erkauft ist, der mit einem weiteren Logikbruch bei der postulierten „Relativität der Gleichzeitigkeit" einhergeht (s. Kap. 6.2), steht das Postulat auf unsicherem Grund.

Eine Materie-Energie-Äquivalenz entzieht dem Postulat der absoluten Konstanz von *c* den Anspruch auf Gültigkeit. Wie jedes andere Boson oder jedes Fermion stellen Photonen Anregungen des Äthers dar. Von den anderen Quantonen unterscheiden sie sich lediglich in der Art ihrer Anregung im Äther. Es ist unnötig, den Photonen eine Sonderrolle zuzuschreiben. In einem ausgezeichneten Bezugssystem ist jegliche Bewegung gegenüber anderen stets relativ.

An dieser Stelle soll die Diskussion von empirischen Befunden beendet werden. Es wird deutlich, dass die Experimente, die heute als Test, Beleg oder Beweis für die SRT oder die ART als Raumzeittheorie gewertet werden, keinen Test, Beleg oder Beweis dafür darstellen können, da jedes der Experimente mit einer Materie-Energie-Äquivalenz und der daraus folgenden Vorstellung vom Quantonenäther inklusive Lorentz-Theorie vereinbar ist. Genau genommen sind die Experimente *nur* mit der Materie-Energie-Äquivalenz und einer modifizierten Lorentz-Theorie vereinbar, nicht aber mit einer Masse-Energie-Äquivalenz, der SRT und der ART als Raumzeittheorie.

Zusätzlich werden viele experimentelle Tatsachen mit einem Quantonenäther erklärbar. Erstmals können fundamentale Fragen, wie die nach der Gleichheit von träger und schwerer Masse oder der Herkunft der gravitativen Rotverschiebung, *physikalisch* beantwortet werden. Der pragmatisch-deskriptive und positivistische Geist, den Boltzmann in „Populäre Schriften" [Boltzmann 1905, S. 5 f.] feststellte und der sich in der Physik bisher durchsetzen konnte, kann ersetzt werden.

Dabei beschränkt sich der Erkenntniszuwachs nicht auf die in den Punkten 1 bis 14 verhandelten Problemfelder. Viele fundamentale Phänomene, die in der modernen Physik ungeklärt sind, lassen sich nun auf Quantenebene deuten, bzw. eine Interpretation rückt in greifbare Nähe:

a. Die auf den ersten Blick ungewöhnlich erscheinende, empirisch nachgewiesene veränderliche Ruhemasse der Neutrinos (Physik-Nobelpreis 2015), die nach heutiger Lesart ihre Ruhemasse zugunsten ihrer kinetischen Energie ändern und umgekehrt, was der Higgs-Mechanismus nicht zu erklären vermag, verliert ihre Ungewöhnlichkeit.

Die drei oszillierenden Neutrino-Typen, winzige Anregungen des Äthers mit der masseäquivalenten Energie (Index n für Neutrino):

$$E_n(P) = E_{0,n}(P_{\text{innen}}) + E_{\text{kin},n}(P_{\text{außen}}); \qquad P = P_{\text{innen}} + P_{\text{außen}} \qquad (134)$$

wandeln lediglich ihre intrinsische (kinetische) Energie in äußere kinetische Energie um. Einfacher gesagt: Sie ändern ihren Bewegungszustand. Angesichts der nie zu vernachlässigenden Wechselwirkungen mit dem Äther werden solche Änderungen des Bewegungszustandes erklärlich, zumal sich die Neutrinos nicht im Verbund stabilisieren, sondern eher Einzelgänger sind.

b. Die große Masse der Protonen ($m_{\text{Proton}} \approx 938$ MeV/c^2) und das sogenannte Millennium-Problem in der Quantenchromodynamik (QCD), d. h. der Confinement-Effekt, wonach sich die Quarks und Gluonen in den Nukleonen der Atomkerne nicht voneinander trennen lassen, lassen sich physikalisch deuten.

Dabei ist zu berücksichtigen, dass die bisher angenommenen „Ruhemassen" der drei konstituierenden Quarks ($m_{\text{Down}} \approx 4{,}8$ MeV/c^2, $m_{\text{Up}} \approx 2{,}3$ MeV/c^2) mittels der Theorie der starken Wechselwirkung errechnet wurden, welche Gluonen als Austauschteilchen ohne „Ruhemasse" beschreibt. Diese Annahmen sind fraglich, denn Gluonen besitzen wie jedes Quanton eine intrinsische Masse als Anregung des Äthers gemäß Gl. (127) und zusätzlich Masse infolge ihrer sehr schnellen Bewegungen als Ganzes im Proton. Sind die Annahmen einer Theorie nicht gesichert, werden auch die berechneten Ergebnisse unbestimmt.

Es erscheint plausibel, dass sich aus einer schnellen und womöglich stark überlagerten Bewegung von Quarks und Gluonen sowohl die Masse und Stabilität der Protonen als auch der Confinement-Effekt, d. h. die Nicht-Trennbarkeit von Gluonen und Quarks erklären lassen, wobei der konkrete Mechanismus dahinter

(Verschränkung, Überlagerung, konstruktive Interferenz etc.) zu erforschen ist. Auch ist zu prüfen, inwieweit Quarks und Gluonen eigenständige Anregungen des Äthers darstellen.

Bestimmte vage Vorstellungen, wie etwa (vgl. Kap. 5.1.2): „Die restliche Masse muss aus der starken Wechselwirkung kommen." [Wiedner 2018, S. 46], erscheinen als unhaltbar, da potentielle Energien nicht masserelevant sind. Wird das in Teilchenbeschleunigern erzeugte Quark-Gluonen-Plasma heute mit der Intention untersucht, Aufschluss über frühe Zustände des Universums nach dem Urknall zu erhalten, weist die Materie-Energie-Äquivalenz auch hier in eine andere Richtung (s. Tabelle 5.4 in Kap. 5.2.3.4).

c.   Die abstrahierten vier Fundamentalkräfte des Standardmodells der Teilchen-physik, die sich bisher als unvereinbar erweisen, können auf ein Prinzip zu-rückgeführt werden.

In Kap. 5.1.4 wurde bilanziert, dass sich auch nach vielen Jahrzehnten nur zwei der vier Fundamentalkräfte (die schwache und die elektromagnetische Wechselwirkung) miteinander haben vereinen lassen, während sich die starke Wechselwirkung und die Gravitation widerständig zeigen.

Mit einer Materie-Energie-Äquivalenz ist die Realität nicht mehr gespalten in die Welt des Kleinen, beschrieben durch die Quantentheorie, und des Gro-ßen, beschrieben durch die ART. Lassen sich alle Quantonen auf Anregungen im Äther zurückführen, so auch die Wechselwirkungen zwischen ihnen. Da Quantonen keine wirklich eigenständigen Entitäten darstellen, kommunizieren sie über das, was sie auch sind: der Äther. Während spezifische Botenteilchen für jede Fundamentalkraft nicht mit einem Quantonenäther vereinbar sind, so ist das Verbindende nun auch das Überträgermedium. Jede abstrahierte Kraft ist auf die Wirkung von Ätherwellen (Materiewellen) zurückzuführen.

Aufgrund der Verwobenheit von allem in einem Äther, der Quantonen gene-riert, die immer auch er selbst sind, wird die Physik nicht einfacher, und die konkreten Vorgänge, zum Beispiel bei einer Bindung von Quantonen oder Quan-tonenverbünden, werden sicher noch Generationen von Physikern beschäftigen. Gleichwohl werden mit einer Materie-Energie-Äquivalenz wieder anschauliche physikalische Vorstellungen möglich, die sich auf Materie gründen. Nicht zuletzt lässt sich ein Problemfeld gedanklich auflösen, das unter dem Begriff *Zeitpfeil* be-reits viele Physiker und Philosophen beschäftigt hat (s. Kap. 6).

5.2.3.4 Die Alternative zum Kanon der modernen Physik

Aus Sicht einer Materie-Energie-Äquivalenz fehlen heute im Standardmodell der Teilchenphysik die nicht wägbaren, nicht quantisierbaren potentiellen Energien, die mit der Interpretation von Gl. (20) als vollständige Masse-Energie-Äquivalenz in die wägbaren kinetischen Energien mit hineindefiniert wurden.

Um das Fehlende zu ersetzen und eine Quantisierbarkeit von allem zu gewährleisten, wurde in der Quantenfeldtheorie die Vorstellung der fiktiven Austauschteilchen entwickelt (s. Kap. 5.1.3), eine mechanistische Idee, nach der die Wechselwirkungen zwischen Objekten über jeweils spezifische Boten- oder Überträgerteilchen realisiert werden.

Wenn der populäre Wissenschaftsphilosoph Michael Esfeld heute seine „minimalistische Ontologie" präsentiert:

> Je weiter die Zerlegung fortschreitet, desto mehr verlieren die Objekte an individuellen Eigenschaften. Diese Entwicklung zu Ende gedacht, wäre die Welt als eine sehr große Menge von ausdehnungslosen „Punktteilchen" zu beschreiben. [Esfeld 2017, S. 13],

so bringt er damit bestimmte Strömungen innerhalb der modernen Philosophie, auch im Wortsinne, auf den Punkt, die einer Physik verpflichtet sind, welche auf der Speziellen Relativitätstheorie aufbaut.

Die Idee der eigenschaftslosen „ausdehnungslosen Punktteilchen" ist von einer Einheit der Natur, in der alles und jedes mit allem und jedem verbunden ist, weit entfernt. Im Grunde kann sich eine Anschauung nicht weiter von derjenigen entfernen, die durch eine Materie-Energie-Äquivalenz nahegelegt wird. Die „minimalistische Ontologie" von Michael Esfeld repräsentiert eine große Anpassungsleistung an die Ideen der modernen Physik, doch baut auf Grundlagen auf, welche von Philosophen wie Immanuel Kant [Kant 1787], Arthur Schopenhauer [Schopenhauer 1819] oder Nicolai Hartmann [Hartmann 1950] abgelehnt wurden, und die auch von heutigen Philosophen, wie etwa Meinard Kuhlmann [Kuhlmann und Stöckler 2015], in Frage gestellt werden.

Auf der linken Seite von Tabelle 5.4 sind zum Kanon gehörige Vorstellungen und Theorien der modernen Physik aufgeführt, die sich aus einer vollständigen Masse-Energie-Äquivalenz und den Raumzeitvorstellungen der Relativitätstheorie ableiten.

Daneben ist in der rechten Spalte jeweils dargestellt, was eine Materie-Energie-Äquivalenz nahelegt. Einige der hier aufgenommenen Aussagen stimmen mit Anschauungen überein, die bereits von vielen Physikern und Philosophen bis hin zu Aristoteles oder Heraklit geäußert wurden. Für eine in sich konsistente physikalische Darstellung fehlten allerdings vor 1905 noch empirische Informationen, die heute vorhanden sind. Nach 1905 wiederum wurde ein Weiterdenken in diese Richtung durch die gesetzte Masse-Energie-Äquivalenz und den Raumzeitbegriff der SRT beeinträchtigt und nach den Disputen von Dingle und anderen (z. B. [Dingle 1967]) in der Zeitschrift „Nature" im wissenschaftlichen Diskurs seit den siebziger Jahren immer rigoroser unterbunden (s. Fußnote 108 im Anhang).

Tabelle 5.4 dient einer knappen polarisierenden Zusammenfassung von bisherigen Ergebnissen der vorliegenden Arbeit, geht im hinteren Teil aber weit darüber hinaus, indem auch Vorstellungen des heutigen Standardmodells der Kosmologie in Frage gestellt werden, die auf das Konzept der Raumzeit zurückgehen.

Tabelle 5.4 : Einige zum Kanon der modernen Physik gehörende Vorstellungen, die aus der Masse-Energie-Äquivalenz folgen, versus die Sichtweise, die durch die Materie-Energie-Äquivalenz nahegelegt wird.

	Masse-Energie-Äquivalenz und Konsequenzen	Materie-Energie-Äquivalenz und Konsequenzen
1	Masse und Energie sind zueinander äquivalent [Einstein 1905b]. Die Gleichung $U = E_0 = mc^2$ bedeutet, dass die Ruheenergie (innere Energie) und Ruhemasse eines Systems zueinander äquivalent sind.	Materie und Energie sind zueinander äquivalent. Materie ist mehr als Masse. Auch andere Eigenschaften der Materie haben eine eigene energetische Qualität.
2	Potentielle Energien tragen zur Masse eines Systems bei [Einstein 1905b].	Potentielle Energien tragen nicht zur Masse eines Systems bei. Die Idee der wägbaren potentiellen Energien widerspricht der Energieerhaltung (s. Kap. 4.5).
3	Mit einer Theorie der Bewegung von Masse (Massepunkte oder starre Körper) im leeren Raum [Einstein 1905a] lässt sich die Realität erfassen.	Eine Theorie, die potentielle Energien in ihren Annahmen ausschließt, kann die Realität nicht beschreiben.
4	Es gibt einen leeren Raum, eine energetische Null und Singularitäten in der Natur.	Ein leerer Raum, d. h. eine energetische Null, ist in der Natur ausgeschlossen.
5	Elementarteilchen sind elementar.	Quantonen sind Anregungen des Äthers. Sie grenzen sich mittels Bewegung vom ruhenden Äther ab.
6	Mittels „durch den leeren Raum [...] gelangenden Lichtzeichen" [Einstein 1905a, S. 893] breitet sich Licht auch im Vakuum, d. h. ohne Medium aus. Photonen und andere Elementarteilchen benötigen kein Trägermedium.	Alle Quantonen sind Anregungen des Äthers. Ihr Trägermedium ist der Äther.
7	Elementarteilchen sind eigenständige Objekte, deren Eigenschaften sich unabhängig von ihrer Umgebung beschreiben lassen.	Quantonen sind nur bedingt eigenständig, da sie aus dem Äther generiert werden. Sie werden vom Quantonenäther beeinflusst und wirken darauf zurück.
8	Das Feld stellt eine eigenständige irreduzible Entität dar.	Das Feld stellt keine eigenständige Entität neben der Materie dar.

Tabelle 5.4 (fortgesetzt)

	Masse-Energie-Äquivalenz und Konsequenzen	Materie-Energie-Äquivalenz und Konsequenzen
9	*Einige* Elementarteilchen besitzen eine Ruhemasse. Die Ruhemasse ist äquivalent zur Ruhenergie des Teilchens.	*Jedes* Quanton (Boson, Fermion) besitzt eine intrinsische Masse m_Q. m_Q ist äquivalent zur Anregungsenergie im Äther, d. h. zu einem Teil der Energie des Quantons.
10	Elementarteilchen besitzen Eigenschaften wie Masse, Ladung, Farbladung, Flavour, Spin usw.	Die Eigenschaften der Quantonen sind auf die Stärke und Art der jeweiligen Anregung im Äther zurückzuführen.
11	Elementarteilchen, wie z. B. Elektronen und Quarks, können als Punktteilchen (nulldimensional) beschrieben werden.	Jedes Quanton, d. h. jede Anregung des Äthers, ist räumlich ausgedehnt.
12	„Elektronen verhalten sich [. . .] wie Photonen; sie sind beide verrückt, [. . .]." [Feynman 1990, S. 159]	Die spezielle Natur der Quantonen folgt aus der Stärke und Art der jeweiligen Anregung im Äther.
13	Das Higgs-Bosonen-Feld verleiht *einigen* Elementarteilchen ihre Ruhemasse [Higgs 1964]. Das 2012 gefundene Higgs-Boson ist ein „krönender Abschluss des Standardmodells" [Wolschin 2013, S. 19].	Der Äther verleiht *allen* Quantonen Masse. Das gefundene Boson ist ein Quanton wie andere. Die Higgs-Theorie segmentiert die Vorstellungen zur Herkunft der Masse. Sie kann als Ätherersatzkonzept verstanden werden (s. Tabelle 5.2).
14	Die Protonenmasse ist wahrscheinlich die Summe mehrerer Masseterme: „Die restliche Masse muss aus der starken Wechselwirkung kommen." [Wiedner 2018, S. 46]	Die Masse eines Protons ist äquivalent zur kinetischen Energie (Anregungsenergie) des Verbundes aus Quarks und Gluonen.
15	Gluonen haben keine Ruhemasse.	Ein Gluon besitzt wie jedes andere Quanton eine intrinsische Masse, die im gebundenen System messbar ist.
16	Photonen haben keine Ruhemasse.	Ein Photon besitzt wie jedes andere Quanton eine intrinsische Masse, die im gebundenen System messbar ist.

Tabelle 5.4 (fortgesetzt)

	Masse-Energie-Äquivalenz und Konsequenzen	Materie-Energie-Äquivalenz und Konsequenzen
17	Schwere und träge Masse, Gravitation und Trägheit sind äquivalent zueinander (Äquivalenzprinzip).	Die Identität von schwerer und träger Masse erklärt sich aus der Herkunft jeglicher Masse: Trägheit.
18	Die Übertragung von Wechselwirkungen erfolgt nicht-instantan mittels Feldquanten. Jede Wechselwirkung hat ihr spezielles Austauschteilchen.	Ätherwellen, d. h. Materiewellen, verursachen die nicht-instantane Wechselwirkung. Es gibt keine Austauschteilchen der Kraft.
19	Die Lichtgeschwindigkeit c markiert die maximale Ausbreitungsgeschwindigkeit von Objekten [Einstein 1905a].	c ist ein Charakteristikum des Äthers, wie auch h, k_B, die Gravitations-, Coulombkonstante usw. [Nernst 1916] Schneller als mit c bewegt sich kein Quanton im Äthergefüge. c beschreibt die Eigenbeweglichkeit von einmal entstandenen Anregungen des Äthers.
20	Es gibt *virtuelle Teilchen*, *intermediäre Teilchen* oder Teilchen in einem virtuellen Zustand.	Es gibt nur reale Anregungen im Quantonenäther.
21	*Virtuelle Photonen* sind die Feldquanten der elektromagnetischen Kraft. Die Übertragung erfolgt mit Lichtgeschwindigkeit.	Virtuelle Photonen sind ein mechanistischer und quantisierbarer Ersatz für die nicht quantisierbare potentielle Energie.
22	Z- und W-Bosonen mit großer Ruhemasse vermitteln die schwache Kernkraft. Die Übertragung erfolgt nicht mit Lichtgeschwindigkeit.	Z- und W-Bosonen sind Quantonen wie alle anderen, kurzfristige Zwischenprodukte bei Reaktionen. Als Botenteilchen sind sie ein quantisierbarer Ersatz für die potentielle Energie.
23	Mit der Theorie der elektroschwachen Wechselwirkung in der Quantenelektrodynamik QED ist eine Vereinigung der elektromagnetischen und der schwachen Wechselwirkung gelungen.	Die Vereinigung der schwachen und elektromagnetischen Wechselwirkung wurde, mittels willkürlicher Setzungen und Renormierungen, mathematisch aufwändig konstruiert.

Tabelle 5.4 (fortgesetzt)

	Masse-Energie-Äquivalenz und Konsequenzen	Materie-Energie-Äquivalenz und Konsequenzen
24	Renormierungen sind notwendige Bestandteile der Quantenfeldtheorie und der Festkörpertheorie	Renormierungen sind willkürlich wählbare, mathematische Cut-off-Prozeduren. Treten in einem Modell Singularitäten auf, z. B. von Masse- oder Ladungswerten, ist dies ein Zeichen für Mängel im Modell.
25	Gluonen ohne Ruhemasse vermitteln die starke Kernkraft. Die Übertragung erfolgt mit Lichtgeschwindigkeit.	Gluonen sind Quantonen wie alle anderen. Mit ihrer kinetischen Energie tragen sie mit zur Protonenmasse bei. Sie vermitteln keine Wechselwirkung.
26	Quarks und Gluonen sind Elementarteilchen.	Die Bewegung der Quarks und Gluonen als Ätheranregungen scheint stark korreliert. Eine Elementarität ist zu prüfen.
27	Das postulierte Graviton vermittelt die Gravitationskraft. Die Übertragung erfolgt mit Lichtgeschwindigkeit.	Die Existenz von Gravitonen ist fraglich. Gibt es Quantonen mit ähnlichen Eigenschaften, sind es Anregungen des Äthers wie alle anderen Quantonen, keine Botenteilchen.
28	Es wurden Gravitationswellen gemessen ([Abbott et al. 2016]).	Es wurden Ätherwellen (Materiewellen) gemessen.
29	Der nichtlokalen Wellenfunktion als Lösung der Schrödingergleichung (De-Broglie-Welle) kommt keine reale physikalische Bedeutung zu.	De-Broglie-Wellen (Materiewellen) sind reale Ätherwellen, über die Quantonen als Anregungen des Äthers miteinander kommunizieren. Sie sind empirisch bestätigt, z. B. über die nachweisbare Quantenverschränkung, Beugungs- und Interferenzphänomene, Bose-Einstein-Kondensate oder das Michelson-Morley-Experiment [Abbott et al. 2016].

Tabelle 5.4 (fortgesetzt)

	Masse-Energie-Äquivalenz und Konsequenzen	Materie-Energie-Äquivalenz und Konsequenzen
30	Die Feynman-Diagramme sind graphische Darstellungen quantenfeldtheoretischer Wechselwirkungen.	Die Feynman-Graphen sind nutzbar als kinetische Ablaufbeschreibung der Umwandlungen von Quantonen im Äther – unter Verzicht auf Deutungen wie: Botenteilchen, virtuelle Teilchen, Ruhemassegewinn durch ein Higgs-Bosonen-Feld, Minkowski-Raumzeit.
31	Alle physikalischen Größen lassen sich quantisieren: das Licht, der Impuls, der Drehimpuls, der Spin, die Masse, die Ladung, die Fundamentalkräfte (die Feldquanten Photon, Gluon, Graviton, Weakonen).	Die Anregungen des Äthers (kinetische Energie) lassen sich quantisieren – diskret in der Menge, kontinuierlich in der Räumlichkeit. Potentielle Energien lassen sich nicht quantisieren.
32	Das Standardmodell der Teilchenphysik mit zurzeit mindestens 18 frei setzbaren Parametern ist äußerst erfolgreich, wie viele Physik-Nobelpreise für Beiträge zum Standardmodell zeigen.	Das Standardmodell der Teilchenphysik könnte sich als eine „gewitzte, aber überbordend umständliche und von Grund auf falsche Weltsicht voller Flickwerk und Fehlannahmen" [Beckers 2015] erweisen. „It has plenty of loose ends; [...]." [Weinberg 1989, S. 1]
33	Die vier Fundamentalkräfte lassen sich nicht vereinen. „Die Probleme beginnen, wenn wir diese Idee zu weit treiben und nach einer *Über*-Vereinheitlichung suchen, der Theorie von Allem, die erzreduktionistische Vorstellung, dass alle Naturkräfte bloß Manifestationen einer einzigen Kraft sind." [M. Gleiser in: Brockman 2016, S. 32]	Die vier Fundamentalkräfte lassen sich vereinen und als Manifestationen einer einzigen Kraft verstehen, der Kraft des Äthers. Die Realität ist nicht gespalten in die Welt des Kleinen und die Welt des Großen.
34	Es gibt Quantenfluktuationen des Vakuums, die mit einer kurzfristigen Verletzung der Energieerhaltung verbunden sind. Es entstehen Teilchen aus dem Nichts, die wieder ins Nichts vergehen.	Es gibt einen Äther mit stabilen und instabilen Anregungen (Quantonen), die stets real sind. Eine Verletzung der Energieerhaltung findet nicht statt.

Tabelle 5.4 (fortgesetzt)

	Masse-Energie-Äquivalenz und Konsequenzen	Materie-Energie-Äquivalenz und Konsequenzen
35	Kurzfristige Verletzungen der Energieerhaltung sind erlaubt, weil die Heisenbergsche Unschärferelation gilt (s. Gl. (107)).	Die Unschärferelationen sind ein Ausdruck für objektiv vorhandene Schwankungen des Äthers im Wirkungsbereich von $\hbar/2$. Eine theoretische Beziehung kann nicht die Ursache für Realität sein – sie spiegelt nur Realität wider.
36	„Quantenobjekte existieren nicht zwangsläufig in eindeutigen Zuständen – oft nehmen sie verschiedene gleichzeitig ein." [Folger 2018, S. 12] Die Beobachtung legt ein Quantenobjekt auf dessen Realität fest. Die Messung stellt den Zustand nicht fest, sondern her (*Kopenhagener Deutung* als orthodoxe Interpretation der Quantenmechanik).	Jeder Anregungszustand des Äthers ist eindeutig und unterliegt einem Ursache-Wirkung-Prinzip. Kein Quanton besteht aus einer Überlagerung zweier uneindeutiger Zustände. Nicht die Messergebnisse erschaffen Realität.
37	Es gibt keine objektive Realität.	Es gibt eine eindeutige objektive Realität, unabhängig vom Beobachter, in der gesamten Physik inklusive Quantenphysik. Jeder Zustand eines Systems, ob mikroskopisch oder makroskopisch, ist eindeutig.
38	Die Physik ist eine messende Wissenschaft. Der Beobachter hat das Primat. Wenn sich die Beobachtung ändert, ändert sich auch das Gemessene.	Die objektive Realität (der Quantonenäther) hat das Primat. Was der Beobachter misst, ist angemessen zu interpretieren.
39	Es gibt eine reale (oder scheinbare) Zeitdilatation: „Bewegte Uhren gehen langsamer – die Zeitdilatation" [Gerthsen 2005, S. 620], denn „Jeder der Beobachter sieht die Uhr des anderen, bewegten Beobachters langsamer laufen als seine eigene." [Gerthsen 2005, S. 622]	Periodische Vorgänge wie atomare Schwingungen verlangsamen sich bei höheren Geschwindigkeiten im Äther. Die Uhr verändert sich, nicht die Zeit.

Tabelle 5.4 (fortgesetzt)

	Masse-Energie-Äquivalenz und Konsequenzen	Materie-Energie-Äquivalenz und Konsequenzen
40	Es gibt eine scheinbare (oder reale) Längenkontraktion (s. Tabelle 3.1) aus der Sicht von Beobachtern: „Die Länge eines bewegten Maßstabes erscheint dem ruhenden Beobachter kürzer zu sein, als wenn derselbe Maßstab relativ zu ihm ruhte." [Demtröder 2005, S. 102].	An Quantonen und ihren Verbünden wird in Bewegungsrichtung reale Volumenarbeit (auch elektrische Arbeit, Grenzflächenarbeit usw.) infolge von Kräften verrichtet.
41	Es gibt eine scheinbare – oder reale – Massenzunahme (s. Tabelle 3.1) mit der Geschwindigkeit aus der Sicht von Beobachtern.	Mit der Geschwindigkeit im Äther wächst real und dynamisch die Masse eines Quantons oder Quantonenverbundes.
42	Die Lichtgeschwindigkeit c im Vakuum ist eine *absolute Konstante*, d. h. unabhängig vom Bewegungszustand der Lichtquelle und vom Bewegungszustand des Beobachters [Einstein 1905a].	c ist anisotrop und unabhängig vom Bewegungszustand der Lichtquelle. Die Geschwindigkeit von Photonen (Quantonen) ist relativ zu der des Beobachters. Der Äther dient als ausgezeichnetes Bezugssystem.
43	Die absolute Konstanz von c, die SRT und die Raumzeit sind experimentell bewiesen. Es gibt ein *experimentum crucis* gegen den ruhenden Äther [Einstein und Infeld 1938, S. 174].	Es gibt kein *experimentum crucis*, das eine absolute Konstanz von c oder ein Fehlen des Äthers beweist. Die Experimente sprechen für die Materie-Energie-Äquivalenz und den Quantonenäther (s. Kap. 5.2.3.3).
44	Aufgrund der absoluten Konstanz von c mussten Raum und Zeit in einem revolutionären Akt relativiert werden.	Raum und Zeit wurden in einer intern inkonsistenten Theorie ([Einstein 1905a, 1905b]) relativiert.
45	Zeit ist relativ. Es gibt eine Zeitdilatation als Grundlage für eine dynamische Raumzeit.	Zeit ist absolut. Es gibt keine Grundlage für eine dynamische Raumzeit.
46	Raum ist relativ. Es gibt eine Längen- bzw. Raumkontraktion als Grundlage für die dynamische Raumzeit.	Es gibt einen absoluten Raum. Es gibt keine Grundlage für eine dynamische Raumzeit.

Tabelle 5.4 (fortgesetzt)

	Masse-Energie-Äquivalenz und Konsequenzen	Materie-Energie-Äquivalenz und Konsequenzen
47	Es gibt eine Raumzeit: „Von Stund' an sollen Raum für sich und Zeit für sich völlig zu Schatten herabsinken, und nur noch eine Art Union der beiden soll Selbständigkeit bewahren." [Minkowski 1908, S. 1]	Es gibt Raum und Zeit. Raum und Zeit sind voneinander getrennte *A-priori*-Kategorien mit grundlegenden Unterschieden. Die reale Irreversibilität von Prozessen ist zu beschreiben (s. Kap. 6).
48	Die Raumzeit lässt sich quantisieren.	Es gilt wieder mit Arthur Schopenhauer („PRAEDICABILIA A PRIORI"): „Die Zeit ist ins unendliche teilbar. [...] Die Zeit ist homogen und ein continuum [...] Der Raum ist ins unendliche teilbar. [...] Der Raum ist homogen und ein continuum [...]." [Schopenhauer 1819, S. 66 f.]
49	Es gibt eine flexible Raumzeit.	Eine flexible Raumzeit ist eine *contradictio in adjecto*.
50	Gravitationswellen ([Abbott et al. 2016]) sind Schwingungen, Krümmungen, Erschütterungen der Raumzeit. „Wenn sich zwei Schwarze Löcher auf Kreisbahnen immer näher kommen, versetzen sie die Raumzeit in Schwingung." [Castelvecci 2018, S. 60]	Sind die Signale signifikant, wurden mit dem Experiment [Abbott et al. 2016] Ätherwellen gemessen, d. h. Materiewellen (De-Broglie-Wellen).
51	Die ART beschreibt die Gravitation als Krümmung der Raumzeit. Schwerkraft ist eine geometrische Eigenschaft der Raumzeit, womit die ART die Lehre von der Geometrodynamik darstellt [Misner 1973].	Die ART ist eine Gravitationstheorie. Sie vermag keine Aussagen zu treffen über: a) Raum und Zeit, b) andere Wechselwirkungen.
52	Die ART ist experimentell bestätigt: „Damit haben sie das letzte der vier großen Postulate der allgemeinen Relativitätstheorie von Albert Einstein bestätigt" [Mokler 2016, S. 4].	Die ART als Raumzeit-Theorie ist nicht bestätigt (s. Kap. 5.2.3.3). Bestätigt ist das Äquivalenzprinzip, das aus der Tatsache folgt, dass jede Masse von Quantonen Impulsmasse ist.

Tabelle 5.4 (fortgesetzt)

	Masse-Energie-Äquivalenz und Konsequenzen	Materie-Energie-Äquivalenz und Konsequenzen
53	Ohne die Relativitätstheorie würden unsere Satelliten-Navigationssysteme (GPS) nicht funktionieren.	Die GPS-Systeme funktionieren, weil die Lorentzsche Äthertheorie die Realität beschreiben kann und der Sagnac-Effekt berücksichtigt wird, nach dem c vom Bewegungszustand des Beobachters abhängt. Sie funktionieren, weil die SRT *nicht* zugrunde gelegt wird.
54	Photonen folgen der Geodäte der gekrümmten vierdimensionalen Raumzeit.	Photonen gewinnen im Gravitationsfeld kinetische Energie (Blauverschiebung) und damit an Masse. Sie wechselwirken real mit anderen Quantonen und Quantonenverbünden.
55	Die gravitative Rotverschiebung ist ein relativistischer Effekt.	Die gravitative Rotverschiebung ist ein dynamischer Effekt der Wechselwirkung von Photonen mit Quantonenverbünden (s. Punkt 12 in Kap. 5.2.3.3).
56	In der Nähe einer großen Masse verstreicht die Zeit langsamer. In Schwarzen Löchern endet die Zeit.	In der Nähe von großen Materieansammlungen vergeht die Zeit ebenso schnell wie im Rest des Universums. Materieansammlungen beeinflussen Quantonen und Quantonenverbünde, nicht die Zeit.
57	Da sich Photonen mit Lichtgeschwindigkeit bewegen, vergeht für sie keine Zeit. Ihre Zeit bleibt stehen.	Das Photon ist ein Quanton wie jedes andere. Ihm kommt kein Sonderstatus zu. Für jedes Objekt im Universum (jede Anregung im Äther) vergeht Zeit.
58	Da für Photonen keine Zeit vergeht, sind sie unveränderlich – eine direkte Folge der Zeitdilatation [Einstein 1905a].	Das Photon wechselwirkt mit seiner Umgebung und verändert dabei seine Wellenlänge/Frequenz, d. h. seine kinetische Energie.
59	Wer sich schneller bewegt, für den vergeht die Zeit langsamer. Wer mit Lichtgeschwindigkeit reist, für den bleibt die Zeit stehen.	Die Zeit vergeht für jedes Objekt und Subjekt gleich schnell, unabhängig von seiner Geschwindigkeit (oder Nähe zu Materieansammlungen).

Tabelle 5.4 (fortgesetzt)

	Masse-Energie-Äquivalenz und Konsequenzen	Materie-Energie-Äquivalenz und Konsequenzen
60	Das Zwillingsparadoxon ist ein scheinbares Paradoxon: „Ein gründliches Verständnis dieser Zusammenhänge löst im allgemeinen alle Paradoxa der speziellen Relativitätstheorie." [Tipler 2000, S. 1164]	Das Zwillingsparadoxon, das Uhren-Paradoxon und viele weitere Paradoxien der SRT repräsentieren echte logische Widersprüche (s. Kap. 6.2).
61	Es gibt einen Anfang der Zeit (den Urknall).	Es gibt einen zeitlichen Anfang und ein zeitliches Ende jeder räumlichen Abgrenzung in Form von Quantonen. „Die Zeit hat keinen Anfang noch Ende, sondern aller Anfang und Ende ist in ihr." [Schopenhauer 1819, S. 67]
62	Der Raum ist begrenzt und kann sich ausdehnen.	Der Raum ist die Voraussetzung für die räumliche Erstreckung (Extension) von Objekten (Quantonen bzw. Quantonenverbünden). Er selbst hat keine Grenzen. „Der Raum hat keine Grenzen, sondern alle Grenzen sind in ihm." [Schopenhauer 1819, S. 67]
63	Das Universum expandiert. Die Expansion ist nicht als Entfernung der Galaxien *in* der Raumzeit zu verstehen, sondern es ist der Raum selbst, der sich ausdehnt. Die Galaxien werden nur mitbewegt. (Die Idee der Expansion geht auf den Astrophysiker Georges Lemaître im Jahre 1927 [Lemaître 1927] zurück, der seinen Überlegungen die ART zugrunde legte.)	Objekte können sich ausdehnen, nicht der Raum. Der Raum ist Dimension, nicht Extension (vgl. [Kant 1787], [Schopenhauer 1819], [Hartmann 1950]). „Zunächst gibt es kein einziges unabhängiges Experiment, welches eine Expansionsbewegung unterstützen würde." [Jooß 2017, S. 281]

Tabelle 5.4 (fortgesetzt)

	Masse-Energie-Äquivalenz und Konsequenzen	Materie-Energie-Äquivalenz und Konsequenzen
64	Das Universum expandiert beschleunigt. Die beschleunigte Expansion, deren Ursache womöglich die Dunkle Energie ist, wird mit dem Lambda-CDM-Modell beschrieben. In der Frühzeit des Universums gab es eine Inflationsphase.	Die Hypothesen vom Urknall (erster Moment der Zeit), einer kosmischen Inflation und beschleunigten Expansion des Universums bzw. des Raums gehen auf die Idee der Geometrisierung der Schwerkraft (ART) zurück. Da diese Idee auszuschließen ist, können darauf aufbauende Vorstellungen nicht genügen. „The big bang never happened." [Lerner 1992]
65	Die gemessene Rotverschiebung der Spektrallinien des Lichts entfernter Galaxien [Slipher 1915] ist in der Zunahme von Abständen im Universum begründet. Die Photonen werden langwelliger (und damit energieärmer), weil sich ihnen die Expansion der Raumzeit aufprägt. Da der Raum sich ausdehnt, dehnt sich die Wellenlänge der Photonen mit.	Die kosmologische Rotverschiebung beruht auf der Wechselwirkung von Photonen mit dem Äther. Auf dem Weg durch den Äther verliert ein Photon kinetische Energie und wird langwelliger. Die kinetische Energie wird in potentielle Energie umgewandelt (s. Kap. 6.3).
66	Mit der Hubble-Konstante, die als Expansionsgeschwindigkeit des Universums interpretiert wird, lässt sich das Alter des Universums abschätzen. Es besteht eine annähernd lineare Beziehung zwischen der kosmologischen Rotverschiebung und der Entfernung der Galaxien.	Die kosmologische Rotverschiebung beruht auf einer realen Wechselwirkung (s. o. in Feld 65). Edwin Hubble selbst interpretierte seine Daten im Sinne eines stationären Universums und zog Materie-Effekte statt geometrischer in Betracht: „an apparent slowing down of atomic vibrations and a general tendency of material particles to scatter." [Hubble 1929, S. 173]

Tabelle 5.4 (fortgesetzt)

	Masse-Energie-Äquivalenz und Konsequenzen	Materie-Energie-Äquivalenz und Konsequenzen
67	Es gibt eine Dunkle Energie [Kolb und Turner 1990], die die beschleunigte Expansion des Universums erklärt und in den Friedmann-Gleichungen als kosmologische Konstante auftaucht. Womöglich gibt es auch eine zeitlich variable Dunkle Energie (*Quintessenz*) [Zlatev et al. 1999].	Die konstante oder variable Dunkle Energie ist ein Notbehelf. Sie kann als (unzureichendes) Ätherersatzkonzept verstanden werden (s. Tabelle 5.2), da mit der Vereinnahmung der potentiellen Energien als masserelevant die potentielle Energie im Universum fehlt.
68	Die kosmologische Konstante λ ist relevant: „Ich komme nämlich zu der Meinung, daß die von mir vertretenen Feldgleichungen der Gravitation noch einer kleinen Modifikation bedürfen" [Einstein 1917b, S. 144].	Die kosmologische Konstante λ ist ein Ausdruck der Krise: „Nevertheless the cosmological constant was trotted out whenever some crisis arose within cosmology" [Kragh und Overduin 2014, S. 89]. Sie kann als (unzureichendes) Ätherersatzkonzept verstanden werden (s. Tabelle 5.2).
69	Theorien, wie z. B. die 26-dimensionale bosonische Stringtheorie [Bischoff 2018, S. 74] oder die M-Theorie, welche die fünf 10-D-Superstringtheorien und die 11-dimensionale Supergravitation mit einschließt, können zur Vereinigung der Fundamentalkräfte beitragen: „Wenn wir unsere Welt verstehen [. . .] wollen, sollten wir 10-D-Stringtheorien oder die 11-D-M-Theorie ernst nehmen" [G. Kane in: Brockman 2016, S. 100].	Theorien auf der Basis von höherdimensionalen Raumzeiten müssen bei der Suche nach einer Vereinigung der Fundamentalkräfte scheitern. Es handelt sich um kreative Ideen, die zur Weiterentwicklung mathematischer Methoden beitragen können. „Reine Mathematik ist keine Physik." [M. Gleiser, in: Brockman 2016, S. 33]
70	Theorien auf der Basis der Raumzeit, wie z. B. die Schleifenquantengravitation (loop quantum gravity), die Theorie der asymptotischen Sicherheit, die kausale dynamische Triangulation, die emergente Gravitation usw., können zur Vereinigung der Fundamentalkräfte beitragen.	Theorien auf der Basis der ART-Raumzeit müssen bei der Suche nach einer Vereinigung der Fundamentalkräfte scheitern. Es handelt sich um kreative Ideen, die zur Weiterentwicklung mathematischer Methoden beitragen können.

Tabelle 5.4 (fortgesetzt)

	Masse-Energie-Äquivalenz und Konsequenzen	Materie-Energie-Äquivalenz und Konsequenzen
71	Theorien auf der Basis der Raumzeit, wie z. B. Wurmlöcher oder Einstein-Rosen-Brücken, Zeitreisen, Schwarze Löcher als „eine Region der Raumzeit, aus der kein Entkommen möglich ist" [Hawking 2010, S. 111], Ereignishorizonte, Universen, die aus einem Schwarzen Loch geboren werden, über Wurmlöcher verschränkte Schwarze Löcher usw. können zum Verständnis der Realität beitragen.	Theorien auf der Basis der ART-Raumzeit sind physikalisch nicht relevant. Es handelt sich um mathematische Konstruktionen und Ideen, die ihre eigene Poesie haben.
72	Das Ursache-Wirkung-Prinzip kann womöglich unterlaufen werden.	Es gilt wieder: „Eine ununterbrochene Kette von Ursachen und Wirkungen füllt die gesamte Zeit. (Denn wäre sie unterbrochen, so stände die Welt stille, oder es müßte, um sie wieder in Bewegung zu setzen, eine Wirkung ohne Ursache eintreten.)" [Schopenhauer 1819, S. 56]
73	Die Natur ist absurd. „So I hope you can accept nature as she is – absurd." [Feynman 1985, S. 10]	Theorien von der Natur, die postulieren, die Natur sei absurd, sind in Frage zu stellen.
74	Das für mikro- und makroskopische Systeme empirisch bestätigte Phänomen der Quantenverschränkung, welches weit entfernte Teilchen in einem gemeinsamen Zustand beschreibt (korrelierter Spin usw.), lässt sich nicht anschaulich deuten. Mit den Annahmen der Speziellen Relativitätstheorie ist die Quantenverschränkung unter Umständen vereinbar.	Die Verschränkung von Quantonen ist eine grundlegende Eigenschaft des Quantonenäthers und ein Argument für den Äther. Da ein Quanton bestebt ist, „den gesamten ihm zur Verfügung stehenden Raum" [Lévy-Leblond 2012, S. 30] einzunehmen, können sich die Bewegungen der Quantonen auch weit entfernt korrelieren.
75	Das in Teilchenbeschleunigern erzeugte Quark-Gluonen-Plasma gibt Aufschluss über frühe Zustände des Universums.	Mit dem Quark-Gluonen-Plasma am CERN lässt sich studieren, wie Quantonenverbünde auf extremen Stress reagieren.

Tabelle 5.4 (fortgesetzt)

	Masse-Energie-Äquivalenz und Konsequenzen	Materie-Energie-Äquivalenz und Konsequenzen
76	Theorien auf Basis der primären Rolle des Beobachters wie die Viele-Welten-Theorie, basierend auf der *Kopenhagener Deutung* der Quantenphysik, oder das Quanten-Multiversum mit Parallelwelten können zum Verständnis der Realität beitragen.	Die Materie ist primär, nicht der Beobachter. Theorien auf Basis der primären Rolle des Beobachters sind physikalisch nicht relevant.
77	Zeit ist eine Illusion. „Jeder Physiker weiß heute, daß die absolute Zeit, die ideale Uhr und alles, was damit zusammenhängt, eine Illusion ist, aber er weiß auch, daß es langer, nicht-trivialer Erörterungen bedarf, um die reale Sachlage zu analysieren. Wir wollen deshalb hier nicht näher darauf eingehen." [Falk 1978, S. 9] Fraglich ist „das Konzept der Zeit selbst. Sie könnte sich als nicht viel mehr als ein nützliches Konstrukt erwelsen, ein Hilfsparameter, mit dem wir korrelierende Ereignisse in lokalen Zweigen des Universums ordnen." [Nomura 2017, S. 19]	Zeit ist empirische Realität. Es ist nicht nötig, die physikalische Erfahrung von Zeit, also die Unterscheidbarkeit von gestern und morgen, in Frage zu stellen (s. Kap. 6).
78	Die Gesetze der Mechanik, Quantenmechanik, SRT und ART sind zeitlich symmetrisch, d. i. reversibel. Sie kennen keine Richtung der Zeit (Zeitumkehr-Invarianz). Thermodynamisch sind mit der Zunahme der Entropie alle Prozesse irreversibel. Dass die Theorien nicht vereinbar sind, nennt man: „Das Paradox der Zeit" [Prigogine und Stengers 1993].	Das Paradox der Zeit ist ein menschengeschaffenes Paradoxon, da ein Teil unserer Theorien die Natur nicht adäquat beschreibt. Mit einer Materie-Energie-Äquivalenz lässt sich die Irreversibilität auf Quantenebene deuten (s. Kap. 6.3).

Auch wenn die Auflistung nicht vollständig sein kann, soll hier ein Schnitt gemacht werden. Es wird deutlich, dass die thermodynamisch begründete Materie-Energie-Äquivalenz zu wesentlich anderen Schlüssen führt, als sie auf der Grundlage der SRT gezogen wurden. Würde man den logischen Widersprüchen in der Speziellen Relativitätstheorie Gewicht einräumen, statt seit mehr als einhundert Jahren experimentelle Bestätigungen geltend zu machen (s. Anhang), würden sich die Standardmodelle der Teilchenphysik und Kosmologie als nicht haltbar erweisen.

Zur Ausgabe „In den Tiefen der Teilchenwelt. Gesucht: Eine neue Physik jenseits des Higgs" der Zeitschrift „Spektrum der Wissenschaft" schreibt Mike Beckers in seinem Editorial:

> Möglicherweise bewertet auch eine der nächsten Generationen in der gleichen Weise unser Standardmodell, unsere Quantenphysik und unser Verständnis vom Universum, [...] – als gewitzte, aber überbordend umständliche und von Grund auf falsche Weltsicht voller Flickwerk und Fehlannahmen. [Beckers 2015, Editorial]

Im Sinne eines baldigen Auswegs aus der fundamentalen Krise der modernen Physik wäre es hilfreich, wenn nicht erst eine der nächsten Generationen die SRT, den Raumzeitbegriff und die heutigen Standardmodelle grundlegend in Frage stellte.

6 Die Irreversibilität und der Zeitpfeil

Über das Wesen der Zeit haben Menschen seit Anbeginn ihrer Existenz nachgedacht, nicht nur Dichter und Denker wie Aristoteles, Albert Einstein, Jorge Luis Borges („Neue Widerlegung der Zeit"), Ingeborg Bachmann („Die gestundete Zeit"), Ilya Prigogine („Das Paradox der Zeit") oder Aurelius Augustinus, von dem der bekannte Ausspruch stammt:

> Was ist also Zeit? Wenn niemand mich danach fragt, weiß ich's; will ich's aber einem Fragenden erklären, weiß ich's nicht. [Aichelburg 1988, S. 41]

Nicht zuletzt aus diesem Grunde wurde die Debatte um den veränderten Zeitbegriff seit 1905 oft sehr emotional geführt.

In diesem Kapitel wird zunächst der Zeitbegriff der modernen Physik kurz im historischen Kontext dargestellt. Da die umfangreiche Kritik an der Minkowski-Raumzeit der beiden Relativitätstheorien mit zur Physikgeschichte gehört, wird ihr ein eigenes Unterkapitel gewidmet.

Im Anschluss daran wird gezeigt, dass sich auf der Grundlage eines Quantonenäthers eine mikroskopische Erklärung für die Irreversibilität ableiten lässt. In einem letzten Kapitel wird abgewogen, was mit einer Aufgabe der reversiblen Zeit der Relativitätstheorien verloren bzw. gewonnen wird.

6.1 Die reversible Zeit der modernen Physik

Die Physik des frühen 20. Jahrhunderts hat dazu geführt, dass die sogenannte *Weltformel* heute in der Verbindung zweier Extremaltheorien zur Beschreibung des sehr Kleinen (Quantenphysik) und des sehr Großen (ART) gesucht wird. Die Theorie der komplexen Phänomene im makroskopischen Maßstab (die Thermodynamik) wird dabei nicht berücksichtigt. Die Vorgehensweise wirkt befremdlich, übergeht man doch so die hier und heute geltenden Naturgesetze und spricht ihnen die Gültigkeit in den Grenzbereichen möglicher Empirie und damit im Grunde auch die Gültigkeit an sich ab.

Während die Thermodynamik die einzige physikalische Theorie ist, die einen Begriff dafür gefunden hat, dass Zeit vergeht, also Prozesse eine Richtung haben, Zustände ein Ende finden und das Gestern vom Morgen zu unterscheiden ist, findet die reale Erfahrung der Irreversibilität in den Theorien Mechanik, Quantentheorie, SRT und ART keine Beachtung. Hier werden *zeitumkehr-invariante*, d. h. *reversible* Prozesse beschrieben. Auch in der Allgemeinen Relativitätstheorie (ART), die Ereignisse in kosmologischen Größenordnungen beschreibt, gibt es keinen Ausdruck für die Entropie oder eine entropieäquivalente Größe, die in der Lage wäre, den Zeitpfeil zu erfassen.

https://doi.org/10.1515/9783110656961-006

Der gegenwärtige Zeitbegriff der Physik wurde in der Speziellen Relativitätstheorie (SRT) geprägt. Seine Bedingtheit lässt sich nur im historischen Kontext verstehen.

In der zweiten Hälfte des 19. Jahrhunderts hatte Rudolf Clausius bei der thermodynamischen Beschreibung von Kreisprozessen erstmals die *Entropie* definiert [Clausius 1865]. Die beiden Schlusssätze in seinem Aufsatz:

1) *Die Energie der Welt ist constant,*

2) *Die Entropie der Welt strebt einem Maximum zu.*   [Clausius 1865, S. 400]

hatten zu einer breiten gesellschaftlichen Diskussion geführt. Immerhin bedeutete das Maximum der „Entropie der Welt" den sogenannten *Wärmetod* des Universums – ein Weltuntergangsszenario, da eine maximale Entropie im Clausiusschen Sinne eine statistische Gleichverteilung und Prozesslosigkeit bedeutet: das thermodynamische Gleichgewicht.

Dementsprechend wird ein Zuwachs an Entropie, den man mit einem Urknall-Modell noch heute universell gesehen annimmt, gemäß Boltzmann, Planck, Prigogine usw. mit einer Zunahme der Wahrscheinlichkeit interpretiert:

> Wir leben in einer „unwahrscheinlichen" Welt, und der „Pfeil der Zeit", die Unterscheidung zwischen Vergangenheit und Zukunft, ist einfach die Konsequenz dieser Tatsache. Das, was wir „Natur" nennen, die Gesamtheit der miteinander verflochtenen Prozesse, [...], sind nur Erscheinungsformen eines und desselben Prozesses: des fortschreitenden Verschwindens der anfänglichen Abweichung vom Gleichgewicht.   [Prigogine und Stengers 1993, S. 49]

Der Zustand eines Systems gilt als umso unwahrscheinlicher, je geordneter er ist, d. h. je kleiner die Systementropie ist. Die Entropie wird als Maß für die Wahrscheinlichkeit verstanden, womit auch die Entstehung des Lebens heute als unwahrscheinlich gilt.

In der Überzeugung, dass die Physik das Werden verstehen müsse, war Ludwig Boltzmann am Ende des 19. Jahrhunderts angetreten, den Zeitpfeil auf fundamentaler Ebene zu belegen. Als Atomistiker und Begründer der statistischen Thermodynamik glaubte Boltzmann dabei an die vollständige Diskretisierbarkeit der Energie. Im Rahmen der kinetischen Gastheorie allerdings, in der nur reversible Lageveränderungen von Teilchen (Atome, Moleküle) beschrieben werden, musste er in seinem Lebensziel scheitern. So räumte er im Jahre 1895 auf Einwände gegen sein molekular-statistisches Erklärungsmodell schließlich ein, dass sein H-Theorem und der zweite Hauptsatz der Thermodynamik lediglich Wahrscheinlichkeitsaussagen seien.

Da Ludwig Boltzmann sein selbst gestecktes Ziel nicht erreicht hatte, die Irreversibilität und den Zeitpfeil objektiv zu begründen, wandte er sich von der Physik ab und der Naturphilosophie zu, bevor er 1906 Selbstmord verübte.

Der kantsche, schopenhauersche usw. Zeitbegriff der Philosophie als *A-priori*-Kategorie –

> Auf solche Weise entspringen gerade so viel reine Verstandesbegriffe, welche *a priori* auf Ge-
> genstände der Anschauung überhaupt gehen, [...]. [Kant 1787, S. 134 f.]
> Wir erkennen die Gesetze der Zeit a priori. [Schopenhauer 1819, S. 67]

– erfuhr 1905 in der Speziellen Relativitätstheorie eine grundlegende Neuinterpretation. Diese war 1905 möglich, weil die Irreversibilität mit Boltzmanns Scheitern bereits als ein rein statistisches Phänomen verstanden wurde.[93] Angesichts des neuen
Zeitbegriffs der SRT wurde von einem revolutionären Umbruch der Weltanschauung gesprochen. Max Planck rief eine kopernikanische Wende aus:

> Es braucht kaum hervorgehoben zu werden, daß diese neue Auffassung des Zeitbegriffs an die
> Abstraktionsfähigkeit und an die Einbildungskraft des Physikers die allerhöchsten Anforde-
> rungen stellt. Sie übertrifft an Kühnheit wohl alles, was bisher in der spekulativen Naturfor-
> schung, ja in der philosophischen Erkenntnistheorie geleistet wurde; [...]. Mit der durch dies
> Prinzip im Bereiche der physikalischen Weltanschauung hervorgerufenen Umwälzung ist an
> Ausdehnung und Tiefe wohl nur noch die durch die Einführung des Copernikanischen Welt-
> systems bedingte zu vergleichen. [Planck 1909, S. 117 f.]

Ein Paradigmenwechsel ist nach dem Wissenschaftstheoretiker Thomas Kuhn
[Kuhn 1967] nur möglich, wenn es eine starke wissenschaftliche Krise gibt, die am
Anfang des 20. Jahrhunderts tatsächlich vorhanden war, und maßgebende Vertreter
bisheriger Theorien wegsterben, was tatsächlich der Fall war.

Josiah Willard Gibbs, der auf dem Boden der Logik und Philosophie Immanuel
Kants eine Artikelserie mit dem Titel „On the Equilibrium of Heterogeneous Substances" [Gibbs 1875–78] geschrieben hatte, worin er die Gibbsche Thermodynamik
ausgehend von den beiden Hauptsätzen entwickelte (s. Kap. 2), war 1903 gestor-
ben[94] und Ludwig Boltzmann als Begründer der statistischen Thermodynamik
1906. Immanuel Kant (1724–1804) als philosophischer Mitbegründer der Thermodynamik und Arthur Schopenhauer (1788–1860), der eine logische Natur- und Zeitphi-
losophie entwickelt hatte, lebten in anderen Jahrhunderten. Hendrik Antoon
Lorentz war kritisch, beobachtete neue Entwicklungen in der Physik aber prinzipiell interessiert und wenig konfrontativ. Henri Poincaré war kritisch, doch starb
auch er schon 1912. Max Planck wiederum als Begründer der Quantenphysik interpretierte Boltzmanns Scheitern als endgültig und verehrte Albert Einstein uneinge-
schränkt, nicht zuletzt aufgrund dessen Lichtquantenhypothese.

---

93 Zwar hat Einstein vor 1905 auch selbst thermodynamisch gearbeitet [Einstein 1903], doch
scheint er sich davon überzeugt zu haben, dass weder die klassische noch die statistische Thermodynamik weiterführen, zumal Boltzmanns statistische Deutung der Entropie auf Molekülebene als
endgültig angesehen wurde.

94 Es ist nicht ausgeschlossen, dass sich Albert Einsteins Deutung der Gleichung $E_0 = mc^2$
nicht hätte durchsetzen können, wenn Josiah Willard Gibbs noch gelebt hätte, widerspricht
Einsteins Interpretation doch der Gibbs-Methode zur Erfassung der Energieänderung eines
Systems. Solche Erwägungen sind nicht belegbar, können aber die These stützen, dass die
langjährige Prägung einer Naturwissenschaft von Einzelschicksalen abhängen kann.

Konstatierte Ludwig Boltzmann in dem ersten Kapitel „Über die Methoden der theoretischen Physik" [Boltzmann 1905, S. 1 f.] seines Buches „Populäre Schriften", dass sich die Physik von einer erklärenden zu einer beschreibenden Naturwissenschaft entwickle, so war auch Einsteins Aufsatz „Zur Elektrodynamik bewegter Körper" [Einstein 1905a] einem positivistischen Geist verpflichtet. Indem die SRT eine Vereinigung der Newtonschen Mechanik und der Maxwellschen Elektrodynamik versprach, wurde sie dem kollektiven Erwartungsdruck der Physik am Anfang des 20. Jahrhunderts gerecht und bot einen Ausweg aus der lang anhaltenden, auch weltanschaulichen Krise, die daraus resultierte, dass ein mechanisches Äther-Fluidum nicht zu finden war.

Einstein bewertete viele experimentelle Befunde, wie z. B. die Perihelbewegung des Merkur, die Lichtablenkung im Gravitationsfeld oder die Rotverschiebung der Spektrallinien [Einstein 1917a, S. 98 ff.], als Bestätigungen seiner Theorien. In seiner Rede vor der Royal Society of London betonte er, dass die Relativitätstheorie

> [...] nicht spekulativen Ursprungs ist, sondern dass sie durchaus nur der Bestrebung ihre Entdeckung verdankt, die physikalische Theorie den beobachteten Tatsachen so gut als nur möglich anzupassen. [Einstein 1921]

Die beobachtbare Tatsache der Irreversibilität wurde dabei ausgeschlossen. Die SRT begann sich zu etablieren (s. Anhang), obwohl es zahllose Kritiker der SRT gab und die Mehrheit der zeitgenössischen Physiker nicht an einen leeren, ätherlosen Raum glaubte:

> Lorentz's theory demanded an ether. He, and the great majority of his contemporaries, never doubted the physical reality of the ether, as something that both had physical properties and could serve as a standard of rest with respect to which 'absolute' velocities had a definite meaning. [Dingle 1972, S. 115 f.]

Spätestens mit der Bestätigung der Krümmung der Lichtstrahlen im Gravitationsfeld der Sonne durch Eddington im Mai 1919, die als Beweis für die ART gedeutet wird, gelangten die SRT und ART und damit auch ihr Zeitbegriff zu weltweitem Ruhm und wurden später nach und nach anerkannt. Die Anerkennung war ein multikausaler, nicht nur wissenschaftlicher, sondern auch gesellschaftlicher und wissenschaftspolitischer Prozess (s. Anhang).[95] Der Siegeszug der ART war zugleich der Siegeszug der SRT, wenngleich die Theorien grundverschieden sind.

Gilt das Gebäude der Thermodynamik heute als abgeschlossen, so hat zu dieser Ansicht auch der Hilbert-Schüler Constantin Carathéodori beigetragen, der im Jahr 1909 eine axiomatisch strenge, mathematische Begründung der Thermodynamik

---

[95] Eine umfangreiche, wenngleich sehr einseitig wertende historische Darstellung zur Kritik und Verteidigung der Relativitätstheorie zu Einsteins Zeiten ist in einer Monographie von Klaus Hentschel [Hentschel 1990] nachzulesen, in der einige inhaltliche, z. T. auch politisch eingefärbte Kontroversen eingestuft werden.

veröffentlichte, die von Max Planck, Max Born u. a. dankbar aufgenommen wurde. Durch Carathéodoris Arbeit wurde der mechanistische Zugang zum 2. Hauptsatz, der auf einer Beschreibung reversibler Lageänderungen von Teilchen gründet, erhärtet:

> Man kann die ganze Theorie ableiten, ohne die Existenz einer von den gewöhnlichen mechanischen Größen abweichenden physikalischen Größe, der Wärme, vorauszusetzen.
>
> [Carathéodori 1909, S. 357][96]

Auch Max Planck wirft dem 2. Hauptsatz in seinen Vorlesungen in New York im Jahre 1909 Anthropomorphismus vor und stellt dessen Objektivität in Frage – wie auch die millionenfach geprüfte empirische Tatsache, dass sich zwar Arbeit vollständig in Wärme umwandeln lässt, Wärme aber nicht vollständig in Arbeit:

> Dieser Ausspruch ist zwar in gewissen Fällen richtig, trifft aber, ganz allgemein genommen, durchaus nicht das Wesen der Sache, wie ich an einem einfachen Beispiel zeigen will.
>
> [Planck 1909, S. 12]

Das einfache Beispiel, das Max Planck danach anführt, um zu zeigen, dass „die vom Wärmereservoir abgegebene Wärme v o l l s t ä n d i g in Arbeit verwandelt wird" [Planck 1909, S. 12 f.], bezieht sich auf die Volumenarbeit eines idealen Gases. Da im idealen Gas potentielle Energien von vornherein ausgeschlossen sind, weil es eine Idealisierung darstellt, die in der Natur real nicht vorkommt (s. Kap. 4.6), ist das Beispiel allerdings ungeeignet, den Sachverhalt zu demonstrieren. Wie Albert Einstein, der Materie auf Masse reduziert, scheint Max Planck hier der Suggestion von Idealisierungen zu erliegen.

Der Nobelpreisträger Ilya Prigogine, dessen Arbeiten und Ideen (z. B. [Prigogine und Defay 1962], [Prigogine 1979], [Prigogine und Stengers 1986], [Prigogine und Stengers 1993]) zur modernen Thermodynamik und Beschreibung von Systemen weitab vom Gleichgewicht beigetragen haben, und die Philosophin und Wissenschaftshistorikerin Isabelle Stengers stellen in ihrem Buch „Das Paradox der Zeit" befremdet fest:

> Es erscheint recht merkwürdig, daß die Schlussfolgerung, zu der sich Boltzmann und die auf ihn folgenden Physiker genötigt sahen – daß die Irreversibilität lediglich auf der approximativen, makroskopischen Art, in der wir eine zeitlich reversible Realität beschreiben, beruht –, keine Krise in der abendländischen Wissenschaft ausgelöst hat. Besonders auffällig ist der Kontrast zu der Reaktion, mit der einige Jahre später Einsteins Relativitätstheorie aufgenommen wurde. [Prigogine und Stengers 1993, S. 57]

---

96 Carathéodori leitet in seinem Aufsatz den Begriff der Temperatur, also der Triebkraft zur Entropieänderung im Prozess der Wärmeübertragung, erst her: „Nun ist der Begriff der Temperatur kein primärer, [...]. Die Temperatur tritt, wie wir sahen, in die Rechnungen ein, indem man gewisse Gleichgewichtsbedingungen betrachtet." [Carathéodori 1909, S. 385] Damit spricht er der Temperatur T und der dazu konjugierten Entropie S eine Gleichwertigkeit mit anderen intensiven und extensiven Zustandsgrößen in der Pfaffschen Differentialform (s. Gl. (10)) ab und sieht beide Größen als weniger fundamental an.

Verwunderlich sei dies umso mehr, führen sie aus, als die Relativitätstheorie ja nur die absolute Gleichzeitigkeit, eine Vorstellung „von untergeordneter Bedeutung", umgestoßen habe, während der Zeitpfeil eine Erkenntnis sei, „die ganz tief in unserer täglichen Erfahrung wurzelt." [Prigogine und Stengers 1993, S. 57]

Indem Einstein in der SRT die absolute Gleichzeitigkeit verwirft und die Zeit relativiert, reduzieren sich alle Prozesse auf reversible Lageänderungen im leeren Raum. In der mechanistischen Physik der SRT kann immer alles auf demselben Weg rückgängig gemacht werden:

> Vorhersehbar an der Zukunft ist nur, was der Vergangenheit gleicht, oder was aus Elementen, die denen der Vergangenheit gleichsehen, wieder zusammengesetzt werden kann. Dies ist der Fall der astronomischen, physikalischen und chemischen Vorgänge, aller derer überhaupt, [...], bei denen nur Lageveränderungen vor sich gehen, bei denen der Gedanke, die Dinge könnten an Ort und Stelle zurückgebracht werden, keine theoretische Absurdität ist, [...].
>
> [Bergson 1907, S. 34]

Auch die experimentell nachweisbare Rotverschiebung der Spektrallinien des Lichts von Galaxien [Slipher 1915], die durch Georges Lemaître auf Basis der ART als Expansion des Raumes interpretiert wurde [Lemaître 1927, 1931], veränderte die physikalische Akzeptanz der relativen Zeit und der relativen Gleichzeitigkeit nicht. Immerhin wurde mit der gegen 1931 entwickelten Urknall-Hypothese eine *kosmologische Zeit* eingeführt.

Eine solche stellt eine absolute Zeit dar, da sich ein einheitliches Alter für das gesamte Universum angeben lässt. Es wurde zwar von einer teilweisen Wiedereinführung der absoluten Gleichzeitigkeit („partial reinstatement of absolute simultaneity into the actual world" [Robertson 1933, S. 65]) gesprochen. Doch wurden die absolute Zeit (kosmologische Zeit) und die relative flexible Zeit (Raumzeit) als mathematisch vereinbar interpretiert, worin sich u. a. der Mathematiker, Physiker und Philosoph Hermann Weyl, ein Freund Einsteins, verdient gemacht hat [Weyl 1927].

Von nun an gab es einerseits viele relative und flexible Eigenzeiten (Systemzeiten, Ortszeiten usw.), also die relative Gleichzeitigkeit, und andererseits die absolute universelle Zeit, also die absolute Gleichzeitigkeit, da Zeit an jedem Ort im Universum gleich schnell vergehen muss, wenn das Universum überall gleich alt ist. Auch gab es den *Urknall*, in dem Raum und Zeit (und die Energie aus dem Nichts) geboren wurden, und damit einen Anfangspunkt der Zeit.

Mit der Urknalltheorie gab es folglich entweder eine außerzeitliche Ursache für einen ersten Prozess, den Urknall, oder aber eine Wirkung ohne Ursache, was beides logisch nicht denkbar ist:

> Der allein richtige Ausdruck für das Gesetz der Kausalität ist dieser: *jede Veränderung hat ihre Ursache in einer andern, ihr unmittelbar vorhergängigen.* [...] denn eine *erste* Ursache ist so unmöglich zu denken wie ein Anfang der Zeit oder eine Grenze des Raums.
>
> [Schopenhauer 1819, S. 59]

In ihrem Buch „Das Paradox der Zeit" beschreiben Ilya Prigogine und Isabelle Stengers, wie unbefriedigend die Aufgabe einer physikalischen Erklärung des Zeitpfeils ist. Sie anerkennen indessen die Urknalltheorie als Geburt der Zeit und mithin auch die Expansion der Raumzeit:

> Offensichtlich ist der Urknall ein Ereignis. [...] Der Urknall kann nach unserer Hypothese als der irreversible Prozeß schlechthin betrachtet werden. [Prigogine und Stengers 1993, S. 271]

Um zwischen der modernen Kosmologie und der täglich erfahrbaren Irreversibilität zu vermitteln, schlagen sie eine mathematische Auflösung des Zeitparadoxons vor, wonach ein dynamisches Chaos auf Mikroebene die zeitliche Symmetrie breche und komplexere Mathematik den Widerspruch zwischen der Reversibilität auf Mikroebene und der Irreversibilität auf Makroebene auflösen würde:

> Die Irreversibilität, die sich im Zeitpfeil äußert, ist eine *statistische* Eigenschaft. Sie kann nicht auf der Ebene individueller Trajektorien (oder Wellenfunktionen) eingeführt werden [...].
> [Prigogine und Stengers 1993, S. 229]

Diese Darstellung folgt der Betrachtung Boltzmanns von großen Populationen und entfernt sich wieder von einem vielversprechenden Ansatz Prigogines und der Brüsseler Schule der 70er Jahre:

> Aber der gesamte Begriff der „Elementarteilchen" muß neu überdacht werden! [...] Es ist nicht ausgeschlossen, daß bei dieser Konstruktion das „Werden", d. h. die Beteiligung der Teilchen an der Entwicklung der physikalischen Welt, eine wesentliche Rolle spielen wird.
> [Prigogine 1979, S. 207]

Mit dem Vorschlag von Prigogine und Stengers [Prigogine und Stengers 1993] ist eine Objektivierung des Zeitpfeils auf Mikroebene nicht erreicht. Eher stellt er eine Kompromisslösung im Sinne der modernen Physik dar, die sich als eine endgültige Zurücknahme der Thermodynamik auffassen lässt, während es zuvor [Prigogine 1979, S. 207] noch möglich erschienen war, die Irreversibilität auf mikroskopischer, d. h. elementarer Ebene zu begründen.

So wird die Irreversibilität in der theoretischen Physik heute weiter als ein subjektiver Eindruck bzw. eine Illusion gedeutet:

> Für uns gläubige Physiker hat die Scheidung zwischen Vergangenheit, Gegenwart und Zukunft nur die Bedeutung einer wenn auch hartnäckigen Illusion. [Einstein 1955]

Die moderne mathematische Physik kennt das Werden nicht. Auch die Auffassungen der Mathematiker Kurt Gödel und Hermann Weyl, die mit Einstein befreundet waren, sind für das Zustandsdenken der SRT charakteristisch:

> In jedem Universum, das sich mittels der Relativitätstheorie beschreiben lässt, gibt es keine Zeit.
> [K. Gödel in Störig 2006, S. 398]

> Die objektive Welt ist schlechthin, sie geschieht nicht. [H. Weyl in Störig 2006, S. 398]

Einschätzungen wie diese entsprechen denen Einsteins. Noch im weit fortgeschrittenen Alter schrieb er seinem Freund Michele Besso, welcher gerade einen Vorschlag zur Vereinbarkeit der ART mit der Irreversibilität veröffentlicht hatte:

> Soweit unsere mehr direkte Kenntnis der Elementar-Vorgänge existiert, gibt es zu jedem Vorgang dessen Umkehrung. [...] Im Elementaren gibt es zu jedem Vorgang den inversen.
>
> [Speziali 1972, S. 499 f.]

Die Sichtweise eines Mikrokosmos, in dem nur reversible Lageänderungen von Elementarteilchen stattfinden, ist heute so tief verwurzelt, dass selbst ausgewiesene SRT- und Urknall-Kritiker wie der Göttinger Physiker Christian Jooß von einer Überschätzung des 2. Hauptsatzes der Thermodynamik sprechen:

> Solche Ordnungsprozesse entstehen durch Kampf und Einheit gegensätzlicher Triebkräfte und nicht durch abstrakte Prinzipien. [...] Damit würde der 2. Hauptsatz zu einem aller Entwicklung zugrunde liegenden Naturgesetz hochstilisiert.　　　[Jooß 2017, S. 54]

Andererseits bezeichnet der theoretische Physiker und Stringtheoretiker Michio Kaku, der in seinem Buch „Die Physik des Unmöglichen" physikalische Unmöglichkeiten klassifiziert, Vorstellungen wie Unsichtbarkeit, Teleportation, Telepathie, Roboter mit Gefühlen, Hyperräume usw., nur als Unmöglichkeiten ersten oder zweiten Grades. Zwei Vorstellungen hingegen stuft er als Unmöglichkeiten „dritten Grades", also der höchsten Stufe ein [Kaku 2008, S. 321 ff.]:

1. *Perpetua mobilia* erster und zweiter Art, also eine Verletzung des 1. und 2. Hauptsatzes der Thermodynamik,

2. Präkognition, d. h. eine Vorhersehbarkeit der Zukunft.

6.2 Die Kritik am Zeitbegriff der Relativitätstheorie

Die logischen Inkonsistenzen, die mit dem Zeitbegriff, der Relativität der Gleichzeitigkeit, dem Zwillingsparadoxon und weiteren Paradoxien der SRT zu tun haben, wurden bewusst nicht an den Anfang dieser Abhandlung gestellt. Sie wurden bereits oft beschrieben. In dem GOM-Projekt [Mueller 2004, 2012] sind Tausende Kritiker aufgelistet.

Wenn Ludwig Wittgenstein einmal geschrieben hat:

> „Ein Sachverhalt ist denkbar" heißt: Wir können uns ein Bild von ihm machen.
>
> [Wittgenstein 1922, S. 17]

> Der Zweck der Philosophie ist die logische Klärung der Gedanken.　　[Wittgenstein 1922, S. 38],

so wurde oft gezeigt, dass sich der Zeitbegriff der SRT nicht denken lässt. Ob nun der Astrophysiker Herbert Dingle die „totally irrelevant idea of time" [Dingle 1972, S. 118] angreift, ob Henri Bergson die mathematische reversible Zeit der Relativitätstheorie als nicht mit der wirklichen, irreversiblen Zeit vereinbar beschreibt [Bergson 1922] oder ob Nicolai Hartmann in seiner „Philosophie der Natur" die Absurditäten der SRT seziert:

> Vollkommen durchsichtig ist indessen die Größe der Aporien selbst – bis zum Selbstwiderspruch der Aussagen –, sowie die äußerst schmale Basis der Ausgangsstellung.
>
> [Hartmann 1950, S. 245 f.]

– die Ansicht von der Relativität der Zeit und einer flexiblen Raumzeit hat sich durchgesetzt, wie der Erfinder der Atomuhr Louis Essen zermürbt feststellt:

> It has been shown here that the paradox does not follow from the theory and is the result of confusing the quantities being measured in a thought-experiment. The result is, however, generally accepted, and it is therefore important to consider the implications of this acceptance.
>
> [Essen 1971, S. 18][97]

Dabei ist die Erkenntnis von Raum und Zeit schon lange nicht mehr der Physik, sondern einer Mathematik mit physikalischem Anspruch überlassen. Mathematisch sind unendlich viele Ideen möglich und unendlich viele Welten denkbar:

> Aber da liegt der Haken: Reine Mathematik ist keine Physik. [...] Eine Mathematikerin kann jedes beliebige Universum schaffen, das sie will und alle möglichen Spiele damit spielen.
>
> [M. Gleiser, in: Brockman 2016, S. 33]

Die Transformation der Mathematik von einer dienenden zur herrschenden Wissenschaft hat Herbert Dingle in seinem Buch „Science at the Crossroads" am Jahr 1908 festgemacht, als Hermann Minkowski die kinematische Interpretation der Lorentzgleichungen durch Einstein der dynamischen Interpretation durch Lorentz vorzog und die unauflösliche Raum-Zeit-Union ausrief (vgl. Tabelle 5.1):

> [...] he regarded Einstein's presentation of the theory as the one to be preferred, and that precisely because he was a mathematician and not a physicist. [...] It is to Minkowski that we owe the idea of a space-time as an objective reality – which is perhaps the chief agent in the transformation of the whole subject from the ground of intelligible physics into the heaven (or hell) of metaphysics, where it has become, instead of an object for intelligent inquiry, an idol to be blindly worshipped. [Dingle 1972, S. 118]

Die Aufwertung der Mathematik in der Physik ist sicher nicht an einem Ereignis oder an einer Person allein festzumachen. Weil sich die SRT bei der Beschreibung einiger empirischer Phänomene zu bewähren schien, wurden die Unstimmigkeiten in ihrem Zeitbegriff in Kauf genommen, was einer pragmatischen Grundhaltung entspricht:

---

97 Der Erfinder der Caesium-Atomuhr, Louis Essen, war ein erklärter SRT-Gegner. Das Fazit des „Time Lord" („The Guardian") nach seinem erbitterten und später verbitterten Kampf gegen die SRT lautete: „I concluded that the theory is not a theory at all, but simply a number of contradictory assumptions together with actual mistakes." (Brief vom 25.03.1984 an seinen Physikerkollegen Dr. Carl Zapffe)

Richtig und falsch sind in der Physik tatsächlich ein sehr unzweckmäßiges Begriffspaar. Man sollte statt von richtig und falsch besser von **brauchbar** und **nicht-brauchbar** sprechen.

[Falk und Ruppel 1973, S. 21]

Es klingt wohl befremdlich, daß Raum und Zeit der Absolutheit der Lichtbewegung zuliebe relativ gesetzt werden, da doch die Lichtbewegung selbst eine solche „in" Raum und Zeit ist. Diese Schwierigkeit jedoch beengt die Theorie nicht, ihr ist es nicht um kategoriale Voraussetzungen zu tun, sondern um Konsequenzen. Was der mathematischen Formel am besten entspricht, gilt ihr als die beste Lösung.

[Hartmann 1950, S. 245]

Wenngleich pragmatische Lösungen oft sinnvoll sein können, solange nichts anderes verfügbar ist, so spiegeln sie in der Regel nur einen Zwischenstand wieder, auf dem sich kein Theoriegebäude errichten lässt.

Heute werden Sachverhalte wie die Zeitdilatation, die nur mit Logikbrüchen darstellbar sind, gern als einfacher Fakt hingestellt. So beginnt etwa das Buch „The order of time" des bekannten Physikers Carlo Rovelli mit dem Satz:

Let's begin with a simple fact: time passes faster in the mountains than it does at sea level.

[Rovelli 2018, S. 9]

Paradoxien, die mit dem Zeitbegriff der SRT verbunden sind, werden als *scheinbar* bezeichnet. Zuweilen wird in Universitäten empfohlen, sich über die Zeitdilatation nicht den Kopf zu zerbrechen, da diese theoretisch und experimentell bewiesen sei. Bereits in seinen New Yorker Vorlesungen im Jahre 1909 empfiehlt Max Planck, sich bei der Rezeption des Zeitbegriffes der SRT allein der Mathematik zuzuwenden:

Da es wegen unserer bisherigen Gewöhnung an den absoluten Zeitbegriff schwierig ist, bei den hier notwendigen Gedankengängen ohne besondere Vorsichtsmaßnahmen sich vor logischen Fehlern zu schützen, so halten wir uns dabei am besten an die mathematische Behandlungsweise.

[Planck 1909, S. 118]

Die SRT und ART erscheinen streng mathematisch und wissenschaftlich. Doch kann Mathematik erst dann ein adäquates Hilfsmittel sein, um die Natur zu beschreiben, wenn die physikalischen Annahmen stimmen, die ihr zugrunde liegen. Mit Formeln allein ist noch keine Präzision des Denkens verbunden. Fehlen klar definierte Begriffe oder negiert man die wissenschaftliche Methodik, können auch korrekte Formeln zu inkorrekten Schlüssen führen:

The correctness of the mathematical formalism is not sufficient to validate a scientific structure as coherent and free from contradiction [. . .] In reality the two relativity theories are brimming with paradoxes.

[Selleri 2004, S. 248]

Beschäftigt man sich mit Physikgeschichte, erfährt man nicht zuletzt einiges über die Bedingtheit menschlichen Denkens. Was der Philosoph und Logiker Charles Sanders Peirce beschreibt, gilt auch für Physiker:

> Nur wenige kümmern sich darum, Logik zu studieren, weil jeder sich in der Kunst des schluß-
> folgernden Denkens schon tüchtig genug glaubt. Aber, wie ich beobachte, ist diese Zufrieden-
> heit auf das eigene Schlußfolgern beschränkt und erstreckt sich nicht auf das der anderen.
>
> [Peirce 1877, S. 149]

Es sind Physiker, die die Physik gemacht haben. Bei alledem ist die Spezielle Relativitätstheorie nicht nur anthropomorph, sondern von *einem* Menschen entwickelt. Auch
wenn es in Lehrbüchern oft anders steht (s. Anhang), lässt sich die SRT nicht auf andere Wissenschaftler wie Henri Poincaré, Hendrik Antoon Lorentz oder Abraham Michelson zurückführen, da diese bis an ihr Lebensende der Äther-Theorie verpflichtet
waren und eine Relativierung von Raum und Zeit als nicht sinnvoll erachteten.

Wer sich mit der inneren Logik der SRT und ART auseinandersetzt und nicht
allein dem mathematischen Algorithmus folgt, stößt in Albert Einsteins Aufsätzen
(z. B. [Einstein 1905a, 1917a, 1922]) unweigerlich auf logische Widersprüche. Sie
gehen auf die unscharfen Begrifflichkeiten und intern inkonsistenten Annahmen
zurück, die in Kap. 3.1 aufgeschlüsselt wurden, während moderne Physik-Lehr-
bücher meist nur das *Relativitätsprinzip* und die *Konstanz der Lichtgeschwindigkeit*
an den Anfang der Vermittlung der SRT stellen.

Angesichts der allgemeinen Akzeptanz der SRT gehört heute Mut dazu, sich öffentlich zu dem Logikbruch zu bekennen, der in der postulierten Relativität der Gleichzeitigkeit steckt, zumal der Relativitätstheorie nicht nur in der Physik, sondern ganz
allgemein ein Nimbus des Genialen anhaftet. In seinem sprachkritischen Essay über
Metaphern beschreibt der Literaturkritiker Burkhardt Müller den wiederholten Selbst-
versuch, sich der Relativität der Gleichzeitigkeit mithilfe von Sachbüchern wie „Albert
Einstein für Anfänger" von Stratis Karamanolis [Karamanolis 2007] gedanklich zu nä-
hern. Was jeweils scheitert:

> *Dies bedeutet: Ereignisse, die aus der Perspektive eines Beobachters gleichzeitig stattfinden, fin-*
> *den aus der Perspektive eines anderen Beobachters nicht gleichzeitig statt. Die Zeit stellt also*
> *keine absolute Größe dar.*
>
> Hier rufe ich: Stopp! Denn diesmal soll sich der Bruch zwischen meiner Erfahrungswelt und
> der Welt der Relativität nicht wieder verschleiert vollziehen. Und ich halte fest: Das *Also* des
> letzten Satzes stellt eine unberechtigte Folgerung dar. [Müller 2018, S. 9]

Müller illustriert die von Charles Percy Snow aufgezeigte Kluft zwischen den zwei
Kulturen Geistes- und Naturwissenschaft infolge von Nicht-Kommunizierbarkeit.
Dabei ließe sich noch ein gewisses Mehrverständnis bei mathematisch bewanderten
Physikern vermuten, doch bedeutet die gedankliche Gleichsetzung von Realität
und Beobachtung, die der Relativität der Gleichzeitigkeit zugrunde liegt, in der Tat
eine gedankliche Unschärfe:

> Daß etwas auch gleichzeitig „sein" könnte, wenn es nicht als gleichzeitig konstatierbar – und
> zwar aus objektiven Gründen nicht konstatierbar – ist, wird [...] gar nicht in Betracht gezogen.
> Das aber ist gerade das ontologisch Nächstliegende und Einfache, daß Gleichzeitigkeit und
> Ungleichzeitigkeit, wie alle anderen Realverhältnisse auch, unabhängig von aller Beobachtung

und Feststellung, ja von den Grenzen der Feststellbarkeit überhaupt, ein Bestehen haben, und daß man um dieses Bestehen auch sehr wohl wissen kann, ohne es in angebbaren Zeitwerten bestimmen zu können. [Hartmann 1950, S. 237]

Auch der Philosoph und Protophysiker Peter Janich, der sich in seiner „Protophysik der Zeit" der wissenschaftlichen Begründung der Zeitmessung widmete, kennzeichnete die relative Gleichzeitigkeit der SRT als unzureichend:

> Wo der Anspruch auf Wahrheit im Sinne von Nachvollziehbarkeit aller Einzelschritte und damit auf Zirkelfreiheit von Wissenschaft und hier speziell der Physik nicht dem Gewinn geopfert werden soll, [...], dort muß eine neue Definition der Gleichzeitigkeit an verschiedenen Orten die unzureichende der speziellen Relativitätstheorie ablösen. [Janich 1980, S. 209]

Einsteins berühmtes Gedankenexperiment „An zwei weit voneinander entfernten Stellen *A* und *B* unseres Bahndammes hat der Blitz ins Geleise eingeschlagen." [Einstein 1917a, S. 21] findet sich abgewandelt in vielen Sach- und Lehrbüchern wieder. Der Zweck ist zu illustrieren, dass „Jeder Bezugskörper [...] seine besondere Zeit" [Einstein 1917a, S. 25] habe, womit die Zeit des einen schneller ablaufen könne als die des anderen, sodass einer den anderen in der Zeit überholen und in die Zukunft reisen könne.

Da die Zeitdilatation als experimentell bestätigt gilt, wird in modernen Physik-Lehrwerken gelehrt, dass Zeitreisen in die Zukunft möglich sind:

> Da die Zeitdilatation eine so vielfältig getestete Konsequenz der speziellen Relativitätstheorie darstellt, scheint es anachronistisch, beim Zwillingsparadoxon überhaupt noch von einem Paradoxon zu sprechen. [...] Dass die spezielle Relativitätstheorie bei entsprechend hoher Geschwindigkeit Zeitreisen in die Zukunft erlaubt, stellt auch kein Paradoxon in Hinblick auf Kausalität dar, denn zurück geht es leider nicht. [Bartelmann 2015, S. 338]

Wie bereits erwähnt, kann es Fragen geben, die sich nicht stellen, wenn sie unzutreffende Vorwegnahmen beinhalten. Fragt man zum Beispiel:

> Sind zwei Ereignisse (z. B. die beiden Blitzschläge *A* und *B*), welche *in bezug auf den Bahndamm* gleichzeitig sind, auch *in bezug auf den Zug* gleichzeitig? [Einstein 1917a, S. 24],

so steckt in der Frage die Annahme, dass die Beobachtung aus verschieden bewegten Inertialsystemen darüber entscheiden könne, ob entfernte Ereignisse an verschiedenen Orten gleichzeitig seien. Auf eine inadäquate (Suggestiv-)Frage gibt es eine inadäquate Antwort:

> Ereignisse, welche in bezug auf den Bahndamm gleichzeitig sind, sind in bezug auf den Zug nicht gleichzeitig und umgekehrt (Relativität der Gleichzeitigkeit). Jeder Bezugskörper (Koordinatensystem) hat seine besondere Zeit [...]. [Einstein 1917a, S. 25]

Es ist eine mehr oder minder triviale Erkenntnis, dass verschieden bewegte Beobachter entfernte Ereignisse zu unterschiedlichen Zeiten *wahrnehmen* müssen, da der Lichtweg vom Ereignis zu ihnen jeweils ein anderer ist. Aus dieser Beobachtung, also der Relativität der Wahrnehmung von Gleichzeitigkeit, allerdings auf die Relativität der Gleichzeitigkeit an sich zu folgern, womit die absolute Zeit und der Zeitpfeil aufzugeben seien, ist methodisch unsauber und logisch nicht schlüssig. Die einzige belastbare Aussage des Zuggleichnisses ist, dass sich von verschieden bewegten Positionen aus nicht entscheiden lässt, ob etwas gleichzeitig geschieht, da Licht als Informationsüberträger eine gewisse Zeit benötigt, um den Weg vom Ereignis zum Beobachter zurückzulegen.

Weitere Sinnverschiebungen verkomplizieren das Annahmengefüge, wie die Gleichsetzung der Uhrzeit mit der Zeit (s. Annahme iv in Kap. 3.1):

> Es könnte scheinen, daß alle die Definition der „Zeit" betreffenden Schwierigkeiten dadurch überwunden werden könnten, daß ich an Stelle der „Zeit" die „Stellung des kleinen Zeigers meiner Uhr" setze. [Einstein 1905a, S. 893]

Die Zeit (das Gemessene) wird mit dem Taktmaß der Uhr (das Messwerkzeug) gleichgesetzt (s. Kap. 5.2.3.2), womit postuliert wird, dass Uhren, die stets beeinflussbar sind, die Zeit verändern können.

Bereits um verschiedene Uhrengänge vergleichen zu können, benötigt man aber einen gemeinsamen Zeitmaßstab. In einer bestimmten Zeit sind auf einer Uhr sechs Minuten vergangen, in *derselben* Zeitspanne auf de anderen nur fünf Minuten. Ohne das gemeinsame universelle Zeitmaß, das mitgedacht wird und unabhängig von den Uhren existiert, ließe sich nicht sagen: Diese Uhr geht vor, diese nach.

Auch die Dauer, die ein Objekt oder Licht benötigt, um von einem Ort zum nächsten zu reisen, lässt sich nur angeben, wenn beide Orte zu Beginn, während und am Ende der Reise gleichzeitig existieren. Gibt Einstein in seinem Zuggleichnis [Einstein 1917a] Lichtwege vom Blitzeinschlag zu den verschieden bewegten Beobachtern an, setzt er die absolute Gleichzeitigkeit und die absolute Zeit voraus, um die Relativität der Gleichzeitigkeit und die relative Zeit daraus abzuleiten. Wie bei der Deutung von $E_0 = mc^2$ als Masse-Energie-Äquivalenz bleiben die Voraussetzungen in den Folgerungen unbeachtet.

Einsteins Deutung der Lorentz-Transformierten von Zeit und Länge als Beobachtungseffekte, die (zumindest teilweise) real sein sollen (s. Tabelle 3.1), beinhaltet die Annahme, die Beobachtung, meist reduziert auf den Sehsinn, stelle die einzige Erkenntnisquelle dar. Was gemessen wird oder was ein Beobachter wahrnimmt, lokalisiert im Ursprung eines Koordinatensystems, ist real. Jede von Empirie freie Erkenntnis, jede *A-priori*-Kategorie, wird negiert.

Mit der SRT hat der Beobachter eine Aufwertung erfahren, die auch in der Quantentheorie kultiviert wurde. Das *A posteriori* Einsteins lässt sich womöglich als eine Auflehnung der messenden Physik gegen das Nicht-Messbare verstehen. Die Beobachtung erschafft Realitäten. Stellt man mit Anton Zeilinger die Frage

> Wieso spielt der Beobachter in der Quantenwelt eine so zentrale Rolle?
> [Zeilinger 2003, Umschlagtext],

so ließe sich antworten: Weil die moderne Physik ihn in diese Rolle gedrängt hat.

Das sogenannte „Interpretationsproblem" [Lorenzen 1978, S. 97], das sich in Tabelle 3.1 widerspiegelt, ist eine euphemistische Umschreibung für einen unauflöslichen inneren Widerspruch.[98] Historisch gesehen hat die Vielzahl der Widersprüche in den Begriffen der SRT einerseits zu einer Stärkung der Theorie beigetragen, indem die gedankliche Vagheit viel Interpretationsspielraum ließ:

> Man mag die spezielle Relativitätstheorie betrachten von welcher Seite man will, man stößt auf absoluten Widersinn. Deshalb ist sie so leicht und – so schwer zu widerlegen.
>
> [Weinmann 1929, S. 46]

Andererseits hat Einstein immer wieder die experimentelle Evidenz des Zeitbegriffes und anderer Annahmen der SRT betont:

> Das Aufgeben gewisser bisher als fundamental behandelter Begriffe über Raum, Zeit und Bewegung darf nicht als freiwillig aufgefasst werden, sondern nur als bedingt durch beobachtete Tatsachen.
>
> [Einstein 1921]

Und doch kann die Negation des *A-priori*-Begriffes der absoluten Zeit in der SRT aus mindestens zwei Gründen nicht fundiert sein:

1. Die Natur bekümmert sich nicht um die Beobachtungen der Menschen. Sie zirkelt ihr Verhalten nicht nach seinem Dazutun ab.

2. Es ist nicht die Erfahrung, nicht die Empirie, die 1905 dazu geführt hat, dass die alten Begriffe der Zeit und des Raums aufgegeben wurden.

Die makroskopische Erfahrung lehrt Zeitlichkeit und Vergänglichkeit von allem und jedem. Sie lehrt nicht, dass eine reversible, logisch fragwürdige relative Zeit und ein logisch fragwürdiger dynamischer Raum trotz manifester Unterschiede zu einer Raumzeit zu verknüpfen sind, die sich mit der ART zu krümmen beginnt und in welcher Raumzeitschwingungen (Gravitationswellen) beobachtbar sind.

Es ist allein die absolute Zeit Newtons, Kants usw., die logisch notwendig und empirisch bestätigt ist, da die Irreversibilität von Prozessen die erfahrbare Realität darstellt. Über der mathematischen und technischen Euphorie des 20. und frühen 21. Jahrhunderts wurde versäumt, den Gehalt grundlegender Begriffe und physikalischer Größen ausreichend zu prüfen, die zu Elementen der Mathematik gemacht wurden.

Wenn Einstein apodiktisch urteilt:

> Es ist deshalb nach meiner Überzeugung eine der verderblichsten Taten der Philosophen, dass sie gewisse begriffliche Grundlagen der Naturwissenschaft aus dem der Kontrolle zugänglichen Gebiete des Empirisch-Zweckmäßigen in die unangreifbare Höhe des Denknotwendigen (Apriorischen) versetzt haben.
>
> [Einstein 1922, S. 6],

---

[98] Spätestens seitdem die Relativitätstheorie in den siebziger Jahren des letzten Jahrhunderts als widerspruchsfrei eingestuft wurde, zogen es viele Kritiker vor, mit nivellierenden Formulierungen auf Widersprüche in der Theorie hinzuweisen.

ließe sich dem entgegenhalten: Es könnte deshalb nach Prüfung der Wissenschaftsgemeinschaft eine der verderblichsten Taten einzelner Physiker und Mathematiker gewesen sein, dass sie gewisse begriffliche Grundlagen der Philosophie aus dem Denknotwendigen in den Gipfel des Denkunmöglichen (Absurden) versetzt haben.

Widerspruchsfreiheit ist ein wissenschaftliches Gut. Sie stellt eine wesentliche Grundlage für Erkenntnisfortschritt dar. Beinhaltet eine Theorie logische Widersprüche, hat sie dies selbst zu verantworten. Es lässt sich dann mit Gewissheit sagen, dass diese Theorie den Kern der Sache nicht trifft und etwas noch nicht verstanden wurde. Gibt es noch keine Alternative, sollte weitergesucht werden.

6.3 Die Realität vom Werden und Vergehen

Im Folgenden soll eine Quantonentheorie in ihren Grundzügen vorgestellt werden, mit der sich beschreiben lässt, dass gemäß der alten Formel *panta rhei*, die auf Heraklit zurückgeführt wird, der Wandel das einzige Ewige ist.

Gemäß dieser Theorie lässt sich das heutige Zustandsdenken der Physik auch in der Quantentheorie durch ein Prozessdenken ersetzen und – im Wissen um empirische Tatsachen – folgern, was das unangeregte, energetisch dichte Äthermedium *ist*, aus dem sich die Quantonen als Anregungen speisen und mit dem sie wechselwirken.

Es ist bekannt, dass Photonen bei Prozessen ihre Wellenlänge ändern.

So ist zum Beispiel das Sonnenlicht, das die Erde verlässt, durchschnittlich langwelliger als dasjenige, das eingestrahlt wurde. Indem Licht niedrigerer Temperatur von der Erde an das All abgestrahlt wird, wird Entropie, die in den Prozessen auf der Erde produziert wurde, an die Umgebung abgegeben (sogenannter *Entropieexport*). Diese Tatsache, die man auch „Photonenmühle" [Ebeling 1989, S. 9] nennt, stellt sozusagen den Motor für alle Prozesse auf der Erde dar, bis hin zur Entstehung und zum Erhalt der Evolution. Nur dadurch können Ordnungszustände niedriger Entropie wie das Leben auf der Erde aufrechterhalten werden. Da die Photonen durch die Prozesse auf der Erde durchschnittlich langwelliger geworden sind, sind sie weniger zur Arbeitsleistung fähig und verlieren als Quantonen gemäß Gl. (127) an Masse, die sich im gebundenen System messen lässt.

Ähnliches trifft zu, wenn ultraviolettes Licht von einem fluoreszierenden Farbstoff absorbiert wird. Die eingestrahlte UV-Strahlung ist kurzwelliger als die emittierte Strahlung im sichtbaren Frequenzbereich. Durch die Absorption des Photons nimmt das Elektron (als stärker lokalisierte Anregung des Äthers) ein höheres Energie-Niveau ein. Dieser Zustand bleibt so lange erhalten, bis, womöglich aufgrund von Fluktuationen, eine nunmehr langwelligere Anregung (Photon) freigesetzt wird. Das emittierte Photon geringerer Frequenz lässt sich wieder als „Degradierung der Energie" deuten, da es weniger als das ursprünglich absorbierte Photon dazu geeignet ist, Arbeit zu verrichten.

Auch die Verschiebung der Spektrallinien des Sonnenlichts auf dem Weg zur Erde oder die kosmologische Rotverschiebung lassen sich, wie schon Hubble selbst angenommen hat [Hubble 1929], als reale Wechselwirkung der Photonen mit dem Äther interpretieren. Kurzwelligere Photonen als Äther-Anregungen verlieren kinetische Energie (und damit Masse im gebundenen System) an den Äther, d. h. sie werden langwelliger. Der Prozess lässt sich erneut als eine Degradierung der Energie deuten, denn langwelligere Photonen sind weniger dazu in der Lage, Arbeit zu verrichten.

Für die stetige Degradation des einmal Entstandenen hat die Physik bereits einen Begriff gefunden: die Entropie. Mithin ist im Prozess der Bewegung des Photons im Äther Entropie erzeugt worden. Da Licht und Materie, d. h. alle Quantonen, wesensgleich sind, lässt sich logisch erweitern, dass bei jeder Bewegung von Quantonen im Äther, d. h. bei *jeder* Lageänderung eines Quantons Entropie erzeugt wird, da jede Anregung im Äther, egal welcher Art sie sei, einen Widerstand im Äther erfährt.

Ist jede Bewegung eines Quantons im Äther irreversibel, wird jeder mikro- oder makroskopische Prozess im Universum irreversibel, denn etwas anderes als den Äther mit seinen Anregungen und Anregungsverbünden gibt es nicht. Rudolf Clausius' Definition der Entropieerzeugung d_iS als

> die Disgregation, welche als der Verwandlungswerth der stattfindenden Anordnung der Bestandtheile zu betrachten ist [Clausius 1865, S. 390]

lässt sich dann um „den Verwandlungswerth" der Bestandteile selbst erweitern.

Es benötigt keine Stöße zwischen Körpern oder Teilchen, um Energie zu dissipieren. Es genügt der Äther, dessen Dasein auch der Grund für Masse ist. Bei der Bewegung von Photonen im Äther wächst deren Wellenlänge, während die Lichtgeschwindigkeit c konstant ist, relativ zum Äther. Auch bei der Bewegung von Atomen oder von Elektronen, die um den Kern schwirren, wird Arbeit verrichtet. Das heißt, auch die De-Broglie-Wellen wachsen durchschnittlich bei jedem Prozess, wenngleich uns ihr Dasein in unseren Zeitskalen als ewig erscheinen muss, zumal sich die Quantonen im Verbund gegenseitig stabilisieren können, was wenig später ausgeführt wird.

Die Entropieerzeugung d_iS und damit der Zeitpfeil sind mit dieser Vorstellung auf Mikroebene begründbar. Dabei ist zu berücksichtigen, dass Quantonen stets sowohl kinetische als auch potentielle Energie repräsentieren. Jeder innere Prozess der Umwandlung von kinetischer in potentielle Energie eines Quantons infolge von dessen Fortpflanzung im Äther ist verbunden mit einem Entropiezuwachs im System Quanton, sodass sich hierfür wie bei makroskopischen Systemen schreiben lässt:

$$d_iS > 0. \tag{135}$$

Um den zwei Anteilen der lokalen Entropieerzeugung in einem makroskopischen System gerecht zu werden, soll in der Folge mit Indizes gearbeitet werden:

$$d_iS = d_iS_Z + d_iS_A > 0 \qquad (136)$$

mit

- der *Zerstreuung* $d_iS_Z > 0$ von Quantonen, welche die molekular-statistisch beschreibbare Zunahme der Entropie infolge der zunehmenden statistischen Gleichverteilung von Quantonen und Molekülen als Quantonenverbünden erfasst (den „Verwandlungswerth der stattfindenden Anordnung der Bestandtheile" [Clausius 1865, S. 390]) und

- der *Alterung* $d_iS_A > 0$ von Quantonen, welche die kontinuierliche Zunahme der Entropie infolge der durchschnittlichen Zunahme der Wellenlänge von Quantonen erfasst.

Der so erweiterte und empirisch bestätigte zweite Hauptsatz lässt sich damit als Ausdruck der Wirkung des Äthers verstehen, wie auch der erste Hauptsatz. Anders als Einstein annahm, gibt es zu keinem Elementarvorgang eine Umkehrung auf demselben Wege, zu keinem mikroskopischen Vorgang den zeitlich inversen. Hat ein Quanton als Anregung des Äthers erst einmal Zeitlichkeit gewonnen, wird seine Entwicklung irreversibel.

Dabei verschwindet die kinetische Energie (*lebendige Kraft* nach Leibniz), die man auch Abgrenzungsenergie nennen könnte und welche die Quantonen bei der Bewegung im Äther verlieren, nicht. Sie wird in potentielle Energie umgewandelt. Denkt man diese Entwicklung zu Ende, so ist einzelgängerischen Photonen, die nicht mit Quantonen oder Quantonenverbünden wechselwirken, auf ihrem langen Weg durch den Äther ein allmähliches Altern und Aufgehen in dem beschieden, woraus sie sich einmal mittels ihrer kinetischen Energie (Abgrenzungsenergie) als eigene, gleichwohl nicht unabhängige Individuen abgegrenzt haben. Sie werden langwelliger, die Schwingungen begeben sich zunehmend in den Grundzustand des Nicht-Schwingens. Nach und nach, in mählicher Sukzession und doch unausweichlich werden sie aufgehoben, im dreifachen Sinne Hegels: auf eine neue Stufe gehoben, überwunden und bewahrt.

Die Photonen gehen in dem auf, was sie nicht sind und was sie auch sind. Womit nun auch anschaulich wird, was der nicht wägbare, nicht geladene usw. Äther ist und woraus er besteht: aus einem dichten und stark gespannten Gewebe langwelligster Photonen, die nahezu nicht-abgrenzbar, nicht-eigenständig sind, die also (beinahe) Nicht-Entitäten darstellen: eine stehende Nicht-mehr-Welle mit festen Knotenpunkten, ein *Bose-Einstein-Kondensat* quasi, das sich als ideales bosonisches Gasgewebe wie ein einziges Teilchen verhält[99] – die materielle Grundlage des Universums, die als ausgezeichnetes Bezugssystem dienen kann.

---

99 Bose-Einstein-Kondensate von Photonen sind experimentell nachgewiesen [Klärs 2010] und mit einer einzigen („makroskopischen") Wellenfunktion beschreibbar.

Die hier entwickelte Vorstellung vom Quantonenäther soll in Tabelle 6.1 noch einmal polarisierend zusammengefasst werden, wobei die Grenzen wie immer fließend sind. Da Quantonen lediglich einen anderen (angeregten) Zustand des Äthers darstellen, lässt sich die gesamte Energie des Universums reduktionistisch auf Materie zurückführen: das Primat der Materie.

Tabelle 6.1: Die Materie = Energie im Universum.

Quantonenäther	
Anregung	**Nicht-Anregung**
Individuum	Kollektiv
kurz- bis langwellig	sehr langwellig
gering korreliert	stark korreliert
quantisierbare Eigenschaften wie Masse, Ladung, Spin usw.	keine quantisierbaren Eigenschaften
zeitlich endlich	zeitlich endlich

Wenn Richard P. Feynman schrieb:

> Es ist wichtig, einzusehen, dass wir in der heutigen Physik nicht wissen, was Energie *ist*.
>
> [Feynman 2007, S. 46],

lässt sich mit Tabelle 6.1 nun erstmals deuten, was Energie ist.[100]

Im Jahre 1931 entwickelte Sir Arthur Eddington eine thermodynamische Vision vom Ende des Universums, die in dem „Nature"-Artikel „The End of the World: from the Standpoint of Mathematical Physics" [Eddington 1931] veröffentlicht ist. Darin sagt Eddington voraus, dass sich alle Teilchen im Universum einmal in Strahlung auflösen werden, deren Wellenlänge immer weiter anwächst. Diese Hypothese ist mit derjenigen in Tabelle 6.1 verwandt. Allerdings war Eddington der vierdimensionalen Raumzeit und der Urknallidee verbunden, sodass er einen sich ausdehnenden Strahlungsball und damit einen Anfang und ein Ende der Welt („The End of the World") annehmen musste.

Dass der quantenmechanische Begriff des Elementarteilchens nicht genügt, dem Wesen der Quantonen als Ätheranregungen gerecht zu werden, wurde bereits daran deutlich, dass Quantonen zwar abzählbar sind, aber nicht eigenständig, da sie nicht unabhängig vom Äther sind.

Ebenso fraglich wird mit Tabelle 6.1, ob unsere Vorstellungen von „Bewegung" und „Ruhe" bereits adäquat sind, um die Realität zu beschreiben, was folglich auch die Begriffe der kinetischen und potentiellen Energie betrifft. Denn wenn der nicht-

---

100 *Warum* Energie ist, ist eine andere Frage.

angeregte Zustand des Äthers ein Photonen-Zustand ist, so könnte auch dieser Zustand, der die potentiellen Energien bedingt, mit Lichtgeschwindigkeit bewegt sein. Die Lichtgeschwindigkeit wäre dann tatsächlich eine „Materialkonstante" [Jooß 2017, S. 154] des Äthers, bezöge sich allerdings nicht nur auf dessen angeregte Photonen.

Es wird denkbar, dass eine Anregung (ein Quanton) nur dasjenige ist, was uns die Ätherqualität als messbar und als Bewegung/Aktivität (Ortveränderung) *erfahren* lässt. Ist die Bewegung eine feste Eigenschaft des Äthers, also der Nicht-Anregung wie der Anregung eigen, würden die quantisierbaren Eigenschaften von Quantonen nicht auf einer Abgrenzung mittels Geschwindigkeit beruhen. Es könnte sich in diesem Falle nur abgrenzen, was sich aus dem bosonischen Kondensat befreit, indem es *räumlich* anders agiert und sich abhebt, was wir als Schwingung, Rotation usw. wahrnehmen, wobei nicht die Geometrie das Primat hätte, sondern die Materie schlicht ihre geometrischen Möglichkeiten ausnutzte.

In Tabelle 6.2 sind die messbaren (doch womöglich scheinbaren) Eigenschaften des beschriebenen Äther-Dualismus aufgeführt.

Tabelle 6.2 : Die erfahrbaren, doch womöglich scheinbaren Eigenschaften des Äther-Dualismus.

Anregung	Nicht-Anregung
Bewegung	Ruhe
Aktivität	Passivität
Abzählbarkeit	Nicht-Abzählbarkeit

Der alte philosophische Streit um das Primat von Ruhe oder Bewegung ließe sich fundierter führen. Vollkommene Ruhe wäre ein Konstrukt. Nicht zuletzt würde eine philosophische Umkehrung sinnfällig werden: Diskrete Anregungen, wie z. B. Protonen oder größere Quantonenverbünde – eben weil sie sich räumlich individualisieren und selbstorganisieren –, würden im Grunde (wenn auch nicht in der intrinsischen Energie ihrer Bestandteile) mehr Ruhe repräsentieren als die kollektive Nicht-Anregung, die gleichwohl als Ruhe wahrgenommen wird, also als ausgezeichnetes Bezugssystem dienen kann. Auch ließe sich der alte Streit zwischen Atomistikern wie Ludwig Boltzmann und Energetikern wie William Thomson (Lord Kelvin), Ernst Mach oder Wilhelm Ostwald um das Kontinuum oder Diskontinuum beilegen. Erneut gibt es kein Entweder-Oder. Angesichts eines Quantonenäthers wären beide Ansichten weder richtig noch falsch.

Unabhängig von den obigen Überlegungen sollen in dieser Arbeit die Begriffe der kinetischen Energie („lebendige Kraft") und potentiellen Energie weiter genutzt werden.

Dies hat zwei Gründe:

1. Andere Begriffe sind nicht ohne weiteres verfügbar.

2. Wir haben damit zu denken gelernt. Sie haben sich insoweit sehr bewährt, als sie auf unseren Beobachtungen aufbauen und große technische Errungenschaften und die obigen Vorstellungen überhaupt erst möglich gemacht haben.

Entstehen Äther-Anregungen (Quantonen) mit quantisierbaren Eigenschaften durch Emergenz, so sind all diese Eigenschaften rudimentär in dem bosonischen, nicht-angeregten Äthergewebe bereits angelegt. Die langgestreckte, gleichsam niedergestreckte, stehende Äther-Welle bewahrt sich einen Rest ihrer Dreidimensionalität im euklidischen Raum, ein letztes Schwingen, das eine fundamentale Bedeutung hat.

In Tabelle 6.1 wurden sowohl die Anregungen als auch die Nicht-Anregung des Äthers als *zeitlich endlich* bezeichnet.

Mit dem erweiterten 2. Hauptsatz der Thermodynamik in Gl. (136) wurden das Paradox der Zeit aufgelöst und die Quantentheorie mit der Thermodynamik verknüpft, da sich die Irreversibilität mikroskopisch beschreiben lässt, wenn bei der Bewegung von Quantonen Entropie produziert wird. Die beständige Zunahme der Entropie beschreibt allerdings bisher nur eine Seite des Werdens und Vergehens – nur die Endlichkeit jeder Anregung. Noch nicht erfasst ist die zweite Seite: die Endlichkeit der kollektiven Nicht-Anregung des Äthers, in dem die Quantonen dialektisch aufgehoben sind.

Da mit der Fortpflanzung eines Photons im Äther die Entropie wächst, lässt sich das dichte Gewebe aus langwelligsten Photonen, die für uns nicht unterscheidbar und quasi unendlich verteilt sind, als Zustand maximaler Entropie deuten, wenn wir den klassischen Begriffen treu bleiben.

Im Unterschied zu Rudolf Clausius', Eddingtons und Prigogines Deutung markiert dieser Zustand allerdings nicht den Endpunkt aller Entwicklung. Die Vorstellung vom Quantonenäther (s. Tabelle 6.1), die eine Abkehr vom Zustandsdenken und vollständige Hinwendung zum Prozessdenken bedeutet, weist in eine andere Richtung.

Mit dem jetzigen Wissen um empirische Tatsachen wird auch die Nicht-Anregung des Äthers zeitlich endlich. Es gibt keinen zeitlich endlosen Zustand. Während einmal entstandene Anregungen (Quantonen) in mählicher Sukzession, solange nicht Gegenstrategien wie eine Stabilisierung im Verbund entwickelt werden, in das dichte gespannte Gewebe aus langwelligsten Photonen übergehen, die nicht mehr als abgrenzbar oder eigenständig erfahrbar sind, werden anderenorts neue Quantonen aus dem Äther generiert. Es entsteht Ursprüngliches, Neues, da stets lokale Nicht-Gleichgewichte in dem von Anregungen durchsetzten, gleichsam vibrierenden Äthergewebe existieren.

Die Aktivität des Quantonenäthers ist empirisch nachgewiesen (z. B. [Casimir 1948]) und heute unter verschiedenen Begriffen in die moderne Physik zurückgekehrt, beispielsweise als fluktuierendes elektromagnetisches Nullpunktfeld, kosmologische

Konstante oder sogenannte Quantenfluktuationen des Vakuums (vgl. Tabelle 5.2), die als Entstehung von Teilchen aus dem Nichts gedeutet werden.

Die Materie-Energie-Äquivalenz legt nahe, dass Teilchen nicht aus dem Nichts entstehen, sondern aus einem dichten Gewebe aus Energie, potentieller Energie – der Potenz, das zu generieren, was wir *lebendige Kraft* (Leibniz) oder kinetische Energie genannt haben. In einem uns spontan und zufällig erscheinenden, aber stets ursächlichen Prozess [Schopenhauer 1819, S. 59] entstehen instabile Quantonen als auch stabile Quantonen oberhalb der Heisenbergschen Unschärferelation.

Ihr Schicksal ist es langfristig – zeitlich abhängig von ihrer Befähigung zu reagieren und sich mit anderen Anregungen zu vergesellschaften –, wieder aufzugehen im kollektiven bosonischen Ganzen, das erneut Individuen hervorbringt, wenngleich nicht dieselben.

Da mit den kurzwelligeren Quantonen, die neu generiert werden, Zustände niedrigerer Entropie aus dem kollektiven Zustand höherer Entropie generiert werden, gilt für diesen Entstehungsprozess, den man auch ersten Schöpfungsakt nennen könnte, wenngleich jeder Schöpfungsakt zugleich ein Vernichtungsakt ist:

$$d_i S < 0. \tag{137}$$

Mit Gl. (137) entsteht alles aus „Licht" (Strahlung jedweder Wellenlänge), wenn auch nicht im Urknall, so wie er heute verstanden wird. Jedes einzelne Quanton als Anregung des Äthers hat gleichsam seinen eigenen (ursächlich motivierten) Entstehungsprozess, der zugleich eine Kreation von Neuem (Quanton) und eine Vernichtung von Altem (unangeregter Äther) darstellt – wodurch seine Zeitlichkeit als Quanton beginnt und mit ihr die Zeitlichkeit von Quantonenverbünden.

Bedeutet die Seinswerdung einer Abgrenzung (Quanton) die Negation des Kollektivs, so bedeutet das Aufgehen des Quantons im großen Ganzen die Negation des Individuums. Doch markieren beide Pole nur die jeweils äußersten Grenzen, die nie vollständig erreicht werden, sodass eines im anderen aufgehoben ist. Auch gibt es zwischen den beiden Extrema einen großen Spielraum der Natur für Kreativität, indem sich die Anregungen des Äthers als nur bedingt eigenständige Entitäten miteinander vergesellschaften.

Wie anhand der Reaktionsgleichung (R5) in Kap. 5.2.3.1 beschrieben, erfolgt eine Vergesellschaftung von Anregungen des Äthers, für die heute viele Bezeichnungen existieren (Bindung, Wechselwirkung, Korrelation, Verschränkung usw.), weil die kinetische Energie eines Quantonenverbundes (und folglich die Masse) größer ist als die kinetische Energie der jeweils einzelnen Bestandteile. Die größere, gebündelte kinetische Energie des Verbundes ist mit einer Stärkung der Anregung und einer lokalen Verringerung der Entropie verbunden – das grundlegende Prinzip und die Ursache für die Selbstorganisation der Materie. Durch eine Konzentration der Anregung auf kleinerem Raum gelingt es, einmal entstandene Anregungen zu stabilisieren, also Zustände geringerer Entropie für lange Zeiten haltbar zu machen – nicht zuletzt die Grundlage für die komplexen Lebensstrukturen auf der

Erde. Auch ein Photon, das sich einem Quantonenverbund nähert, wird zunächst kurzwelliger (gravitative Blauverschiebung), d. h. in seiner Anregung stabilisiert, und verliert dadurch an Entropie.

Für eine Bündelung der kinetischen Energie, etwa bei einer Kernfusion wie in (R5), ist ein Tribut zu zahlen, indem elektromagnetische Energie (Strahlung) vom Atomkern nach außen abgegeben und zerstreut wird. Der Quantonenverbund erfährt einen Massendefekt, der sich als Entropieexport mittels Quantonenzerstreuung $d_iS_Z > 0$ deuten lässt. Die Argumentation ähnelt derjenigen in Kap. 2, wonach eine Verringerung der Systementropie möglich wird, da der Entropieaustausch d_aS in Gl. (9) auch negativ sein kann.

Zugleich ist die Vergesellschaftung von Quantonen ein Prozess in der Zeit, der eine Alterung $d_iS_A > 0$ mit sich bringt. Auch hiermit ist ein Verlust an kinetischer Energie verbunden, also eine Umwandlung von kinetischer in potentielle Energie.

Neben den zwei Anteilen $d_iS_Z > 0$ und $d_iS_A > 0$ der lokalen Entropieerzeugung in Gl. (136) lassen sich nun zwei Anteile der lokalen Entropievernichtung in einem System benennen, wobei erneut mit Indizes gearbeitet werden soll:

$$d_iS = d_iS_E + d_iS_S < 0 \qquad (138)$$

mit

- der *Entstehung* $d_iS_E < 0$ von Quantonen, welche die Abnahme der Entropie infolge der Entstehung von neuen Quantonen erfasst („Geburt" neuer Individuen aus dem Kollektiv) und

- der *Selbstorganisation* $d_iS_S < 0$ von Quantonen, welche die Abnahme der Entropie infolge einer Vergesellschaftung von Anregungen des Äthers, d. h. Quantonen und Quantonenverbünden, beschreibt.[101]

Mit Gl. (138) gibt es im Universum ein Gegengewicht zum Anwachsen der Entropie nach dem erweiterten 2. Hauptsatz der Thermodynamik in Gl. (136), welcher dennoch unbestechlich bleibt in seiner Aussage, dass es Zeitlichkeit für jedes Quanton und jeden Quantonenverbund gibt, die sich einmal gebildet haben, und damit einen Unterschied zwischen Vergangenheit und Zukunft.

Nur ist die zeitliche Begrenztheit, die allerorts erfahrbar wird, nicht notwendig mit einem Clausiusschen Wärmetod oder einer Vorstellung von einem universellen Anfang und Ende verbunden. Sie ist ebenfalls nicht mit der Vorstellung verbunden, dass wir in einem unwahrscheinlichen Zustand leben.

Ganz im Gegenteil lässt ein rigoroses Prozessdenken einen zeitlichen Anfang und ein zeitliches Ende des Universums nicht zu. Mit der Vorstellung vom Quantonenäther

---

101 Der Begriff der Aggregation als Antonym zu Clausius' *Disgregation* (Zerstreuung) ist bereits belegt, da hierunter eine Anhäufung bzw. lockere Zusammenlagerung von Molekülen verstanden wird.

wird das Sein der Materie ein Werden – ein zeitlich unendliches Werden, in dem alle Dinge nur einmal entstehen können und wieder vergehen: *panta rhei*. Es lässt sich nun physikalisch verstehen, was philosophisch schon verstanden wurde:

> Die Zeit hat keinen Anfang noch Ende, sondern aller Anfang und Ende ist in ihr.
> [Schopenhauer 1819, S. 67]

Das Sein existiert nur als Übergang. Das mag bedauerlich sein für ein Einzelnes, dem es einmal gelungen ist, sich zeitweise (unvollständig) abzugrenzen, doch liegt es in der Natur der Sache oder besser gesagt: in der Natur selbst. Der Prozess ist das Sein der Materie und Ausdruck für ihre Unzerstörbarkeit. So widerspiegelt das beständige Ungleichgewicht, das Prozesse bedingt, genau genommen ein Gleichgewicht der Natur – zwischen der Nichtanregung einerseits und der Anregung andererseits, zwischen der Kollektivität einerseits und der Individualität andererseits, wobei die dialektische Aufhebung des einem im anderen ein Grundprinzip darstellt.

Als Rudolf Clausius seinen 2. Hauptsatz der Thermodynamik aus den Erfahrungstatsachen in thermodynamischen Kreisprozessen ableitete, war nur die eine Hälfte des Werdens – und auch diese nur unvollständig – empirisch zugänglich, die Clausius *Disgregation* genannt hat.

Als später Ilya Prigogine den 2. Hauptsatz in der Form $d_iS_Z > 0$ formulierte (Gl. (8a)), waren die empirischen Grundlagen für die Gleichungen (136) und Gl. (138) bereits erkennbar. Doch wurden sie, wie z. B. die nachweisbaren „Quantenfluktuationen", mit einer Quantentheorie, die die SRT anerkannte, anders interpretiert.

Der erweiterte 2. Hauptsatz in Gl. (136) ist ein fundamentales Naturgesetz zur Beschreibung der Richtungsabhängigkeit von Prozessen, das durch Gl. (138) nicht angetastet wird. Die Gleichungen (136) und (138) stellen keinen Widerspruch dar, sondern machen das grundlegende Prinzip bewusst, nach dem aus der stetigen Endlichkeit von Zuständen in der Zeit Unendlichkeit entstehen kann und muss. Die Entstehung und die sukzessive Alterung von abzählbaren Individuen, die sich verteilen und selbstorganisieren, geschieht, auf einzelne Individuen bezogen, *nacheinander*, d. h. die abstrahierten Größen beschreiben gewissermaßen einen Kreisprozess, den ewigen Kreislauf der Natur.

Sowohl die Clausiussche und später Gibbssche Thermodynamik als auch die Thermodynamik irreversibler Prozesse und die statistische Thermodynamik leisten heute gute Dienste in der thermischen Verfahrenstechnik, bei der makroskopischen Beschreibung von Wirkungsgraden, Durchführung von Molekularsimulationen etc. Doch sind sie nicht auf makroskopische Systeme und molekular-statistische Betrachtungen einzugrenzen, d. h. die Entwicklung der Thermodynamik kann nicht als abgeschlossen gelten.

Wenn der Mathematiker Constantin Carathéodori mit einem mechanistischen Zugang zur Wärme angenommen hat, dass T und S weniger fundamental seien als andere Zustandsgrößen [Carathéodori 1909], so legt der Quantonenäther das

Gegenteil nahe: die Entropie S ist die grundlegende Abstraktion zur Beschreibung der Irreversibilität und die einzige, die die Physik bisher dafür entwickelt hat.

Da das irreversible Naturgeschehen sich nicht auf mechanisch-reversible Prinzipien zurückführen lässt, stellt die Thermodynamik eine Erweiterung der Mechanik und der Quantenmechanik dar. In den messbaren kleinen Zeitskalen kann Boltzmanns molekular-statistische Deutung der Entropie S genügen, da sowohl das Altern $d_iS_A > 0$ von Quantonen als auch die Entstehung $d_iS_E < 0$ neuer Quantonen aus dem Äther in einem makroskopischen System für uns unmerklich vonstatten geht. Hier ist es näherungsweise ausreichend, die Veränderungen der Anordnungen von Quantonen zu beschreiben, die sich als unveränderliche Teilchen zunehmend gleichverteilen.

Geht es indes um das physikalische Weltbild und eine exakte mathematische Beschreibung der Entropie S über kosmische Zeitskalen hinweg, so kann Ludwig Boltzmanns atomistische Deutung nicht ausreichend sein. Es genügt nicht, mit Gl. (18) die Gesamtzahl $S = \log \mathbf{P} + \text{konst.}$ der unterscheidbaren Mikrozustände aus allen möglichen Permutationen P der Moleküle zu berechnen. Auch Max Plancks Interpretation $S = k_B \ln W$ mit $k_B = R/N_A$ in Gl. (19) schneidet S nur noch deutlicher auf die im System vorhandene, diskrete Zahl von Teilchen zu, denen selbst keine zeitliche Entwicklung zugestanden wird.

Plancks Definition erlaubt es, mit diskreten Zahlen zu rechnen, wie es der Mathematik des Formalismus nach Cantor, Hilbert usw. entspricht. Will man die Zunahme der Wellenlänge von Quantonen bei Prozessen miterfassen, hat man es mit einer wachsenden nicht-diskreten Zahl zu tun. Hier erscheint es als angemessen, in der mathematischen Grundlagenforschung auch wieder über Alternativen, wie z. B. den Intuitionismus nach Luitzen E. J. Brouwer, nachzudenken, um stetigen Energieänderungen und dem evolutionären Charakter der Natur gerecht werden zu können.

Betrachtet man die Entropieänderung in einem adiabatisch abgeschlossenen System, in dem stets irreversible Prozesse stattfinden, so sind, genau genommen, vier Beiträge zu berücksichtigen:

$$d_iS = d_iS_E + d_iS_A + d_iS_Z + d_iS_S. \tag{139}$$

Die zwei Beiträge der *Entstehung* $d_iS_E < 0$ und *Alterung* $d_iS_A > 0$ von Quantonen konnte Rudolf Clausius noch nicht kennen. Der Beitrag der *Zerstreuung* $d_iS_Z > 0$ von Quantonen (wie Photonen oder Elektronen) und Quantonenverbünden (wie Molekülen oder Protonen) geht auf Clausius zurück, während der Beitrag der *Selbstorganisation* $d_iS_S < 0$ von Quantonen heute mit der molekular-statistischen Deutung von S nur auf molekularem Niveau erfasst wird, noch nicht auf der elementaren Ebene der Quantonen.

Man erkennt, dass wertende Begriffe bezüglich der Entropieerzeugung $d_iS_Z > 0$ wie Degradierung, Dissipation, Verschwendung oder Entwertung von Energie rein technisch begründet sind, um die Tauglichkeit von Energie zur Verrichtung von Arbeit zu beurteilen. Die sogenannte „Entwertung" von Energie mittels Entropiezunahme ist keine Einbahnstraße.

In einem begrenzten Raumbereich des Quantonenäthers ist $d_i S$ in seinem Vorzeichen nicht notwendig festgelegt, da es ein wirkliches Gleichgewicht in einem vibrierenden Äthergefüge mit ständigen Neu-Anregungen nicht geben kann. Anhand der Betrachtung von Prozessen in drei verschiedenen thermodynamischen Systemen sollen die Aussagen von Gl. (139) verdeutlicht werden:

1. Licht in einer Box mit perfekt reflektierenden Spiegeln

    Analog zu dem bekannten Gedankenexperiment von Einstein und Bohr [Bohr 1949] sei in einer perfekt reflektierenden Box ein Photon eingesperrt, das von den Wänden nicht absorbiert werde (abgeschlossenes System, $\Delta U = 0$). Die Box selbst wiege nichts.

    Das System hat eine wägbare Masse aufgrund der intrinsischen Energie des Photons gemäß Gl. (127). Im Unterschied zur heutigen Deutung (Serge Haroche: „In free space, photon is eternal." [Haroche 2018]) ist das Photon zeitlich veränderlich. Seine Wellenlänge wächst kontinuierlich mit der Fortpflanzung im kollektiven Äthermedium (Rotverschiebung), was zur Alterung $d_i S_A > 0$ des Photons und zur Massenabnahme des Systems führt. Irgendwann, nach endlos langer, aber nicht unendlich langer Zeit wird die Anregung des Äthers aufgenommen im nicht wägbaren Bosonenkollektiv. Nach dieser Zeit kann sich die Masse des Systems verringert haben, muss es aber nicht, da inzwischen auch neue Anregungen des Äthers in der Box entstanden sein können ($d_i S_E < 0$). Misst man etwa nach endlos langer Zeit die gleiche Masse, ist sie nicht mehr auf *dieselbe* Anregung, d. h. dieselbe diskrete Entität Photon, zurückzuführen. Gemäß Gl. (125) kann gelten: $\Delta m \neq 0$ bei $\Delta U = 0$.

2. Ein reales Gas in einem Kasten

    Eine bestimmte Gasmenge (Stickstoffmoleküle, Argonatome o. Ä.) sei in einem Kasten eingesperrt (abgeschlossenes System, $\Delta U = 0$), der selbst nichts wiege. Zu Beginn seien die i Gasmoleküle in der linken oberen Ecke des Kastens lokalisiert.

    Das System hat eine wägbare Impulsmasse aufgrund der intrinsischen und kinetischen Energien der i Gasmoleküle, d. h. Quantonenverbünde. Innerhalb kürzester Zeit verteilen sich die Gasmoleküle ausgehend vom Anfangszustand im gesamten Gefäß, was empirisch bekannt ist über das Daltonsche Gesetz, nach dem jedes Gas den gesamten zur Verfügung stehenden Raum ausfüllt. Die Zerstreuung $d_i S_Z > 0$ der Moleküle im System lässt sich bereits molekularstatistisch berechnen. Ist S_Z maximal, d. h. $d_i S_Z = 0$, sprechen wir heute vom Gleichgewicht, da wir nur den Prozess der Umordnung von ganzen Teilchen im Raum beschreiben, die selbst unbeeinflusst bleiben.

    Zugleich wächst unmerklich langsam, aber kontinuierlich die de-Broglie-Welle, d. h. die Wellenlänge der Quantonenverbünde durch ihre Fortpflanzung im Äther, was zu einer Alterung $d_i S_A > 0$ der Quantonen und einer unmerklichen Massenabnahme des Systems führt. Damit sinkt auch, für uns nicht messbar, der molekular-statistisch berechenbare Druck. Nicht zuletzt können neue Anregungen des Äthers entstehen, die die Masse (und den Druck) wieder erhöhen und die Entropie des Systems verringern ($d_iS_E < 0$). Wie in Gl. (125) beschrieben, gilt: $\Delta m \neq 0$ bei $\Delta U = 0$.

Wird zurzeit angenommen, dass ein reales Gas in einem Kasten nicht ermüde und die Masse konstant bleibe, so betrifft das lediglich für uns messbare Zeitskalen. Aufgrund der sehr stabilen und energiereichen Quantonenverbünde, die ein Atom oder ein Molekül repräsentieren, fällt die Veränderung der Masse nicht ins Gewicht, auch im Wortsinne. Prinzipiell gesehen hat man es mit Anregungen des Äthers zu tun, die sich kontinuierlich energetisch verändern, d. h. sich entwickeln. Alles unterliegt der Zeitlichkeit.[102]

3. Eine chemische Reaktion in einer Flüssigkeit

Ein Reaktionsgemisch aus Wasser, Ba^{2+}-Ionen und SO_4^{2-}-Ionen befinde sich in einem Gefäß (abgeschlossenes System, $\Delta U = 0$), das selbst nichts wiege. Die Wassermoleküle seien im Gefäß gleichverteilt. Zu Beginn seien die Barium-Ionen in der linken oberen Ecke und die Sulfat-Ionen in der rechten unteren Ecke des Gefäßes konzentriert.

Gemäß Gl. (128) hat das System eine wägbare Masse. Innerhalb messbarer Zeit verteilen sich die Ba^{2+} und SO_4^{2-}-Ionen mittels Diffusion im Wasser, was eine Zerstreuung $d_iS_Z > 0$ von Quantonenverbünden im System bedingt. Wenn sich die Barium- und Sulfat-Ionen gefunden haben, reagieren sie zum schwerlöslichen Salz $BaSO_4$ (Bariumsulfat), das weiß ausfällt. Im Quantonenverbund *festes Bariumsulfat* führt die Bindung (Vergesellschaftung der Anregungen) zur Komprimierung der kinetischen Energie auf kleinerem Raum, d. h. mit der Selbstorganisation $d_iS_S < 0$ der Quantonen ist ein größerer Ordnungszustand verbunden.

Zugleich wächst die Entropie in der Umgebung des Verbundes $BaSO_4$ durch Zerstreuung $d_iS_Z > 0$, da ein Teil der kinetischen Energie an das Wasser abgegeben wird. Auch altern die Quantonen gemäß $d_iS_A > 0$, d. h. ihre Wellenlänge wächst bei der Fortpflanzung im Äther, was die Masse des Systems verringert. Zusätzlich können neue Anregungen des Äthers entstehen ($d_iS_E < 0$), was die Systemmasse erhöht. Nach Gl. (125) gilt wieder: $\Delta m \neq 0$ bei $\Delta U = 0$.

---

102 Mit einem Quantonenäther wird der Abstraktionsgrad der Idealisierung „abgeschlossenes System" noch einmal verstärkt. Bereits heute ist bekannt, dass es kein abgeschlossenes (isoliertes) System geben kann, weil es ständig Stoffaustausch gibt (durch Wände dringende Neutrinos usw.) und weil nichts wirklich wärmeisoliert ist oder starre Wände aufweist. Hinzu kommen jetzt: a) das dichte, nicht durch Wände unterteilbare kollektive Bosonengewebe, b) die Überlagerungen von Materiewellen, d. h. Ätherwellen im System mit denen in der Umgebung, und c) die unvorhersehbare Entstehung von räumlich kontinuierlichen, d. h. nicht vollständig abgrenzbaren Quantonen im System.

Das Gegengewicht zur Alterung $d_i S_A > 0$ und zur Zerstreuung $d_i S_Z > 0$ von Quantonen und Quantonenverbünden, d. h. zu Prozessen, die mit einer lokalen Entropieerzeugung verbunden sind, sind demnach die Entstehung $d_i S_E < 0$ und die Selbstorganisation $d_i S_S < 0$, Prozesse, die mit einer lokalen Entropieverringerung einhergehen.

Im Sinne eines unendlichen Ursache-Wirkung-Prinzips wird sinnfällig, dass sich die vier Anteile im universalen Maßstab aufheben:

$$d_i S = 0. \tag{140}$$

Mit Gl. (140) gibt es keinen Endpunkt aller Entwicklung. Da der 2. Hauptsatz in Form von Gl. (136) zwar unbedingte Gültigkeit für alles einmal Entstandene und damit zeitlich Begrenzte hat, nicht jedoch die vollständige Prozesshaftigkeit des Universums beschreiben kann, lassen sich die Schluss-Sätze in Clausius' Aufsatz [Clausius 1865, S. 400] jetzt neu fassen:

1) *Die Energie der Welt ist constant,*

2) *Die Entropie der Welt ist constant.*

Dabei stellen die Energieerhaltung, also die Tatsache, dass Energie nicht aus dem Nichts entstehen und nicht ins Nichts vergehen kann, und Gl. (139) die grundsätzlichsten aller physikalischen Gesetze dar, die auch auf Quantenebene nicht verletzt werden können.

Im Tabelle 6.3 sind die vier Beiträge zu $d_i S$ in Gl. (139) noch einmal zusammengefasst.

Tabelle 6.3: Das Werden von Quantonen als Äther-Anregungen in der Natur, beschrieben über *lokale* Entropieerzeugung und -vernichtung.

Entstehung	Alterung	Zerstreuung	Selbstorganisation
$d_i S_E$	$d_i S_A$	$d_i S_Z$	$d_i S_S$
< 0	> 0	> 0	< 0
Entropievernichtung	Entropieerzeugung	Entropieerzeugung	Entropievernichtung
E_{kin} wächst	E_{kin} sinkt	E_{kin} sinkt	E_{kin} wächst

Mit Gl. (139) lässt sich physikalisch beschreiben, dass eins das andere bedingt und jede Ursache eine Wirkung hat, die wieder die Ursache für die nächste Wirkung ist [Schopenhauer 1819, S. 59] – der Grund für das, was wir als Zeitlichkeit oder Zeit erfahren, die selbst unendlich ist.

Nach der Materie-Energie-Äquivalenz gibt es nur *einen Prozess* in der nie endenden Natur: die beständige Neu- und Umorganisation von Materie, den Materieänderungsprozess oder infolge der Materie-Energie-Äquivalenz: den *Energieänderungsprozess.*

Im Prozess stellt die potentielle Energie die Potenz für die kinetische Energie und die kinetische Energie wieder die Potenz für die potentielle dar.

Die innere Energie U eines Systems S, auch die des Universums, lässt sich statt Gl. (123) nun einfacher erfassen als:

$$U_S = m_S\, c^2 + E_{pot,S},\qquad(141)$$

wobei sich die potentielle Energie (*Fall- oder Spannkraft* nach Leibniz) auch in räumlichen Eigenschaften der makroskopischen Materie wie etwa Lage, Volumen und Grenzfläche äußert.

Energie ist das Vermögen, sich zu wandeln und dadurch Zeitlichkeit zu bedingen. Zu beschreiben wären damit Änderungen der *Qualität* der Energie. Als Kriterium für diese Qualität wurde der Begriff der Entropie S von Clausius vorgeschlagen, wobei S keine anthropomorphe Größe darstellt, sondern ein physikalischer Ausdruck ist für das Grundprinzip des Werdens in der Natur.

Um den Energieänderungsprozess in Gl. (139), quasi die allgemeinste „Weltformel", die es gibt, mit konkretem Leben zu füllen, sind die Prozesse mit ihren Triebkräften mindestens ebenso entscheidend wie die Zustände mit den Fundamentalkräften, denn:

> Das Wesen der Materie besteht im Wirken: sie ist das Wirken in abstracto, also das Wirken überhaupt, abgesehn von aller Verschiedenheit der Wirkungsart: sie ist durch und durch Kausalität. [Schopenhauer 1819, S. 71]

Soll das Werden erfasst werden, wäre es notwendig, fünf Theorien zu einem gemeinsamen Verfahren zu entwickeln:

- die weiter zu entwickelnde Gibbssche Thermodynamik, die auf Immanuel Kants Begriff der „Relation" [Kant 1787, S. 136] zwischen intensiven und extensiven Größen basiert und ein klares Ursache-Wirkung-Prinzip mit Triebkräften (den intensiven Zustandsgrößen ξ_i) entwickelt hat,

- die weiter zu entwickelnde Thermodynamik irreversibler Prozesse, die den Begriff der generalisierten thermodynamischen Kraft X_α nutzt, dem lokalen Gradienten einer intensiven Zustandsgröße,

- die weiter zu entwickelnde statistische Thermodynamik, in der die Entropie S nicht mehr allein molekular-statistisch zu fassen ist, da auch die Veränderung der Quantonen selbst zu beschreiben ist,

- die weiter zu entwickelnde Lorentzsche Äthertheorie, mit der die reale Massenzunahme, die reale Längenkontraktion usw. von Quantonen durch Bewegung beschreibbar sind,

- die neu zu interpretierende und weiter zu entwickelnde Quantentheorie, welche die objektive Realität anerkennt, fiktiven Teilchen nicht länger Raum einräumt und mit der auch stetige Energieänderungen beschrieben werden können.

Ein Quantonenäther bringt die Verpflichtung mit sich, die Quantentheorie und die Thermodynamik zu verbinden – zu einer Quantonen-Thermodynamik, mit der das Entstehen und stetige Altern der Quantonen und Quantonenverbünde, ihre Zerstreuung und Selbstorganisation im Ätherkontinuum beschrieben werden kann: die Realität vom Werden und Vergehen.

6.4 Was wir verlieren und was wir gewinnen

Die moderne Physik hat sich mit der SRT und der ART als Raumzeit-Theorie eingerichtet. Sie ist Einstein in dem Versuch [Einstein 1905a, 1905b], die Mechanik und Elektromechanik vereinbar zu machen, hoffnungsfroh gefolgt und hat die Ideen der Relativität der Gleichzeitigkeit und von Zeit und Raum akzeptiert. Dazu wurden die absolute Zeit und die Irreversibilität aufgegeben. Auch die Wechselwirkungsfreiheit von Photonen, die damit zeitlos sind, wurde hingenommen. Die Materie wurde geometrisiert:

> Aus der Verschmelzung von Relativitätstheorie und Quantenmechanik entstand ein neues Weltbild, in dem die Materie ihre zentrale Rolle eingebüßt hat. Ihren Platz nehmen jetzt Symmetrieprinzipien ein, von denen einige im gegenwärtigen Zustand des Universums unseren Blicken entzogen sind. [Weinberg 1993, S. 11]

Der Begriff der *Raumzeit*, der auf der SRT basiert und in der ART weiterentwickelt wurde, hat die mathematische Entwicklung befördert und zu einer immensen Produktion mathematischer Ideen und physikalischer Phantasien geführt, die populär geworden sind und die auch die Menschheit mitträumt – von der Dunklen Energie über das Higgs-Bosonen-Feld, den Urknall, das fluktuierende Vakuum, fiktive Teilchen und Parallelwelten bis hin zu Zeitreisen. Die SRT hat damit gleichsam ein kollektives Träumen angeregt, auch von der Umkehrbarkeit aller Prozesse und mithin von Zeitlosigkeit und Ewigkeit:

> Die zeitliche Sukzession leugnen, das Ich leugnen, das astronomische Universum leugnen sind scheinbare Verzweiflung und geheimer Trost. [Borges 1949, S. 286]

So sind theoretische Physiker und Raumzeit-Experten wie Steven Hawking, der Stringtheoretiker Brian Greene oder die Mitbegründer der Schleifenquantengravitation Roger Penrose und Carlo Rovelli anerkannte Autoritäten und gegenwärtig sehr präsent. Ihre Bücher, wie z. B. „Die illustrierte kurze Geschichte der Zeit" [Hawking 2010], „Das elegante Universum" [Greene 2000], „Der Stoff, aus dem der Kosmos ist" [Greene 2004], „Zyklen der Zeit: Eine neue ungewöhnliche Sicht des Universums" [Penrose 2011] oder „The Order of Time" [Rovelli 2018], sind Bestseller.

Mit dem Anspruch geschrieben, bestimmte Theorien der modernen theoretischen Physik der Allgemeinheit zugänglich zu machen, lassen sich diese Werke zugleich als Zeugnisse für den Erfindungsreichtum des menschlichen Geistes verstehen, wenn im

Rahmen der Vorgaben der Relativitätstheorie mathematische Auswege aus letztlich ratlosen Situationen zu erdenken sind:

> Doch inzwischen hat man im Rahmen der allgemeinen Relativitätstheorie plausiblere Raumzeiten entdeckt, die Zeitreisen zulassen. Eine befindet sich im Innern eines rotierenden Schwarzen Loches. Eine andere enthält zwei kosmische Strings, die sich mit hoher Geschwindigkeit aneinander vorbeibewegen. [Hawking 2010, S. 198]

> Da über die Paralleluniversen unendlich viele Doppelgänger von Ihnen und mir verstreut sind, müssen die Begriffe der persönlichen Identität und des freien Willens natürlich in diesem erweiterten Kontext neu interpretiert werden. [Greene 2004, S. 511]

> In jüngerer Zeit haben Thorne und seine Kollegen die ganze Vielfalt der Eigenschaften von Wurmlöchern enthüllt, indem sie zeigten, dass Wurmlöcher nicht nur Abkürzungen durch den Raum, sondern auch durch die Zeit eröffnen können. [Greene 2004, S. 517][103]

Es gibt viel Dichtung in der modernen Physik, die in Sachbüchern und tausendfach zitierten Fachartikeln präsentiert wird. Die Menschheit hat sich auf die Poesie der Raumzeit eingelassen, wie schon immer Mythen und Märchen konsumiert wurden.

Gäbe man die vier- und höherdimensionale, flexible Raumzeit auf, würde man Illusionen verlieren. Darunter jene, dass die Zeit eine Illusion ist [Einstein 1955]; zugleich auch die Illusion, dass die SRT die reale Natur beschreiben kann und die ART mehr ist als eine Gravitationstheorie – mithin die Illusion, dass „EINSTEINS NEUE WELTORDNUNG" [Spektrum der Wissenschaft 2015, Titelblatt] auf einer physikalischen Theorie beruht.

Die moderne theoretische Physik würde kurzfristig einen Reputationsverlust in der Gesellschaft erfahren, der auch einige ihrer Helden wie Albert Einstein beträfe. Viele seiner Arbeiten, wie etwa die Lichtquantenhypothese oder die Beschreibung der Brownschen Molekularbewegung, sind unbestritten grundlegend für die Physik. Die Relativitätstheorie allerdings, die Einstein besonders am Herzen lag, stellt eine Entfernung von der wissenschaftlichen Methode dar, da sie vage Begriffe und Spekulationen beinhaltet, was Einstein am Ende seines Lebens womöglich geahnt hat:

> Sie stellen es sich so vor, daß ich mit stiller Befriedigung auf ein Lebenswerk zurückschaue. Aber es ist ganz anders von der Nähe gesehen. Da ist kein einziger Begriff, von dem ich überzeugt wäre, daß er standhalten wird, und ich fühle mich unsicher, ob ich überhaupt auf dem rechten Wege bin [...]. [Einstein 1949]

Eine Neubewertung beträfe auch Max Planck, der die Anerkennung der SRT in aller Unbedingtheit gefördert und gefordert hat:

---

[103] Kip Thorne, der Mitautor des Lehrbuchs „Gravitation" [Misner 1973], ist einer der Physik-Nobelpreisträger des Jahres 2017.

> Das Prinzip der Relativität [...] wurde von H.A. Lorentz vorbereitet, von A. Einstein zuerst allgemein formuliert, und von H. Minkowski zu einem abgerundeten mathematischen System verarbeitet.
>
> [Planck 1909, S. 110]

Und sie beträfe Generationen von Physikern, die Albert Einstein und Max Planck gefolgt sind:

> Doch der Lohn ist Schönheit pur. Und nicht nur das: Auch ein neuer Blick auf die Welt tut sich vor unseren Augen auf. Eines dieser Meisterwerke ist die Allgemeine Relativitätstheorie, das Juwel von Albert Einstein.
>
> [Rovelli 2016, S. 13]

> Quantenverschränkte Schwarze Löcher. So wollen Physiker das Rätsel der Raumzeit knacken.
>
> [Spektrum der Wissenschaft 2017, Titelblatt]

In Bezug auf die SRT, die ART als Raumzeit-Theorie oder darauf aufbauende Theorien wie die Standardmodelle der Teilchenphysik und Kosmologie dürfte man den Darstellungen in heutigen Physik-Lehrbüchern (z. B. [Gerthsen 2005], [Tipler und Mosca 2008], [Nolting 2010]) und in Sachbüchern, Fachartikeln usw. nicht mehr vertrauen. Bei aller Schönheit der präsentierten Mathematik hätten sich zum Beispiel die Theoretiker der Schleifenquantengravitation und asymptotischen Sicherheit, die Stringtheoretiker usw. weniger als Physiker denn als Mathematiker und kreative Künstler verdient gemacht, die jede Hochachtung verdient haben, doch ein Weltbild entwickelt haben, das auf einer irrealen physikalischen Annahme aufbaut. Wenngleich immer und immer wieder alles gedacht werden darf und gedacht werden können muss, kann doch nicht alles zur Beschreibung der Realität geeignet sein.

Denn wichtig ist, was sich gewinnen ließe: Klarheit. Naturerkenntnis.

Die Realität ließe sich zurückgewinnen. Eine Realität aus Verknüpfung und Wechselwirkung, aus Verschränkung zwischen allem und jedem. Statt einer Welt aus isolierten Entitäten und „Punktteilchen" [Esfeld 2017, S. 13] gäbe es eine der Kooperation – sich überlagernde vergesellschaftete Zustände mit futuristischen Anwendungen. Räumte man der Materie wieder das Primat ein, nicht der Geometrie und höheren Symmetrieprinzipien, könnte „Der Traum von der Einheit des Universums" [Weinberg 1993] Wirklichkeit werden.

Wie im Vorbeigehen lösten sich viele große Rätsel der theoretischen Physik auf und würden erklärbar. Es ließe sich erkennen, was Energie ist und was die elementaren Bestandteile der Materie sind. Es ließe sich sagen: Natürlich sind schwere und träge Masse gleich. Das ergibt sich von selbst, da es nur träge Masse gibt. Natürlich lassen sich Quantonen ineinander umwandeln, da sie allesamt Anregungen im Äther darstellen. Natürlich gibt es Verschränkungen. Das ist nichts Besonderes, sondern die Normalität, da Quantonen ihre Bewegungen (ihre Abweichungen vom Grundzustand) miteinander korrelieren. Und natürlich ist alles irreversibel. Die Physik kann das, was wir täglich erfahren, beschreiben. Natürlich ist der Wandel das einzig Ewige. Das muss gemäß Gl. (139) so sein. Alles erklärt und ergibt sich von selbst und birgt keine logischen Konflikte.

Die Widerspruchsfreiheit und Anschaulichkeit ließe sich in der Physik zurückgewinnen. Es ließe sich anschaulich erklären, warum es einen Confinement-Effekt
in den Hadronen gibt, warum sich die Masse der Neutrinos ändern kann, warum
sich Ladungen anziehen oder abstoßen, warum das Pauli-Ausschlussprinzip gilt,
warum Planeten um die Sonne und Elektronen um die Kerne kreisen, warum das
Elektron auf seiner Bahn nicht in den Atomkern stürzt, warum sich die vier Fundamentalkräfte vereinheitlichen lassen müssen usw.

Auch Zeit würden wir gewinnen. Im doppelten Sinne. Die irreversible Zeit in der
gesamten Physik, wenn die Thermodynamik auch in den Grenzbereichen des sehr
Kleinen und sehr Großen gilt. Und Zeit, indem nun die wesentlichen Aufgaben der
Physik und Mathematik bearbeitet werden können: die Beschreibung kontinuierlicher
energetischer Änderungen, die Beschreibung des Werdens, die Klärung, warum bestimmte Anregungen des Äthers begünstigt sind und andere wieder nicht, und
warum sie sich gerade so vergesellschaften, wie sie es heute tun. Angesichts der ge-
ringen Anzahl der derzeit bekannten Quantonenarten scheint es nicht absehbar, dass
jede Anregung, die im euklidischen Raum möglich ist, irgendwann auch zwingend
wird. Andererseits ist nicht einzusehen, weshalb die Natur in den Unendlichkeiten
von Raum und Zeit bestimmte Möglichkeiten ausschließen sollte.

Wenn Planck im Jahr 1909 angesichts der Raumzeit eine kopernikanische Wende
ausgerufen hat, so ist wahr, dass die Raumzeit eine fundamentale Umwälzung der
Weltanschauung bedeutet hat. Doch ließe sich diese Wende auch als antikopernika-
nisch verstehen, zurück zum geozentrischen Weltbild, da die SRT als Beobachter-
theorie eine subjektive (keine relative) Weltsicht befördert und die objektive Realität
negiert.

Eine Rückkehr zur Gibbs-Thermodynamik, die auf Kants Begriffen aufbaut, und
zu Newtons, Kants, Schopenhauers usw. Begriffen von Zeit und Raum würde deshalb keinen Rückschritt bedeuten, sondern wäre ein starkes Signal für den Fortschritt. Man verließe das, was sich als nicht haltbar erwiesen hat und versuchte
nicht länger, es durch die eigene Überzeugung und mathematische Weiterungen zu
stabilisieren. Das Naturgesetz des Entstehens, Werdens und Sterbens ließe sich
physikalisch beschreiben:

> Ich bin jetzt alt, viel älter als Einstein war, [...]. Ich muss bald sterben, vielleicht schon, bevor
> diese Zeilen im Druck erscheinen können. [...] Selbst wenn es zutreffen sollte, dass die Zeit
> nicht zu den letzten Bestandteilen des Universums gehört, ist das doch ein schwacher Trost
> gegenüber der Gewissheit, dass die Zeit für uns Kinder der Evolution die unbestreitbare Herr-
> scherin ist und ihren unerbittlichen Lauf nimmt.   [Störig 2006, S. 405]

Die beiden Erkenntnisse, dass sich die Natur als Einheit begreifen lässt, in der das
Verbindende größer ist als die Abgrenzung, die stets nur unvollständig sein kann,
und dass die Zeit das Wichtigste ist, was einem Verbund gegeben ist, könnten von
der Physik in die Gesellschaft ausstrahlen. Auch die Physik könnte ihrer Verpflichtung nachkommen, die Ehrfurcht vor dem Leben zu lehren. In der Einheit der Natur

hat jeder Quantonenverbund nur ein einziges Mal die Chance, das zu sein, was er ist bzw. was er wird, denn das Werden ist das Sein der Materie.

In einer umfassenden Neubewertung und -deutung wären viele Bücher, Wikipedia-Einträge usw. neu zu schreiben. Unabhängig davon behielten Gleichungen, wie z. B. die Lorentz-Transformierten, die Heisenbergsche Unschärferelationen oder der Energie-Impuls-Tensor der ART, ihre Gültigkeit und wären nur anders zu interpretieren.

Die SRT wie auch die ART als Raumzeittheorie wären nicht mehr als gültige Theorien in Physik-Lehrwerken vermittelbar. Doch sollten sie bewahrt werden, da ihre mathematische Brillanz eine Weiterentwicklung mathematischer Methoden in vielen Gebieten befördert hat und weiter befördern kann. Auch sind sie Zeugnisse dafür, wie singuläre Ideen, wenn sie nur hartnäckig genug vertreten werden, eine Naturwissenschaft auf lange Sicht prägen können.

Wenn irgendwann statt

> Masse und Energie sind also wesensgleich, d. h. nur verschiedene Äußerungsformen derselben Sache.   [Einstein 1922, S. 49]

in den Physik-Lehrbüchern zum Beispiel stünde

> Materie und Strahlung sind also wesensgleich, d. h. nur verschiedene Äußerungsformen derselben Sache. Beide repräsentieren Anregungen des Äthers.

würde die physikalische Ratlosigkeit enden. Ein kollektiver Irrtum wäre aufgelöst, und der ewige Kreislauf der Natur ließe sich physikalisch beschreiben.

Der Begriff der Raumzeit wäre dann endgültig aufzugeben.

7 Zusammenfassung

In dieser Arbeit wurden Energie- und Zeitkonzepte der modernen Physik verhandelt. Es wurde gezeigt, dass die vollständige Masse-Energie-Äquivalenz [Einstein 1905b] der Gibbsschen Methodik zur Erfassung der Energieänderungen eines Systems widerspricht. Potentielle Energien sind nicht masserelevant.

Aus diesem Grund wurde, statt einer Masse-Energie-Äquivalenz, eine thermodynamisch begründete Materie-Energie-Äquivalenz vorgeschlagen. Darauf aufbauend wurde, unter Nutzung historischer Quellen, die Vorstellung vom Quantonenäther abgeleitet, mit der sich das Naturgeschehen logisch erklären lässt.

Fern von Modellen wie fiktiven Austauschteilchen, dem Higgsbosenenfeld oder vier- und höherdimensionalen Raumzeiten lässt sich im dreidimensionalen euklidischen Raum eine neue Physik entwickeln, die viele Vorteile hat, darunter folgende:

1. Materie wird nicht auf Masse reduziert.

2. Die Theorie kommt mit der geringsten Zahl an natürlichen Annahmen aus.

3. Es gibt keine logischen Inkonsistenzen oder Interpretationsprobleme.

4. Die Theorie stimmt mit allen experimentellen Tatsachen, inklusive der Quantenverschränkung, der realen Massenzunahme von Objekten mit der Geschwindigkeit usw., überein.

5. Kurzfristige Verletzungen der Energieerhaltung werden hinfällig, da es nur reale Teilchen gibt.

6. Viele bisher ungelöste grundlegende Fragen der modernen Physik lassen sich beantworten.

7. Da die elementaren Bestandteile der Materie gefunden sind, lässt sich „wissen, was Energie *ist*." [Feynman 2007, S. 46]

8. Die Irreversibilität wird auf elementarer Ebene physikalisch beschreibbar.

9. Der „Traum von der Einheit des Universums" [Weinberg 1993] kann Realität werden.

Der einzige Nachteil einer Materie-Energie-Äquivalenz ist, dass sie nicht mit den Interpretationen der modernen Physik vereinbar ist, die erhebliche logische Widersprüche in ihren Grundfesten hinzunehmen bereit ist.

Aus Sicht der vorliegenden Arbeit kann die derzeitige Krise und anhaltende Ratlosigkeit der modernen Physik nur aufgelöst werden, wenn es einen gesellschaftlichen Prozess des Umdenkens gibt, in dem man sich durchringt, heute als Grundpfeiler angesehene Modelle, allem voran die Spezielle Relativitätstheorie (SRT) und die Raumzeit-Idee, anzugreifen und schließlich aufzugeben.

https://doi.org/10.1515/9783110656961-007

Die Analyse in dieser Arbeit hat gezeigt:

1. Die SRT und darauf aufbauende Theorien scheitern in ihrem Anspruch, die Realität zu beschreiben.

2. Die ART ist eine Gravitationstheorie, die in Bezug auf Raum und Zeit keine Aussagen zu treffen vermag.

3. Die derzeitigen Standardmodelle der Teilchenphysik und Kosmologie bedürfen einer konzeptuellen Neufassung.

4. Die Grundpfeiler der modernen Physik sind eine neu zu interpretierende Quantentheorie, die weiter zu entwickelnde Lorentzsche Äthertheorie und die weiter zu entwickelnde Thermodynamik.

Lässt sich die Vision schnell skizzieren, so ist eine adäquate Begriffsfindung sowie die umfassende physikalische, mathematische und naturphilosophische Beschreibung der Prozesse im Quantonenäther eine Generationenarbeit, die allerdings 1905 nur unterbrochen wurde.

Der Faden, der verloren gegangen ist, ließe sich wieder aufnehmen. Das mangelnde Verständnis der „zwei Kulturen", das Charles Percy Snow bereits 1959 hervorhob, ist nicht zuletzt durch die allgemeine Akzeptanz der SRT und Raumzeit befördert worden. Ein Paradigmenwechsel in der Physik würde es auch Historikern, Philosophen, Linguisten, Erkenntnistheoretikern, Methodikern, Logikern, Schriftstellern usw. gestatten, die naturgesetzlichen Grundlagen der Weltanschauung neu zu denken und zu bewerten – hin zu einer Renaissance des Miteinanders der beiden Kulturen, der Wiedereinheit von Geistes- und Naturwissenschaft.

Anhang: Die Festlegung einer Überzeugung

In seinem Aufsatz „The fixation of beliefe" („Die Festlegung einer Überzeugung")
von 1877 beschreibt der Mathematiker, Philosoph und Logiker Charles Sanders
Peirce, wie gut es tut, überzeugt zu sein:

> Zweifel ist ein unangenehmer und unbefriedigender Zustand, in dem wir Anstrengungen ma-
> chen, uns von ihm zu befreien und den Zustand der Überzeugung zu erreichen suchen. Dieser
> dagegen ist ein ruhiger und befriedigter Zustand, den wir nicht aufgeben oder in eine Überzeu-
> gung von irgendetwas anderem ändern möchten. Im Gegenteil, wir klammern uns hartnäckig
> nicht nur an das Überzeugtsein, sondern an das Überzeugtsein durch das, von dem wir gerade
> überzeugt sind. [Peirce 1877, S. 156]

Bereits das Überzeugtwerden von der Richtigkeit der SRT und ART war ein langwieri-
ger Prozess in der ersten Hälfte des 20. Jahrhunderts, der nicht nur innerhalb der
Physik, sondern auch in der politischen Öffentlichkeit ablief und geführt wurde. Immerhin wurden mit der SRT jahrtausendealte philosophische Konzepte von Raum
und Zeit und der Relativität von Geschwindigkeit über Bord geworfen. Spätestens
nach der bestätigten Vorhersage der Lichtablenkung an der Sonne im Mai 1919 durch
die British Royal Society Expedition von Sir Arthur Eddington war Einstein ein gefeierter Medienstar. Seine beiden Relativitätstheorien SRT und ART, oft nur „die Relativitätstheorie" genannt, wurden öffentlich heiß und kontrovers diskutiert:

> There is probably no physicist living today whose name has become so widely known as that
> of Albert Einstein. Most discussion centres on his theory of relativity. [Arrhenius 1922]

Als Einstein im Jahr 1922 der Physik-Nobelpreis des Jahres 1921 zuerkannt wurde,
erfolgte dies „für seine Verdienste um die theoretische Physik, besonders für seine
Entdeckung des Gesetzes des photoelektrischen Effekts", d. h. seine heuristische
Lichtquantenhypothese [Einstein 1905c]. Der Zustand der Überzeugung bezüglich
der Richtigkeit der Relativitätstheorie war 1922 noch nicht erreicht – auch aufgrund
der anhaltenden philosophischen Debatten und der gerade aktuellen Kritik Henri
Bergsons an der SRT [Bergson 1922], wie Svante Arrhenius in seiner Nobelpreis-
Laudatio vom 10. Dezember 1922 einräumt:

> This pertains essentially to epistemology and has therefore been the subject of lively debate in
> philosophical circles. It will be no secret that the famous philosopher Bergson in Paris has
> challenged this theory, while other philosophers have acclaimed it wholeheartedly.
> [Arrhenius 1922]

Dessen ungeachtet sprach Einstein in seinem Nobelpreisvortrag am 11. Juli 1923 vor
etwa zweitausend Zuhörern über „Grundgedanken und Probleme der Relativitätstheorie" [Einstein 1923]. Was wissenschaftliche und öffentliche Dispute, vor allem
zur SRT, anging, konnte sich Albert Einstein bereits nach 1920 mehr und mehr

https://doi.org/10.1515/9783110656961-008

zurückziehen, da sich „ein ‚Verteidigergürtel' um Einstein" [Hentschel 1990, S. 163] gebildet hatte, dem u. a. Max von Laue und Hans Reichenbach angehörten:

> Gestritten wurde dann nicht mehr um das, was Einstein selbst über seine Theorie geäußert hatte, sondern um die durchaus eigenständigen, von Einsteins Selbstverständnis oft gravierend abweichenden Interpretationen der Einstein-Verteidiger. [Hentschel 1990, S. 163]

Dass jeder Kritiker oder Befürworter die SRT in eigener Weise interpretieren konnten, liegt angesichts der unbestimmten begrifflichen Grundlage (s. Kap. 3.1) in der Natur der Sache. Während die Kritik und die Verteidigung in alle Richtungen zerfaserten, wobei essentielle kritische Vorwürfe waren, dass die SRT physikalisch wertlos und absurd sei, während die Verteidiger den Kritikern ihrerseits mathematisches und physikalisches Unverständnis zur Last legten, wirkten im Hintergrund „die Methode der Beharrlichkeit" und „die Methode der Autorität" [Peirce 1877, S. 160 ff.] zur Festlegung einer Überzeugung und nicht zuletzt gesellschaftspolitische Entwicklungen.

Einstein hielt die anhaltende Kritik nicht für wissenschaftlich motiviert:

> Gegenwärtig debattiert jeder Kutscher und jeder Kellner, ob die Relativitätstheorie richtig sei. Die Überzeugung wird hierbei bestimmt durch die Zugehörigkeit zu einer politischen Partei.
> [Einstein 1920b]

Bekannt ist Einsteins Replik im Berliner Tageblatt vom 27. August 1920, in der er auf die Vorträge von Ernst Gehrcke und Paul Weyland in der Berliner Philharmonie reagiert und

a) seinen Gegnern wissenschaftliche Unkenntnis und politische Motive vorwirft,

b) die Logik und empirische Bestätigung der Relativitätstheorie hervorhebt,

c) Autoritäten anmahnt und für die Theorie vereinnahmt, darunter Hendrik Antoon Lorentz, der von seiner Äthertheorie zeitlebens nie Abstand genommen hat, und

d) die Anerkennung der internationalen Wissenschaftsgemeinde betont, die mit der Theorie solidarisch sei:

> Ich bin mir sehr wohl des Umstandes bewußt, daß die beiden Sprecher einer Antwort aus meiner Feder unwürdig sind [...] Zuerst bemerke ich, daß es heute meines Wissens kaum einen Forscher gibt, der in der theoretischen Physik etwas Erhebliches geleistet hat und nicht zugäbe, daß die ganze Relativitätstheorie in sich logisch aufgebaut und mit den bisher sicher ermittelten Erfahrungstatsachen im Einklang ist. Die bedeutendsten theoretischen Physiker – ich nenne H.A. Lorentz, M. Planck, Sommerfeld, Laue, Born, Larmor, Eddington, Debye, Langevin, Levi-Civita – stehen auf dem Boden der Theorie und haben meist wertvolle Beiträge zu derselben geleistet. [...] Es wird im Auslande, besonders auf meine holländischen und englischen Fachgenossen H.A. Lorentz und Eddington, [...], einen sonderbaren Eindruck machen, wenn sie sehen, daß die Theorie sowie deren Urheber in Deutschland selbst derart verunglimpft wird. [Einstein 1920c]

Dass Einstein sich auch ideologisch motivierter Kritik ausgesetzt sah, ist leider nicht auszuschließen und lässt seine mangelnde Bereitschaft, auch auf inhaltliche Kritik einzugehen und Zweifel auszuräumen, möglicherweise verständlich erscheinen. Dies sollte jedoch nicht den Blick darauf verstellen, dass es – anders als in Einsteins Darstellung im Berliner Tageblatt [Einstein 1920 c] – durchaus bedeutende zeitgenössische Kritiker der SRT gab. Dazu zählen zum Beispiel der französische Mathematiker, Physiker und Philosoph Henri Poincaré, der Physiker Hendrik Antoon Lorentz (Physik-Nobelpreis 1902), Ernest Rutherford (Chemie-Nobelpreis 1908), Albert Michelson (Physik-Nobelpreis 1907), Frederick Soddy (Chemie-Nobelpreis 1921), Charles Lane Poor, Henri Bergson (Literatur-Nobelpreis 1927), Alfred North Whitehead oder der berühmte Mathematiker Oliver Heaviside, der 1920 in einem Brief an Vilhelm Frimann Køren Bjerknes schrieb:

> I don't find Einstein's Relativity agrees with me. It is the most unnatural and difficult to understand way of representing facts that could be thought of. [Heaviside in: Mueller 2012, S. 147 f.]

Henri Poincaré, der bereits bedeutende Beiträge zur Mathematik- und Physikphilosophie geleistet hatte, gab 1911 seiner Wertschätzung für Albert Einstein Ausdruck:

> Was wir vor allem an ihm bewundern müssen, ist die Leichtigkeit, mit der er sich auf neue Konzepte einstellt und die fälligen Konsequenzen daraus zieht. [...] Ich will nicht sagen, dass alle diese Prognosen die experimentelle Prüfung bestehen werden, wenn diese Prüfung einmal möglich sein wird. Da er in alle Richtungen forscht, muss man im Gegenteil damit rechnen, dass die Mehrzahl der von ihm eingeschlagenen Wege Sackgassen sein werden; allerdings darf man zugleich hoffen, dass eine der von ihm aufgewiesenen Richtungen die richtige sein wird, und das genügt. [Galison 2003, S. 314][104]

Andererseits blieb Poincaré sein Leben lang der Lorentzschen Äthertheorie verpflichtet. Selbst wenn Poincaré viel über nicht-euklidische Bewegungen, vierdimensionale Räume usw. nachgedacht hatte, hatte er sich davor gehütet, die Elemente der Mathematik zur realen Physik zu machen [Poincaré 1902, 1904]. Auch Hendrik Antoon Lorentz zog die physikalische Vorstellung eines Äthers, welcher dynamische Effekte, z. B. auf Elektronen, ausübt, einer kinematisch-mathematischen Interpretation der Lorentz-Transformierten vor:

> Yet, I think, something may also be claimed in favour of the form in which I have presented the theory. [Lorentz 1909, S. 230]

Im Vorwort des oft diskreditierten Buches „Hundert Autoren gegen Einstein" wurde zu Recht darauf hingewiesen, dass die Zahl der Kritiker unübersehbar war:

---

104 Poincaré starb bereits im Jahr 1912; es blieb bei einer einzigen Begegnung zwischen ihm und Einstein.

> So konnte es der Allgemeinheit vorenthalten bleiben, daß die RTH [die Relativitätstheorie], weit entfernt, ein sicherer wissenschaftlicher Besitz zu sein, neuerdings durch unwiderlegbare Argumente als ein Komplex in sich widerspruchsvoller Behauptungen, als denkunmöglich und -überflüssig nachgewiesen ist. Es ist nicht bekannt geworden, daß bereits die geistigen Väter Einsteins, Mach und Michelson, die RTH ablehnten. Es ist nicht bekannt geworden, daß die Gegner an Zahl und Bedeutung den Anhängern zum mindesten gewachsen sind.
>
> [Israel et al. 1931, S. 3]

Doch waren die Kritiker der SRT und ART weder so beharrlich, noch machten sie ihre Autorität so geltend wie Einstein und Planck und die unter dem Einfluss ihrer beiden Mitbegründer erstarkende Quantentheorie und später auch Kosmologie.

Indem Einstein ausgewählte empirische Tatsachen wie das Nullresultat des Michelson-Morley-Experiments [Michelson und Morley 1887], die Lichtablenkung an der Sonne oder die Perihelbewegung des Merkur zu Beweisen für seine Theorien erklärte, andere Experimente wie die Äther-Experimente von Sagnac [Sagnac 1913], Michelson und Gale [Michelson und Gale 1925] oder Dayton C. Miller [Miller 1933][105] hingegen anzweifelte, bediente er sich unwillkürlich der „Methode der Beharrlichkeit", die Peirce folgendermaßen beschreibt:

> Jemand kann so durchs Leben gehen, indem er sich systematisch alles außer Sichtweite hält, das eine Änderung seiner Ansichten hervorrufen könnte [...]. [Peirce 1877, S. 160]

Nicht selten bewertete Einstein empirische Befunde nicht als Fortschritt in der experimentellen Physik, sondern sogleich als Fortschritt der Relativitätstheorie, wobei er nicht zwischen SRT und ART unterschied:

> Seit dem Erscheinen dieses Büchleins sind einige Fortschritte der Relativitätstheorie zu verzeichnen. Einige davon sollen kurz erwähnt werden. Der erste Fortschritt betrifft den überzeugenden Nachweis von der Existenz der Rot-Verschiebung der Spektrallinien durch das (negative) Gravitationspotential des Erzeugungsortes [...]. [Einstein 1922 (Anhang I), S. 107]

Dabei beherrschte Einstein wie kaum ein anderer die *Eristische Dialektik* nach Arthur Schopenhauer,[106] d. h. die Kunst, Recht zu behalten. Obwohl er zum Beispiel die vollständige Masse-Energie-Äquivalenz über Jahrzehnte hin immer wieder neu bewies und beweisen musste, letztlich ein Eingeständnis der Nichtbewiesenheit, wiederholte er seine 1905 in „Ist die Trägheit eines Körpers von seinem Energieinhalt abhängig?"

---

105 Das Experiment von Miller [Miller 1933] belegte nach Miller die Existenz eines Äthers, wurde aber von Einstein und anderen Physikern angezweifelt. Nach Millers Tod wurden die Daten Millers neu analysiert und interpretiert [Shankland et al. 1955], wobei Robert S. Shankland auch aus einem Briefwechsel zitiert, den er 1954 mit Einstein wegen der Miller-Daten geführt hat. Der Nachweis der Ätherdrift wurde auf Messfehler wie Temperaturunterschiede in den Interferometerarmen zurückgeführt. Einige Kritiker bescheinigen Millers Messdaten Relevanz, z. B. Maurice Allais [Allais 1998, 2005] – ein Ausdruck für die beständige Suche nach Alternativ-Theorien unter Erhalt des Äthers.

106 „Eristische Dialektik ist die Kunst zu disputieren, und zwar so zu disputieren, daß man Recht behält, also *per fas et nefas* [mit Recht oder Unrecht]." [Schopenhauer 1830, S. 3]

[Einstein 1905b] gegebene Interpretation beharrlich mit immer anderen Worten und bezeichnete sie als Ergebnis der SRT:

> Da Masse und Energie nach den Ergebnissen der speziellen Relativitätstheorie das Gleiche sind [...].   [Einstein 1918, S. 241 f.]

Weit davon entfernt, ein allgemeingültiges, auf makroskopisch-reale Körper anwendbares Ergebnis zu sein, wurde die Gleichheit von Masse und Energie bereits in den Annahmen der Theorie implizit gesetzt, da die SRT eine Theorie der Massepunkte und starren Körper, nicht aber der realen nicht-starren Körper ist (s. Kap 3.2.2). Sicher unbewusst nutzte Einstein hier vor allem einen der Schopenhauerschen Kunstgriffe zur Überzeugung bzw. Überredung des Gegenübers:

> Kunstgriff 6: Man macht eine versteckte *petitio principii*, indem man das, was man zu beweisen hätte, postuliert.   [Schopenhauer 1830, S. 19]

Verbunden mit der Zirkelhaftigkeit der Scheinbeweise zur Masse-Energie-Äquivalenz in dem Aufsatz „Das Prinzip von der Erhaltung der Schwerpunktsbewegung und die Trägheit der Energie" [Einstein 1906] und Folgearbeiten ist die rhetorische Figur der *petitio principii* ein prägendes Stilmittel in Einsteins Aufsätzen zur SRT. Explizit oder stillschweigend werden Prämissen gesetzt, die später als aus der Theorie resultierend dargestellt werden. Auch Raum und Zeit werden neu definiert, als Postulate und Voraussetzungen der Theorie (s. die Annahmen iii-v in Kap. 3.1). Da sie kein Ergebnis darstellen, können auch darauf aufbauende Begriffe wie die Raumzeit kein Ergebnis der Theorie sein, wenngleich Einstein dies versichert:

> Dies gilt im besonderen auch von unseren Begriffen über Zeit und Raum, welche die Physiker – von Tatsachen gezwungen – aus dem Olymp des Apriori herunterholen mußten, um sie zu reparieren und wieder in einen brauchbaren Zustand setzen zu können.   [Einstein 1922, S. 6]

In diesem Sinne beruhen die gesamte SRT und Theorien, die auf dem vier- und höherdimensionalen Raumzeitbegriff aufbauen, heute auf einer versteckten *petitio principii*, einem Kunstgriff der Überredung.

Dauerhaft möglich geworden ist eine Stabilisierung der SRT vor allem durch ein Geltendmachen von Autorität – nach Schopenhauer mit „Kunstgriff 30" die „erwählte Waffe", um in einem Disput recht zu behalten [Schopenhauer 1830, S. 33]. Auch nach Peirce ist die „Methode der Autorität" der Beharrlichkeit weit überlegen:

> Diese Methode ist von frühesten Zeiten an eines der hauptsächlichsten Mittel gewesen, gültige theologische und politische Lehren aufrechtzuerhalten und ihren universalen und katholischen Charakter zu bewahren.   [Peirce 1877, S. 162]

In den zwanziger Jahren waren Max Planck und Albert Einstein gerade durch Nobelpreise geehrt worden. Planck war der eigentliche Begründer der Quantentheorie. Einstein hatte grundlegende, unbestrittene Beiträge zur Erklärung der Brownschen Molekularbewegung und des lichtelektrischen Effekts geleistet. Auch war er bereits ein international gefeierter Medienstar, der das Klischee vom etwas schrulligen Genie, das nie um einen guten Spruch verlegen ist, aufs Beste erfüllte. Schlagfertig und rhetorisch gewandt wusste er Erklärungen und Analogien zu finden, die der Sache dienlich waren und seine Relativitätstheorien berühmt machten.

Die Zeit, auch wenn Einstein gegen die Zeit sprach, sprach für Einstein. Die Quantentheorie erstarkte. Das politische Klima war angeheizt. Die Deutschen begingen gegenüber den Juden und vielen anderen Menschen und Völkern ein unermessliches Unrecht. Einige Experimente schienen für Einstein zu sprechen. Es gab einen starken Wunsch nach positiven Leitfiguren. Man musste in der Theorie vorankommen. Man musste eine Entscheidung treffen. Und man traf eine Entscheidung. Man gab der idealistischen Speziellen Relativitätstheorie Einsteins den Vorrang gegenüber der früheren materialistischen Äthertheorie von Lorentz, die die Resultate des Michelson-Experiments ebenso zu erklären vermochte – eine pragmatische Entscheidung, die Christian Jooß in seinem grundlagenkritischen Buch „Selbstorganisation der Materie" auch so erklärt:

> Die heutige Krise entstand letztendlich durch die Abkehr von der materialistischen Erkenntnistheorie und Weltanschauung und hat ihre Ursache in der gesellschaftlichen Krisenentwicklung der kapitalistischen Gesellschaft. [Jooß 2017, S. 18]

Nachdem sich die Autoritäten der Physik in der ersten Hälfte des 20. Jahrhundert einmal auf die Richtigkeit der SRT und ART Einsteins geeinigt hatten, war der Weg festgelegt.[107]

Von nun an galt es, ihn weiterzugehen. Und es war auch eine Entwicklung möglich, vor allem in der Quantentheorie und Kosmologie. Inhaltliche Einwände gegen die SRT wurden zunehmend unwilliger beantwortet. Nachdem auch die letzte größere Kritik von namhaften Physikern in „Nature" (z. B. [Dingle 1956a, 1956b, 1957, 1967, 1968], [Essen 1957]), vor allem zum Zeitbegriff der SRT und zum Zwillingsparadoxon (s. Kap. 6.2), spätestens Anfang der 70er Jahre erfolgreich abgewehrt worden war, wurde die wissenschaftliche Diskussion zum Thema in Fachjournalen unterbunden.[108] Die Relativitätstheorie wurde als widerspruchsfrei und empirisch bewiesen eingestuft.

---

107 Dass die Entscheidungsfindung im Einzelnen weit komplexer war, als hier skizziert werden kann, ist in der generellen Vielschichtigkeit von Weltgeschichte begründet. Einige Physikhistoriker schätzen ein, dass die ART bis etwa 1955, dem Todesjahr Einsteins, noch gleichsam in einem Dornröschenschlaf verharrte, bevor sie mit der erstarkenden Kosmologie wiedererweckt wurde, auch um kleine Abweichungen zu Newtons Gravitationsgesetzen zu erklären [Blum et al. 2015]. Dabei seien „the characteristics of post-World War II and Cold War science; and newly emerging institutional settings" [Blum et al. 2015, S. 598] zu beachten. Durch das Wiedererstarken der ART wurde rezeptionsgeschichtlich auch die SRT gestärkt.

108 Der Streit um die Richtigkeit der SRT, der durch Dingle angestoßen worden war, wurde in einer Reihe von Briefen in der Zeitschrift „Nature" ausgetragen. Ende der 60er und Anfang der 70er Jahre beteiligten sich dutzende Physiker in Repliken auf Dingles Einwände an einer gleichsam

Auch diese Entscheidung war notwendig. Viele Physiker hatten sich mit der ART bereits identifiziert und mit der SRT arrangiert. Um die darauf aufbauenden Forschungsarbeiten fortführen zu können, ohne noch weitere Zeit mit den Paradoxien der SRT zu verschwenden, war es ein individuelles und kollektives Erfordernis, den einmal erreichten Zustand der Überzeugung festzulegen. Die nachvollziehbare Motivation für diese Vorgehensweise lässt sich erneut bei Pierce nachlesen:

> Und es kann auch nicht geleugnet werden, daß ein beständiger und unverrückbarer Glaube
> großen Geistesfrieden gewährt.   [Peirce 1877, S. 159]

Die „Methode der Autorität" zur Festlegung einer Überzeugung hatte gesiegt. An den Universitäten wurden die SRT und ART im Physik-Grundstudium gelehrt, wobei die SRT auch in einige Lehrpläne für die Oberstufe an Schulen aufgenommen wurde. Dem Lehrstoff wurde vorangestellt, wie gut die Relativitätstheorie mit den experimentellen Tatsachen übereinstimme und dass eine adäquate Beschreibung experimenteller Effekte nur mit ihr gewährleistet sei. Die Paradoxien der SRT wurden als scheinbar eingeordnet. Der Raumzeit-Idee Einsteins wurden Kapitel und Bücher gewidmet, während für Lorentz' Äthertheorie oft nur eine historische Fußnote blieb, wenn sie überhaupt Erwähnung fand. Auch dieses Vorgehen korrespondiert mit der „Methode der Autorität" nach Peirce:

> Zu schaffen wäre eine Institution, die die Aufgabe hat, die Aufmerksamkeit des Volkes für die
> richtigen Lehren zu erhalten, sie ständig zu wiederholen und sie der Jugend beizubringen: laß
> sie gleichzeitig die Macht haben zu verhindern, daß entgegengesetzte Lehren gelehrt, befür-
> wortet oder ausgesprochen werden. Halte alle möglichen Gründe einer Geistesänderung vom
> menschlichen Auffassungsvermögen fern.   [Peirce 1877, S. 161]

Auf der Strecke blieb die wissenschaftliche Methode, nach Peirce die einzige Methode, die es möglich macht, „zwischen einem wahren und einem falschen Weg" zu unterscheiden.

Mit dem Einbau der SRT in das Standardmodell der Teilchenphysik stand – im Falle einer Ungültigkeit der SRT – fortan die Reputation vieler Physiker auf dem Spiel. Nicht nur diejenige von bedeutenden Physikern wie Max Planck, der die SRT stark protegiert hatte, sondern auch die Reputation aller derjenigen, die Planck und Einstein gefolgt waren. Von nun an galt jeder Schritt, der auf dem eingeschlagenen Weg weiterführte, als richtig und wichtig. Es ging um Forschungsförderprogramme, Gelder für Großforschungseinrichtungen wie das CERN, um den Broterwerb der modernen Physik und ihre Reputation in der Gesellschaft und zahlenden Öffentlichkeit:

---

kollektiven Widerlegung. Im Streit wurde keine Einigung erzielt. Etwa seit 1974 wird der SRT-Kritik in referierten Fachzeitschriften kein Platz mehr eingeräumt. Auch auf Fachkonferenzen sind Kritiker der SRT oder ART nicht erwünscht. Erwünscht sind konstruktive Beiträge zur Stärkung der Relativitätstheorie und zu ihrer Verknüpfung mit der Quantentheorie.

> [...] die Hochenergie ist sehr kostspielig geworden, und ihr Anspruch auf öffentliche Finanzierung stützt sich unter anderem auf ihre historische Aufgabe, die endgültigen Gesetze zu entdecken.
> [Weinberg 1993, S. 7]

Unterdessen wurden die Methoden der Beharrlichkeit und Autorität zur Stabilisierung der gewonnenen Überzeugung verstärkt eingesetzt. Hatte Herbert Dingle in den 20er Jahren noch ein Lehrbuch über die SRT geschrieben, danach aber ihre logische Konsistenz angezweifelt, so beklagt er in seinem späten Buch „Science at the Crossroads" den zunehmenden Dogmatismus in der Vermittlung der SRT:

> Anyone who cares to examine the literature from 1920 to the present day, even if he has not had personal experience of the development, can see the gradual growth of dogmatic acceptance of the theory and contempt for its critics, right up to the extreme form exhibited today by those who learnt it from those who learnt it from those who failed to understand it at the beginning.
> [Dingle 1972, S. 126]

Der Erfinder der Caesium-Atomuhr und Kritiker der SRT Louis Essen beschreibt, dass den Studenten abverlangt werde, die SRT zu akzeptieren, ohne sie zu verstehen:

> The theory is so rigidly held that young scientists dare not openly express their doubts.
> [Essen 1978, S. 44]

> Students are told that the theory must be accepted although they cannot expect to understand it. They are encouraged right at the beginning of the careers to forsake science in favour of dogma.
> [Essen 1978, S. 45]

An dieser Situation hat sich wenig geändert. Die Studierenden sind angehalten, die SRT zu erlernen und den vorhergehenden Physikergenerationen und Autoritäten zu vertrauen.[109] Erschwert wird ihre Folgsamkeit nur dadurch (falls sie mehrere Lehrbücher konsultieren sollten), dass sich die Interpretationen von Grundaussagen der SRT in den Lehrbüchern widersprechen (s. Tabelle 3.1).

Angesichts der behaupteten experimentellen Evidenz muss jeder Lernende eingeschüchtert sein. Studenten wagen es nicht, kritisch gegenüber der Relativitätstheorie zu sein. Viele an sich frei denkende Geister lassen sich entmutigen, eine Theorie in Frage zu stellen, die sich nachweislich zur Beschreibung der Realität bewährt, wobei auch die eher unglücklich zu nennende Verknüpfung von SRT und ART im Sprachgebrauch zu einer einzigen „Relativitätstheorie" mit dazu beigetragen hat, die – im

---

109 Auch die mit Einstein begonnene Vereinnahmung von Lorentz, Poincaré und Michelson im Sinne der SRT ist heute Methode. Statt deren Ätherkonzepte zu erläutern, gelten die Wissenschaftler als Wegbereiter oder Mitbegünder der SRT Einsteins. Gern wird darauf hingewiesen, dass durchaus streitbar sei, ob Poincaré oder Einstein die SRT zuerst entdeckt habe (bzw. Einstein oder Hilbert die ART). Es werden wissenschaftshistorische Aufsätze zum jeweiligen Prioritätsstreit verfasst. Indem man im Falle der SRT (oder der ART als Raumzeittheorie) von *Entdeckungen* spricht und nahelegt, dass auch andere Physiker bzw. Mathematiker fast darauf gekommen wären, werden die SRT wie auch die ART in ihrer heutigen Deutung aufgewertet und objektiviert.

Gegensatz zur *Gravitationstheorie* ART – in sich widersprüchliche SRT zu stabilisieren. In der Öffentlichkeit und in der populärwissenschaftlichen Literatur verkörpert Albert Einstein die Macht des personifizierten Verstandes, der Raum und Zeit revolutioniert hat. Die Max-Planck-Institute der Max-Planck-Gesellschaft, allesamt der SRT und der Raumzeit verpflichtet, gehören zu den angesehensten nicht-universitären Forschungseinrichtungen der Welt.

Die Vermittlung der SRT und ihrer Folgetheorien weist heute, allen gegenteiligen Beteuerungen zur Freiheit in Lehre und Forschung zum Trotz, die Merkmale einer dogmatischen Lehre auf, einer Wissenschaftsreligion. In Fachzeitschriften wie „Nature Physics" oder „Foundations of Physics" und selbst auf Plattformen wie ArXiv erscheinen keine Artikel, die die Grundlagen der SRT kritisieren.[110]

Fundierte und redliche Kritik, stellvertretend seien die Arbeiten von Hugo Dingler [Dingler 1921], Henri Bergson [Bergson 1922], Nicolai Hartmann [Hartmann 1950], Herbert Dingle [Dingle 1957, 1972], Louis Essen [Essen 1957, 1988], Paul Lorenzen [Lorenzen 1977, 1978], Peter Janich [Janich 1980], Georg Galeczki und Peter Marquardt [Galeczki und Marquardt 1996], Franco Selleri [Selleri 2004, 2009] und Christian Jooß [Jooß 2017] genannt,[111] wurde bis heute nicht ausgeräumt und wird weitgehend ignoriert.

In ihrem Buch „Requiem für die spezielle Relativität" typisieren Galeczki und Marquardt ausgewählte namhafte Kritiker [Galeczki und Marquardt 1996, S. 24–37]. Als „Neo-Lorentzianer" etwa werden Paul Ehrenfest, Herbert Eugene Ives, Paul Adrien Maurice Dirac oder Simon J. Prokhovnik bezeichnet, wobei Letzterer als „ideologischer Anführer der Neo-Lorentzianer" wie Tausende andere das Zwillingsparadoxon als echten Widerspruch analysierte. Die „Ketzer" und „Unbeugsamen" werden in ihrer inhaltlichen Kritik kurz beleuchtet, darunter u. a. Albert Abraham Michelson, Ernst Mach, Walther Ritz, Joseph Larmor, Percy Williams Bridgman, Charles Édouard Guillaume, Louis Essen, Herbert Dingle, Henri Bergson, Melchior Palágyi oder Arthur Oncken

---

110 Auf populärwissenschaftliche Zeitschriften, die die öffentliche Meinung beeinflussen, trifft das Gleiche zu, wobei es wenige Ausnahmen gibt. Im Jahre 1997 überzeugten die Physiker Georg Galeczki und Peter Marquardt den Wissenschaftsredakteur Peter Ripota vom „P.M.-Magazin" („Peter Moosleitners interessantes Magazin") von ihrer kritischen Haltung. Es erschien der Artikel „Der Verriß – Wissenschaftler behaupten: Einsteins Relativitätstheorie ist falsch!" [Ripota 1997]. In „Bild der Wissenschaft" (3/1998) folgte der Artikel „Irrte Einstein?" (https://www.wissenschaft.de/allge mein/irrte-einstein/). Darin wird vermerkt: „Häufigstes Problem: Die ‚Hobbyphysiker' haben die Relativitätstheorie nicht verstanden." Es werden arrivierte Physik-Professoren zitiert, die die beiden Physiker „Hochgebildete Spinner" nennen und ihnen „selektive Wahrnehmung" bescheinigen. Ein Hauptvorwurf war, dass die Autoren keine Alternative anböten. Es wurden erneut die Experimente aufgezählt, die als Beweise für die SRT gelten.

111 Die Zahl der Schriften, die aus verschiedenen Gründen kritisch zur SRT sind, ist unüberschaubar. Hier wurden einige derjenigen aufgeführt, die die vorliegende Arbeit gedanklich begleitet haben. Es ist hier nicht möglich, jeden Autor, der in mehr als 100 Jahren fundierte Einwände gegen die SRT vorgebracht hat, zu benennen.

Lovejoy, auch die „Kompromisslosen", darunter Ludvik Silberstein, James Paul Wesley oder Walther Theimer.

Die Liste der Kritiker ist damit bei Weitem nicht vollständig (s. z. B. [Hentschel 1990] oder [Mueller 2004, 2012]). Im Internet werden spätere SRT-Kritiker diskreditiert: z. B. Walther Theimer („Walter Theimer – Nonsens ist keine Kritik", http://www.relativ-kritisch.net/blog/kritiker/walter-theimer), Herbert Dingle („Herbert Dingle – von der Royal Society zum Verschwörungswahn", http://www.relativ-kritisch.net/blog/kritiker/herbert-dingle) oder Georg Galeczki und Peter Marquardt („Georg Galeczki – Requiem für die Vernunft", http://www.relativ-kritisch.net/blog/kritiker/georg-galeczki). Die Palette der Vorwürfe reicht von Unverstand bis zum Verschwörungswahn, wobei erneut die Methode der Autorität genutzt wird, indem nicht die Kritik als solche widerlegt, sondern die Integrität der Kritiker als ernstzunehmende Instanzen angezweifelt wird.

Dabei profitieren die vierdimensionale Raumzeit und ihre höherdimensionalen Verwandten von einem Dilemma: Die Philosophie und die mathematisierte Physik entwickeln sich zunehmend auseinander. Während sich mathematische Physiker in Spin-Netzwerken, asymptotischen Sicherheiten und Hyperdimensionen aufhalten, beherrschen die Philosophen die Mathematik nicht ausreichend. Da sie angesichts von Faltungen, Glättungen, Renormierungen, höheren Differentialgleichungen usw. passen müssen, wagen sie es nicht, die einfachen Fragen zu stellen: Worin kräuselt sich die Raumzeit, wenn nicht in Raum und Zeit? Wie expandiert, d. i. entwickelt sich die Raumzeit, wenn nicht mit der Zeit?

Wenn in dem Sachbuch „Welche wissenschaftliche Idee ist reif für den Ruhestand?" [Brockman 2016] die führenden Physiker und Philosophen unserer Zeit darüber nachdenken, welche Idee sich entbehren ließe oder hinderlich sein könnte für den Fortschritt in der Physik, wird vieles angeführt: „Die Theorie von Allem" [S. 27], die „Vereinheitlichung" [S. 32], die „Entropie" [S. 69], „Unsere Welt hat nur drei Raumdimensionen" [S. 97], „Gesunder Menschenverstand" [S. 202], „Die Kontinuität der Zeit" [S. 371] usw.

Diese Vorschläge sind dem Weltbild der modernen Physik verpflichtet.

Wo es nicht gelingt, die Fundamentalkräfte zu vereinigen, wird vorgeschlagen, den Versuch der Vereinheitlichung und die Suche nach der Weltformel aufzugeben. Lassen sich Prozesse nur als reversibel beschreiben, ist man bereit, die Entropie in den Ruhestand zu schicken. Benötigt man mehr als drei Raumdimensionen, negiert man den euklidischen Raum, auch wenn er das einzig real Erfahrbare ist. Beinhaltet die Physik Theorien, die die Natur als absurd beschreiben, ist der gesunde Menschenverstand unzureichend. Wird, um die Quantentheorie mit der ART zu vereinigen, eine quantisierte Zeit benötigt, ist die kontinuierliche Zeit in Frage zu stellen.

Nicht angeführt wird die Spezielle Relativitätstheorie. Nicht die Masse-Energie-Äquivalenz. Nicht die absolute Konstanz der Lichtgeschwindigkeit. Auch nicht die Raumzeit. Und wenn doch die Raumzeit, dann nur die klassische glatte, kontinuierliche, die durch eine „fluktuierende Raumzeit" [Giddings, in: Brockman 2016, S. 147] zu ersetzen sei.

Es steckt viel Überzeugtheit hinter der SRT und ihrer Stabilisierung, auch eine Bereitschaft zur Anpassung der Realität an das eigene Gedankengut. Doch wäre der umgekehrte Weg sicher der bessere.

Literaturverzeichnis

[Abbott et al. 2016] Abbott, B.P. et al. (LIGO Scientific Collaboration and Virgo Collaboration): Observation of Gravitational Waves from a Binary Black Hole Merger, Physical Review Letters 116 (2016) 061102, S. 1–16.

[Aichelburg 1988] Aichelburg, P.C. (Hg.): Zeit im Wandel der Zeit. Facetten der Physik 23, Vieweg & Teubner, Wiesbaden, 1988.

[Allais 1998] Allais, M.: The Experiments of Dayton C. Miller (1925–1926) and the Theory of Relativity, 21st Century (1998), S. 26–32.

[Allais 2005] Allais, M.: Albert Einstein. Un extraordinaire paradoxe, Clément Juglar, Paris, 2005.

[Arrhenius 1922] Arrhenius, S.: Award Ceremony Speech on December 10, 1922; in: Nobel Lectures. Physics: 1901–1921, Elsevier Publishing Company, Amsterdam, 1967.

[Atkins und de Paula 2010] Atkins, P., Paula, J. de: Physical Chemistry, W.H. Freeman & Co., New York, 9. Auflage, 2010.

[Bartelmann 1915] Bartelmann, M., Feuerbacher, B., Krüger, T., Lüst, D., Rebhan, A., Wipf, A.: Theoretische Physik, Springer, Berlin, 2015.

[Beckers 2015] Beckers, M.: Beschleuniger brauchen Geduld, Spektrum der Wissenschaft Spezial. Physik. Mathematik.Technik 1 (2015), Editorial.

[Berkeley 1710] Berkeley, G.: A Treatise Concerning the Principles of Human Knowledge, 1710; zit. n.: Borges, J.L.: Eine neue Widerlegung der Zeit und 66 andere Essays, Eichborn, Frankfurt am Main, 2003, S. 268.

[Bergson 1907] Bergson, H.: Schöpferische Entwicklung (L'Évolution créatrice, 1907), Eugen Diederichs, Jena, 1921.

[Bergson 1922] Bergson, H.: Dauer und Gleichzeitigkeit. Über Einsteins Relativitätstheorie (Durée et simultanéité. À propos de la théorie d'Einstein, Félix Alcan, Paris, 1922), Philo Fine Arts, Hamburg, 2014.

[Bettin 2017] Bettin, H.: Auf den ersten Blick versteht das niemand, Spektrum der Wissenschaft 6 (2017), S. 54–57.

[Bischoff 2018] Bischoff, M.: Brückenbau für Einzelgänger, Spektrum der Wissenschaft 5 (2018), S. 71–76.

[Blum et al. 2015] Blum, A., Lalli, R., Renn, J.: The Reinvention of General Relativity: A historiographical framework for assessing one hundred years of curved space-time, Isis 106 (2015), S. 598–620.

[Bohr 1949] Bohr, N.: Discussion with Einstein on Epistemological Problems in Atomic Physics; in: Schilpp, P.A. (Hg.): Albert Einstein: Philosopher – Scientist, The Library of Living Philosophers, Evanston, 1949, S. 200–241.

[Boltzmann 1877] Boltzmann, L.: Über die Beziehung zwischen dem zweiten Hauptsatz der mechanischen Wärmetheorie und der Wahrscheinlichkeit respektive den Sätzen über das Wärmegleichgewicht, Sitzungsberichte der mathematisch-naturwissenschaftlichen Klasse der kaiserlichen Akademie der Wissenschaften in Wien 76 (1877), S. 374–435.

[Boltzmann 1905] Boltzmann, L.: Populäre Schriften, Johann Ambrosius Barth, Leipzig, 1905.

[Borges 1949] Borges, J.L.: Eine neue Widerlegung der Zeit und 66 andere Essays (Neue Widerlegung der Zeit, 1949), Eichborn, Frankfurt am Main, 2003.

[Brockman 2016] Brockman, J. (Hg.): Welche wissenschaftliche Idee ist reif für den Ruhestand? Die führenden Köpfe unserer Zeit über Ideen, die uns am Fortschritt hindern, Fischer Taschenbuch, Frankfurt am Main, 2016.

[De Broglie 1924] Broglie, L. de: Recherches sur la théorie des Quanta. Physique [physics]. Migration – université encours d'affectation, 1924 (https://tel.archives-ouvertes.fr/tel-00006807).

https://doi.org/10.1515/9783110656961-009

[Carathéodori 1909] Carathéodori, C.: Untersuchungen über die Grundlagen der Thermodynamik, Mathematische Annalen 67 (1909), S. 355–386.

[Carroll 2001] Carroll, S.M.: The Cosmological Constant, Living Reviews in Relativity 4 (2001), S. 1–56.

[Castelvecci 2018] Castelvecci, D.: Gravitationswellen. Am Puls der Raumzeit, Spektrum der Wissenschaft 10 (2018), S. 61–67.

[Casimir 1948] Casimir, H.B.G.: On the attraction between two perfectly conducting plates (Communicated at the meeting of May 29, 1948), Proceedings van de Koninklijke Nederlandse Akademie van Wetenschappen 51 (1948), S. 793–795.

[Clausius 1850] Clausius, R.: Ueber die bewegende Kraft der Wärme und die Gesetze, welche sich daraus für die Wärmelehre selbst ableiten lassen, Annalen der Physik 79 (1850), S. 368–397, S. 500–524.

[Clausius 1865] Clausius, R.: Ueber verschiedene für die Anwendung bequeme Formen der Hauptgleichungen der mechanischen Wärmetheorie, Annalen der Physik 125 (1865), S. 353–400.

[Demtröder 2005] Demtröder, W.: Experimentalphysik I: Mechanik und Wärme, Springer, Berlin, 2005.

[Dingle 1956a] Dingle, H.: Relativity and Space Travel, Nature 177 (1956), S. 782–784.

[Dingle 1956b] Dingle, H.: Relativity and Space Travel, Nature 178 (1956), S. 680–681.

[Dingle 1957] Dingle, H.: The Clock Paradox of Relativity, Nature 179 (1957), S. 865–866, S. 1242–1243.

[Dingle 1967] Dingle, H.: The Case against Special Relativity, Nature 216 (1967), S. 119–122.

[Dingle 1968] Dingle, H.: The Case against the Theory of Special Relativity, Nature 217 (1968), S. 19–20.

[Dingle 1972] Dingle, H.: Science at the Crossroads, Martin Brian & O'Keeffe, London, 1972.

[Dingler 1921] Dingler, H.: Kritische Bemerkungen zu den Grundlagen der Relativitätstheorie, Physikalische Zeitschrift 21 (1921), S. 668–675.

[Düllmann und Block 2018] Düllmann, C.E., Block, M.: Insel der Schwergewichte, Spektrum der Wissenschaft 12 (2018), S. 54–61.

[Düren und Stenzel 2012] Düren, M., Stenzel, H.: Das Higgs-Teilchen und der Rest der Welt, Spiegel der Forschung 2 (2012), S. 4–10.

[Dunkel et al. 2009] Dunkel, J., Hänggi, P., Hilbert, S.: Non-local observables and lightcone-averaging in relativistic thermodynamics, Nature Physics 5 (2009), S. 741–747.

[Dyson et al. 1920] Dyson, F., Eddington, A., Davidson, C.: A determination of the deflection of light by the sun's gravitational field, from observations made at the total eclipse of May 29, 1919, Philosophical Transactions 220 (1920), S. 291–333.

[Dyson 2004] Dyson, F.: A meeting with Enrico Fermi, Nature 427 (2004), S. 297.

[Ebeling 1989] Ebeling, W.: Chaos, Ordnung und Information, Urania, Leipzig, 1989.

[Eddington 1931] Eddington, A.S.: The End of the World: from the Standpoint of Mathematical Physics, Nature 127 (1931), S. 447–453.

[Ehlers et al. 1965] Ehlers, J., Rindler, W. Penrose, R.: Energy Conservation as the Basis of Relativistic Mechanics I und II, American Journal of Physics 33 (1965), S. 995–997.

[Einstein 1903] Einstein, A.: Eine Theorie der Grundlagen der Thermodynamik, Annalen der Physik 9 (1903), S. 170–187.

[Einstein 1905a] Einstein, A.: Zur Elektrodynamik bewegter Körper, Annalen der Physik 322 (1905), S. 891–921.

[Einstein 1905b] Einstein, A.: Ist die Trägheit eines Körpers von seinem Energieinhalt abhängig?, Annalen der Physik und Chemie 18 (1905), S. 639–641.

[Einstein 1905c] Einstein, A.: Über einen die Erzeugung und Verwandlung des Lichts betreffenden heuristischen Gesichtspunkt, Annalen der Physik 17 (1905), S. 132–148.

[Einstein 1906] Einstein, A.: Das Prinzip von der Erhaltung der Schwerpunktsbewegung und die Trägheit der Energie, Annalen der Physik 325 (1906), S. 627–633.

[Einstein 1907] Einstein, A.: Über das Relativitätsprinzip und die aus demselben gezogenen Folgerungen, Jahrbuch der Radioaktivität und Elektronik 4 (1908), S. 411–462.

[Einstein und Stern 1913] Einstein, A., Stern. O.: Molekulare Agitation beim absoluten Nullpunkt, Annalen der Physik 40 (1913), S. 551–560.

[Einstein 1915a] Einstein, A.: Zur allgemeinen Relativitätstheorie, Sitzungsberichte der Königlich Preußischen Akademie der Wissenschaften zu Berlin, 2. Halbband (1915), S. 778–785.

[Einstein 1915b] Einstein, A.: Die Feldgleichungen der Gravitation, Sitzungsberichte der Königlich Preußischen Akademie der Wissenschaften zu Berlin, 2. Halbband (1915), S. 844–847.

[Einstein 1915c] Einstein, A.: Erklärung der Perihelbewegung des Merkur aus der allgemeinen Relativitätstheorie, Sitzungsberichte der Königlich Preußischen Akademie der Wissenschaften zu Berlin, 2. Halbband (1915), S. 831–839.

[Einstein 1917a] Einstein, A.: Über spezielle und allgemeine Relativitätstheorie, Akademie-Verlag, Berlin, 21. Auflage (1. Auflage 1917), 1969.

[Einstein 1917b] Einstein, A.: Kosmologische Betrachtungen zur Allgemeinen Relativitätstheorie, Sitzungsberichte der Königlich Preußischen Akademie der Wissenschaften zu Berlin, 1. Halbband (1917), S. 142–152.

[Einstein 1918] Einstein, A.: Prinzipielles zur allgemeinen Relativitätstheorie, Annalen der Physik 55 (1918), S. 241–244.

[Einstein 1920a] Einstein, A.: Äther und Relativitäts-Theorie, Rede, gehalten am 5. Mai 1920 an der Reichs-Universität zu Leiden, Julius Springer, Berlin, 1920.

[Einstein 1920b] Bemerkung Albert Einsteins in einem Brief an Marcel Grossmann vom 12. September 1920; zit. n. Goenner, H.: Albert Einstein, C.H. Beck, München, 2015, S. 60.

[Einstein 1920c] Einstein, A.: Meine Antwort. Ueber die antirelativistische G.m.b.H.; in: Berliner Tageblatt, 27. August 1920.

[Einstein 1921] Einstein, A.: Rede vor der Royal Society of London, 1921; in: Einstein, A.: Mein Weltbild, Ullstein, Frankfurt am Main, 1984, S. 131–132.

[Einstein 1922] Einstein, A.: Grundzüge der Relativitätstheorie, Akademie-Verlag, Berlin, 5. Auflage (1. Auflage 1922, Anmerkungen des Übersetzers: 1956), 1969.

[Einstein 1923] Einstein, A.: Grundgedanken und Probleme der Relativitätstheorie, Vortrag gehalten an der Nordischen Naturforscherversammlung in Gotenburg den 22. Juli 1923; in: Les Prix Nobel en 1921–1922, Imprimerie Royal, P.A. Norstedt & Söner, Stockholm, 1923.

[Einstein und Infeld 1938] Einstein, A., Infeld, L.: Evolution der Physik, Rowohlt, Reinbek bei Hamburg, 20. Auflage (1. Auflage 1938, The evolution of physics, Simon und Schuster, New York), 2005.

[Einstein 1949] Einstein, A.: Brief an seinen Freund Maurice Solovine, Princeton, 28. März 1949; in: Einstein, A.: Lettres à Maurice Solovine, Gauthier-Villars, Paris, 1956, S. 94.

[Einstein 1955] Einstein, A.: Beileidschreiben an Vero und Bice (Beatrice) Besso, Angehörige seines Freundes Michele Angelo Besso (Dokument 7–245 im Einstein Archiv Online), Princeton, 21. März 1955.

[Englert und Brout 1964] Englert, F., Brout, R.: Broken Symmetry and the Mass of Gauge Vector Mesons, Physical Review Letters 13 (1964), S. 321–323.

[Esfeld 2012] Esfeld, M.: Philosophie der Physik, Suhrkamp, Berlin, 2012.

[Esfeld 2017] Esfeld, M.: Erkenntnistheorie. Wissenschaft, Erkenntnis und ihre Grenzen, Spektrum der Wissenschaft 8 (2017), S. 12–18.

[Essen 1957] Essen, L.: The Clock Paradox of Relativity, Letters to Nature 180 (1957), S. 1061–1062.

[Essen 1971] Essen, L.: The Special Theory of Relativity: A Critical Analysis, Oxford Science Research Papers 5 (1971), S. 1–27.

[Essen 1978] Essen, L.: Relativity and time signals, Wireless World 84 (1978), S. 44–45.

[Essen 1988] Essen, L.: Relativity – joke or swindel?, Electronics & Wireless World 94 (1988), S. 126–127.

[Falk und Ruppel 1973] Falk, G., Ruppel, W.: Mechanik Relativität Gravitation, Springer, Berlin, 1973.

[Falk und Ruppel 1976] Falk, G., Ruppel, W.: Energie und Entropie, Springer, Berlin, 1976.

[Falk 1978] Falk, G.: Was ist eigentlich Atomistik?; in: Falk, G., Herrmann, F. (Hg.): Konzepte eines zeitgemäßen Physikunterrichts. Thermodynamik – nicht Wärmelehre, sondern Grundlage der Physik, Heft 2, Hermann Schroedel, Hannover, 1978.

[Feynman 1985] Feynman, R.P.: QED. The Strange Theory of Light and Matter, Princeton University Press, Princeton Oxford, 1985.

[Feynman 1990] Feynmann, R.P.: Vom Wesen physikalischer Gesetze, Piper, München, 1990.

[Feynman 2007] Feynman, R.P., Leighton, R.B., Sands, M.: Feynman Vorlesungen über Physik, Band 1, Kap. 4, Oldenbourg, München, 5. Auflage, 2007.

[FitzGerald 1889] FitzGerald, G.F.: The Ether and the Earth's Atmosphere, Science 13 (1889), S. 390.

[Fizeau 1851] Fizeau, H.: Sur les hypothèses relatives à l'éther lumineux, Comptes Rendus 33 (1851), S. 349–355.

[Folger 2018] Folger, T.: An der Grenze zur Quantenwelt, Spektrum der Wissenschaft 8 (2018), S. 12–17.

[Galeczki und Marquardt 1996] Galeczki, G., Marquardt, P.: Requiem für die Spezielle Relativität, Haag & Herchen, Frankfurt am Main, 1996.

[Galison 2003] Galison, P.: Einsteins Uhren, Poincarés Karten: Die Arbeit an der Ordnung der Zeit, S. Fischer, Frankfurt am Main, 2003.

[Gallen und Horwitz 1971] Gallen, H., Horwitz, G.: Relativistic Thermodynamics, American Journal of Physics 39 (1971), S. 938–947.

[Gast 2018] R. Gast: Teilchenphysik. Trügerische Eleganz, Spektrum der Wissenschaft 11 (2018), S. 14–22.

[Gerber 1898] Gerber, P.: Die räumliche und zeitliche Ausbreitung der Gravitation, Zeitschrift für Mathematik und Physik 43 (1898), S. 93–104.

[Gerthsen 2005] Meschede, D.: Gerthsen Physik, Springer, Berlin, 23. Auflage, 2005.

[Gibbs 1875–78] Gibbs, J.W.: On the Equilibrium of Heterogeneous Substances, Transactions of the Connecticut Academy of Arts and Sciences 3, 1875–1878; in: The collected works of J. Willard Gibbs, Longmans, Green & Co., New York, 1928.

[Greene 2000] Greene, B.: Das elegante Universum: Superstrings, verborgene Dimensionen und die Suche nach der Weltformel, Siedler, München, 2000.

[Greene 2004] Greene, B.: Der Stoff aus dem der Kosmos ist. Raum, Zeit und die Beschaffenheit der Wirklichkeit, Siedler, München, 2004.

[Grotelüschen 2015] Grotelüschen, F.: Einstein auf dem Prüfstand. Äquivalenz von schwerer und träger Masse, Deutschlandfunk, 02. Juni 2015.

[Guillaume 1917] Guillaume, É.: Les bases de la physique moderne, Archives des sciences physiques et naturelles 43 (1917), S. 89–112.

[Günther 2010] Günther, H.: Starthilfe Relativitätstheorie. Ein neuer Einstieg in Einsteins Welt, Vieweg & Teubner, Wiesbaden, 4. Auflage, 2010.

[Günther 2013] Günther, H.: Die Spezielle Relativitätstheorie: Einsteins Welt in einer neuen Axiomatik, Springer Spektrum, Wiesbaden, 2013.

[Güttler et al. 2018] Güttler, B., Rienitz, O., Pramann, A.: The Avogadro Constant for the Definition and Realization of the Mole, Annalen der Physik (2018) 1800292, S. 1–17.

[Hafele und Keating 1972] Hafele, J.C., Keating, R.E.: Around-the-world atomic clocks: predicted relativistic time gains, Science 177 (1972), S. 166–168.

[Haroche 2018] Haroche, S.: Juggling with atoms and photons in a cavity: from fundamental tests to quantum metrology, Vortrag des Physik-Nobelpreisträgers 2012 am 27.06.2018 an der Technischen Universität Dresden [aus der Mitschrift d. V.].

[Hartmann 1950] Hartmann, N.: Philosophie der Natur, Walther de Gruyter, Berlin, 1950.

[Hasenöhrl 1904] Hasenöhrl, F.: Zur Theorie der Strahlung in bewegten Körpern, Annalen der Physik 320 (1904), S. 344–370.

[Hasenöhrl 1908] Hasenöhrl, F.: Zur Thermodynamik bewegter Systeme (Fortsetzung), Sitzungsberichte der mathematisch-naturwissenschaftlichen Klasse der kaiserlichen Akademie der Wissenschaften in Wien 117 (1908), S. 207–215.

[Hattenbach 2018] Hattenbach, J.: 1:0 für Einstein, Frankfurter Allgemeine Zeitung 146, 27. Juli 2018, Wissenschaftsteil, S. N1.

[Hawking 2010] Hawking, S.: Die illustrierte kurze Geschichte der Zeit, Rowohlt Taschenbuch, Reinbek bei Hamburg, 3. Auflage, 2010.

[Hazelett und Turner 1979] Hazelett, R., Turner, D. (Hg.): The Einstein Myth and the Ives Papers: A Counter-Revolution in Physics, Devin-Adair, Old Greenwich, 1979.

[Heaviside 1881] Heaviside, O.: On the electricmagnetic effects due to the motion of electrification through a dielectric, The London, Edinburgh, and Dublin Philosophical Magazine and Journal of Science 5 (1881), S. 324–339.

[Heintz 2011] Heintz, A.: Gleichgewichtsthermodynamik, Springer, Berlin, 2011.

[Heisenberg 1927] Heisenberg, W.: Anschaulicher Inhalt der quantenmechanischen Kinematik, Zeitschrift für Physik 43 (1927), S. 172–198.

[Hentschel 1990] Hentschel, K.: Interpretationen und Fehlinterpretationen der speziellen und der allgemeinen Relativitätstheorie durch Zeitgenossen Albert Einsteins, Birkhäuser, Basel, 1990.

[Herrmann et al. 2009] Herrmann, S., Senger, A., Möhle, K., Nagel, M., Kovalchuk, E., Peters, A.: Rotating optical cavity experiment testing Lorentz invariance at the 10^{-17} level, Physical Review D 80 (2009) 105011, S. 1–8.

[Herweg und Kautz 2007] Herweg, H., Kautz, C.H.: Technische Thermodynamik, Pearson Studium, 2007.

[Higgs 1964] Higgs, P.: Broken symmetries and the masses of gauge bosons, Physical Review Letters 13 (1964), S. 508–509.

[Hossenfelder 2016] Hossenfelder, S.: Die Quantengravitation auf dem Weg zur Wissenschaft, Spektrum der Wissenschaft 8 (2016), S. 32–39.

[Hossenfelder 2018a] Hossenfelder, S.: Lost in Math. How Beauty Leads Physics Astray, Basic Books, Hachette Book Group, New York, 2018.

[Hossenfelder 2018b] Hossenfelder, S.: Warum gerade die, und warum 25?, Spiegel-Gespräch mit Sabine Hossenfelder, DER SPIEGEL 24 (2018), S. 103–105.

[Hubble 1929] Hubble, E.: A relation between distance and radial velocity among extra-galactic nebulae, Proceedings of the National Academy of Sciences of the United States of America 15 (1929), S. 168–173.

[Israel et al. 1931] Israel, H., Ruckhaber, E., Weinmann, R. (Hg.): Hundert Autoren gegen Einstein, R. Voigtländer, Leipzig, 1931.

[Ives und Stilwell 1938] Ives, H.E., Stilwell, G.R.: An Experimental Study of the Rate of a Moving Atomic Clock, Journal of the Optical Society of America 28 (1938), S. 215–226.

[Janich 1980] Janich, P.: Die Protophysik der Zeit. Konstruktive Begründung und Geschichte der Zeitmessung, Suhrkamp, Frankfurt am Main, 1980.

[Janich 1989] Janich, P.: Euklids Erbe. Ist der Raum dreidimensional?, C.H. Beck, München, 1989.

[Jooß 2017] Jooß, Ch.: Selbstorganisation der Materie. Dialektische Entwicklungstheorie von Mikro- und Makrokosmos, Neuer Weg, Essen, 2017.

[Jordan und Pauli 1928] Jordan, P., Pauli, W. Jr.: Zur Quantenelektrodynamik ladungsfreier Felder, Zeitschrift für Physik 47 (1928), S. 151–173.

[Kaku 2008] Kaku, M.: Die Physik des Unmöglichen, Rowohlt, Reinbek bei Hamburg, 2008.

[Kammer und Schwabe 1984] Kammer, H.-W., Schwabe, K.: Einführung in die Thermodynamik irreversibler Prozesse, Akademie-Verlag, Berlin, 1984.

[Van Kampen 1968] Kampen, N.G. van: Relativistic Thermodynamics of Moving Systems, Physical Review 173 (1968), S. 295–301.

[Kant 1787] Kant, I.: Die drei Kritiken. Kritik der reinen Vernunft. Kritik der praktischen Vernunft. Kritik der Urteilskraft (Kritik der reinen Vernunft 1787), Anaconda, Köln, 2015.

[Karamanolis 2007] Karamanolis, S.: Albert Einstein für Anfänger, Karamanolis Evangelia (vormals Elektra), Neubiberg bei München, 12. Auflage, 2007.

[Kayser 2005] Kayser, R.: $E = mc^2$ – auf 0,00004 Prozent genau, astronews.com, 22. Dezember 2005 (https://www.astronews.com/news/artikel/2005/12/0512-016.shtml, abgerufen am 16. März 2019)

[Ketterle 2002] Ketterle, W.: Nobel lecture: When atoms behave as waves: Bose-Einstein condensation and the atom laser, Reviews of Modern Physics 74 (2002), S. 1131–1151.

[Kittel und Krömer 1993] Kittel, Ch., Krömer, H.: Physik der Wärme, Oldenbourg, München, 4. Auflage, 1993.

[Klärs 2010] Klärs, J, Schmitt, J., Vewinger, F., Weitz, M.: Bose-Einstein condensation of photons in an optical microcavity, Nature 468 (2010), S. 545–548.

[Kluge und Neugebauer 1994] Kluge, G., Neugebauer, G.: Grundlagen der Thermodynamik, Spektrum Akademischer Verlag, Heidelberg, 1994.

[Kolb und Turner 1990] Kolb, E.W., Turner, M.S.: The Early Universe, Addison-Wesley, Redwood City, 1990.

[Kostro 2000] Kostro, L.: Einstein and the Ether, Apeiron, Montreal, 2000.

[Kox 2008] Kox, A.J. (Hg.): The Scientific Correspondence of H.A. Lorentz, Volume 1, Springer Science and Business Media, 2008.

[Kragh 2012] Kragh, H.S.: Preludes to dark energy: Zero-point energy and vacuum speculations, Archive for History of Exact Sciences 66 (2012), S. 199–240.

[Kragh 2013] Kragh, H.S.: Empty space or ethereal plenum? Early ideas from Aristotle to Einstein, Research Publications on Science Studies 21, Centre for Science Studies, University of Aarhus, 2013.

[Kragh und Overduin 2014] Kragh, H.S., Overduin, J.M.: The Weight of the Vacuum: A Scientific History of Dark Energy, SpringerBriefs in Physics, Springer, 2014.

[Kuhlmann und Stöckler 2015] Kuhlmann, M., Stöckler, M.: Quantenfeldtheorie; in: Friebe, C., Kuhlmann, M., Lyre, H., Näger, P., Passon, O., Stöckler, M.: Philosophie der Quantenphysik, Springer, Berlin Heidelberg, 2015, S. 225–274.

[Kuhn 1967] Kuhn, T.S.: Die Struktur wissenschaftlicher Revolutionen, Suhrkamp, Frankfurt am Main, 13. Auflage (1. deutsche Auflage 1967), 1996.

[Kurzweil et al. 2008] Kurzweil, P., Frenzel, B., Gebhard, F.: Physik Formelsammlung. Für Ingenieure und Naturwissenschaftler, Vieweg & Teubner, Wiesbaden, 2008.

[Landsberg 1966] Landsberg, P.T.: Does a Moving Body Appear Cool?, Nature 212 (1966), S. 571–572.

[Lautenschlager 2012] Lautenschlager, H.: Abitur-Training Physik, Physik 1. Elektromagnetisches Feld und Relativitätstheorie, Stark, Hallbergmoos, 2012.

[Leggett 1989] Leggett, A.J.: Physik: Probleme-Themen-Fragen, Birkhäuser, Basel, 1989.

[Leibniz 1686] Leibniz, G.W.: Brevis demonstratio erroris memorabilis Cartesii et aliorum circa legem naturae, secundum quam volunt a Deo eandem semper quantitatem Motus conservari; qua et in re mechanica abutuntur, Acta Eruditorum, März (1686), S. 161–163.

[Lemaître 1927] Lemaître, G.: Un Univers homogène de masse constante et de rayon croissant rendant compte de la vitesse radiale des nébuleuses extra-galactiques, Annales de la Societé Scientifique de Bruxelles 47 (1927), S. 49–59.

[Lemaître 1931] Lemaître, G.: A Homogeneous Universe of Constant Mass and Increasing Radius accounting for the Radial Velocity of Extra-galactic Nebulae, Monthly Notices of the Royal Astronomical Society 91 (1931), S. 483–490.

[Lerner 1992] Lerner, E.: The Big Bang Never Happened: A Startling Refutation of the Dominant Theory of the Origin of the Universe, Vintage Books, New York, 1992.

[Lévy-Leblond 2012] Lévy-Leblond, J.M.: Von der Materie, Merve, Berlin, 2012.

[Le Verrier 1859] Le Verrier, U.J.J.: Lettre de M. Le Verrier à M. Faye sur la théorie de Mercure et sur le mouvement du périhélie de cette planète, Comptes rendus hebdomadaires des séances de l'Académie des sciences (Paris) 49 (1859), S. 379–383.

[Lorentz 1892] Lorentz, H.A.: Die relative Bewegung der Erde und des Äthers, Abhandlungen über Theoretische Physik, B.G. Teubner, Leipzig, 1892/1907, S. 443–447.

[Lorentz 1895] Lorentz, H.A.: Versuch einer Theorie der electrischen und optischen Erscheinungen in bewegten Körpern, E. J. Brill, Leiden, 1895.

[Lorentz 1904] Lorentz, H.A.: Weiterbildung der Maxwellschen Theorie. Elektronentheorie; in: Encyclopädie der mathematischen Wissenschaften mit Einschluss ihrer Anwendungen, Band 5, Teil 2, B.G. Teubner, Leipzig, 1904–1922, S. 145–288.

[Lorentz 1909] Lorentz, H.A.: The Theory of Electrons, B.G.Teubner, Leipzig, 2. Auflage (1. Auflage 1909), 1916.

[Lorenzen 1968] Lorenzen, P.: Methodisches Denken, Suhrkamp, Frankfurt am Main, 1968.

[Lorenzen 1977] Lorenzen, P.: Relativistische Mechanik mit klassischer Geometrie und Kinematik, Mathematische Zeitschrift 155 (1977), S. 1–9.

[Lorenzen 1978] Lorenzen, P.: Theorie der technischen und politischen Vernunft, Reclam, Stuttgart, 1978.

[Lüdecke und Lüdecke 2000] Lüdecke, D., Lüdecke, Ch.: Thermodynamik. Physikalisch-Chemische Grundlagen der thermischen Verfahrenstechnik, Springer, Berlin, 2000.

[Lüdemann 2016] Lüdemann, D.: Gravitationswellen. Einstein hatte recht, ZEIT ONLINE, 10. Februar 2016. (https://www.zeit.de/wissen/2016-02/gravitationswellen-entdeckung-physik-einstein, abgerufen am 16. März 2019)

[Luo et al. 2003] Luo, J., Tu, L.-C., Hu, Z.-K., Luan, E.-L.: New Experimental Limit on the Photon Rest Mass with a Rotating Torsion Balance, Physical Review Letters 90 (2003) 081801, S. 1–4.

[Meinel 2016] Meinel, R.: Spezielle und allgemeine Relativitätstheorie für Bachelorstudenten, Springer, Berlin Heidelberg, 2016.

[Michelson und Morley 1887] Michelson, A.A., Morley, E.W.: On the Relative Motion of the Earth and the Luminiferous Ether, American Journal of Science 34 (1887), S. 333–345.

[Michelson und Gale 1925] Michelson, A.A., Gale, H.G.: The Effect of the Earth's Rotation on the Velocity of Light, II, Astrophysical Journal 61 (1925), S. 140–145.

[Miller 1933] Miller, D.C.: The Ether-Drift Experiment and the Determination of the Absolute Motion of the Earth, Reviews of Modern Physics 5 (1933), S. 203–242.

[Minkowski 1908] Minkowski, H.: Raum und Zeit (Vortrag auf der 80. Naturforscherversammlung, Köln, 1908), Jahresbericht der Deutschen Mathematiker-Vereinigung 18 (1909), S. 75–88.

[Misner 1973] Misner, C.W., Thorne, K.S., Wheeler, J.A.: Gravitation, W.H. Freeman & Co., San Francisco, 1973.

[Möbius 1985] Möbius, H.-H., Dürselen, W.: Lehrwerk Chemie. Chemische Thermodynamik, Lehrbuch 4, VEB Deutscher Verlag für Grundstoffindustrie, Leipzig, 1985.

[Mokler 2016] Mokler, F.: Endlich – Gravitationswellen nach 100 Jahren gemessen, Spektrum der Wissenschaft kompakt: Gravitationswellen. Rippel in der Raumzeit (2016), S. 4–8.

[Moore 1990] Moore, W.J.: Grundlagen der Physikalischen Chemie, Walter de Gruyter, Berlin New York, 1990.

[Moskowitz 2018] Moskowitz, C.: Den Neutrinos auf der Spur, Spektrum der Wissenschaft 4 (2018), S. 63–69.

[Mueller 2004] Mueller, G.O. (Hg.): Über die absolute Größe der Speziellen Relativitätstheorie. Ein dokumentarisches Gedankenexperiment über 95 Jahre Kritik (1908–2003) mit Nachweis von 3789 kritischen Arbeiten, Textversion 1.2, Juni 2004 (https://www.ekkehard-friebe.de/buch.pdf, abgerufen am 16.03.2019)

[Mueller 2012] Mueller, G.O. (Hg.): Über die absolute Größe der Speziellen Relativitätstheorie. 2394 weitere kritische Veröffentlichungen zur Ergänzung der Dokumentation, April 2012 (https://www.kritik-relativitaetstheorie.de/Anhaenge/Kap4_Erg_2012.pdf, abgerufen am 16.03.2019)

[Müller 2018] Müller, B.: Das überspannte Gummituch. Warum die populäre Metapher die Einsicht in den Kern der Welt blockiert, Merkur 72 (2018), S. 5–20.

[Münster 1969] Münster, A.: Chemische Thermodynamik, Akademie-Verlag, Berlin, 1969.

[Munera 1997] Munera, H.A.: An Absolute Space Interpretation (with Non-Zero Photon Mass) of the Non-Null Results of Michelson-Morley and Similar Experiments: An Extension of Vigier's Proposal, Apeiron 4 (1997), S. 77–79.

[Musil 1930] Musil, R.: Der Mann ohne Eigenschaften (1930), Rowohlt Taschenbuch, Reinbek bei Hamburg, 1987.

[Nernst 1916] Nernst, W.: Über einen Versuch, von quantentheoretischen Betrachtungen zur Annahme stetiger Energieänderungen zurückzukehren (Vortrag vom 18.01.1916), Verhandlungen der Deutschen Physikalischen Gesellschaft 18 (1916), S. 83–116.

[Neugebauer 1980] Neugebauer, G.: Relativistische Thermodynamik, Akademie-Verlag, Berlin, 1980.

[Newton 1687] Newton, I.: Philosophiae Naturalis Principia Mathematica, Royal Society, London, 1687, in: Wolfers, J.P. (Hg. & Übers.): Sir Isaac Newton's Mathematische Principien der Naturlehre, Robert Oppenheim, Berlin, 1872.

[Newton 1704] Newton, I.: Opticks or a treatise of the reflections, refractions, inflections & colours of light (1704), Dover publications, Inc., New York, 1952.

[Nicolis und Prigogine 1977] Nicolis, G., Prigogine, I.: Self-Organization in Nonequilibrium Systems, Wiley, New York, 1977.

[Nolting 2010] Nolting, W.: Grundkurs Theoretische Physik 4. Spezielle Relativitätstheorie. Thermodynamik, Springer, Berlin, 6. Auflage, 2010.

[Nomura 2017] Nomura, Y.: Parallelwelten. Reise ins Quanten-Multiversum, Spektrum der Wissenschaft 9 (2017), S. 13–19.

[Ott 1963] Ott, H.: Lorentz-Transformation der Wärme und der Temperatur, Zeitschrift für Physik 175 (1963), S. 70–104.

[Pauli 1933] Pauli, W.: Die allgemeinen Prinzipien der Wellenmechanik; in: Geiger, H., Scheel, K. (Hg.): Handbuch der Physik, Band XXIV, 1. Teil, Kapitel 2, Julius Springer, Berlin, 2. Auflage, 1933, S. 83–272.

[Peirce 1877] Peirce, C.S.: The fixation of believe, Popular Science Monthly 12 (1877), S. 1–15; in: C.S. Peirce: Schriften zum Pragmatismus und Pragmatizismus, Suhrkamp, Frankfurt am Main, 1976, S. 149–181.

[Penrose 2011] Penrose, R.: Zyklen der Zeit: Eine neue ungewöhnliche Sicht des Universums, Spektrum Akademischer Verlag, Heidelberg, 2011.

[Planck 1900] Planck, M.: Zur Theorie des Gesetzes der Energieverteilung im Normalspectrum, Verhandlungen der Deutschen Physikalischen Gesellschaft 2 (1900), S. 237–245.

[Planck 1907] Planck, M.: Zur Dynamik bewegter Systeme, Sitzungsberichte der Königlich Preußischen Akademie der Wissenschaften zu Berlin, 1. Halbband (1907), S. 542–570.

[Planck 1909] Planck, M.: Acht Vorlesungen über theoretische Physik. Gehalten an der Columbia University in the City of New York im Frühjahr 1909, Hirzel, Leipzig, 1910.

[Planck 1911] Planck, M.: Eine neue Strahlungshypothese, Verhandlungen der Deutschen Physikalischen Gesellschaft 13 (1911), S. 138–148.

[Poincaré 1900] Poincaré, H.: La Théorie de Lorentz et le principe de réaction, Archives néerlandaises des sciences exactes et naturelles 5 (1900), S. 252–278.

[Poincaré 1902] Poincaré, H.: La science et l'hypothèse, Paris, 1902; in: H. Poincaré: Wissenschaft und Hypothese, B.G. Teubner, Leipzig, 1904.

[Poincaré 1904] Poincaré, H.: La valeur de la science, Flammarion, Paris, 1904; in: H. Poincaré: Der Wert der Wissenschaft, B.G. Teubner, Leipzig, 1906.

[Poincaré 1906] Poincaré, H.: Sur la dynamique de l'électron, Rendiconti del Circolo matematico di Palermo 21 (1906), S. 129–176.

[Poor 1922] Poor, C.L.: Gravitation versus relativity, G.P. Putnam's Sons, New York, London, 1922.

[Pound und Rebka 1960] Pound, R.V., Rebka, G. A. Jr.: Apparent Weight of Photons, Physical Reviews Letters 4 (1960), S. 337–341.

[Pound und Snider 1965] Pound, R.V., Snider, J.L.: Effect of Gravity on Gamma Radiation, Physical Review B 140 (1965), S. 788–803.

[Prigogine und Defay 1962] Prigogine, I., Defay, R.: Chemische Thermodynamik, VEB Deutscher Verlag für Grundstoffindustrie, Leipzig, 1962.

[Prigogine 1979] Prigogine, I.: Vom Sein zum Werden: Zeit und Komplexität in den Naturwissenschaften, Piper, München, Zürich, 2. Auflage (1. Auflage 1979), 1980.

[Prigogine und Stengers 1986] Prigogine, I., Stengers, I.: Dialog mit der Natur: Neue Wege naturwissenschaftlichen Denkens, Piper, München, Zürich, 1986.

[Prigogine und Stengers 1993] Prigogine, I., Stengers, I.: Das Paradox der Zeit, Piper, München, Zürich, 1993.

[Rainville et al. 2005] Rainville, S., Thompson, J.K., Myers, E.G., Brown, J.M., Dewey, M.S., Kessler, E.G. Jr., Deslattes, R.D., Börner, H.G., Jentschel, M., Mutti, P., Pritchard, D.E.: World Year of Physics: A direct test of E = mc2, Nature 438 (2005), S. 1096–1097.

[Reinhardt 2007] Reinhardt, S., Saathoff, G., Buhr, H., Carlson, L.A., Wolf, A., Schwalm, D., Karpuk, S., Novotny, C., Huber, G., Zimmermann, M., Holzwarth, R., Udem, T., Hänsch, T.W., Gwinner, G.: Test of relativistic time dilation with fast optical atomic clocks at different velocities, Nature Physics 3 (2007) S. 861–864.

[Ripota 1997] Ripota, P.: Der Verriß – Wissenschaftler behaupten Einsteins Relativitätstheorie ist falsch!, P.M. Magazin 10 (1997), S. 58–63.

[Robertson 1933] Robertson, H.P.: Relativistic Cos mology, Reviews of Modern Physics 5 (1933), S. 62–90.

[Rossi und Hall 1941] Rossi, B., Hall, D.B.: Variation of the Rate of Decay of Mesotrons with Momentum, Physical Review 59 (1941), S. 223–228.

[Rothmann 2015] Rothmann, T.: War Einstein wirklich der Erste? Spektrum der Wissenschaft – Die Woche 39 (2015), S. 31–35.

[Rovelli 2016] Rovelli, C.: Sieben kurze Lektionen über Physik, Rowohlt, Reinbek bei Hamburg, 2016.

[Rovelli 2018] Rovelli, C.: The Order of Time, Penguin Random House UK, 2018.

[Sagnac 1913] Sagnac, G.: Sur la preuve de la réalité de l'éther lumineux par l'expérience de l'interférographe tournant, Comptes Rendus de l'Académie des Sciences 157 (1913), S. 1410–1413.

[Schopenhauer 1819] Schopenhauer, A.: Die Welt als Wille und Vorstellung, 1819; in: Schopenhauer, A.: Sämtliche Werke, Band II: Die Welt als Wille und Vorstellung, suhrkamp taschenbuch wissenschaft 662, Stuttgart, Frankfurt am Main, 10. Auflage, 2015.

[Schopenhauer 1830] Schopenhauer, A.: Eristische Dialektik, 1830; in: Schopenhauer, A.: Die Kunst, Recht zu behalten, Megaphone eBooks, 2008.

[Scheck 2002] Scheck, F.: Theoretische Physik 1. Mechanik, Springer, Berlin, 2002.

[Schulz 1993] Schulz, H.: Physik mit Bleistift. Einführung in die Rechenmethoden der Naturwissenschaften, Springer, Berlin, 2. Auflage, 1993.

[Selleri 2004] Selleri, F.: Recovering the Lorentz Ether, Apeiron 11 (2004), S. 246–281.

[Selleri 2009] Selleri, F.: Weak Relativity, the physics of space and time without paradoxes, Publisher: Franco Selleri, 2009.

[Shankland et al. 1955] Shankland, R.S., McCuskey, S.W., Leone, F.C., Kuerti, G.: New Analysis of the Interferometer Observations of Dayton C. Miller, Reviews of Modern Physics 27 (1955), S. 167–178.

[Slipher 1915] Slipher, V.M.: Spectrographic Observations of Nebulae, Popular Astronomy 23 (1915), S. 21–24.

[Smolin 2006] Smolin, L.: The trouble with physics: the rise of string theory, the fall of a science, and what comes next, Houghton Mifflin, Boston (Mass.), 2006.

[Smolin 2014] Smolin, L.: Im Universum der Zeit. Auf dem Weg zu einem neuen Verständnis des Kosmos, Deutsche Verlagsanstalt, München, 2014.

[Speziali 1972] Speziali, P. (Hg.): A. Einstein – M. Besso. Correspondance 1903–1955, Hermann, Paris, 1972.

[Spektrum der Wissenschaft 2015] EINSTEINS NEUE WELTORDNUNG. 100 Jahre allgemeine Relativitätstheorie, Spektrum der Wissenschaft, Spezial Physik Mathematik Technik 4 (2015), Titelblatt.

[Spektrum der Wissenschaft 2017] Quantenverschränkte Scharze Löcher. So wollen Physiker das Rätsel der Raumzeit knacken, Spektrum der Wissenschaft 2 (2017), Titelblatt.

[Stainer 2009] Stainer, W.: Abi Physik, Klett Lerntraining GmbH, Stuttgart 2009, S. 73; in: Abitur Wissen XXL, Klett Lerntraining, 4. Auflage, 2012.

[Stanford Report 2011] Stanford Report: Stanford's Gravity Probe B confirms two Einstein theories, Stanford's Office of University Communications, 04. Mai 2011 (https://news.stanford.edu/ news/2011/may/gravity-probe-mission-050411.html; abgerufen am 15. März 2019)

[Stephan et al. 2013] Stephan, P., Schaber, K., Stephan, K., Mayinger, F.: Thermodynamik. Grundlagen und technische Anwendungen, Band 1: Einstoffsysteme, Springer, Berlin, 19. Auflage, 2013.

[Störig 2006] Störig, H. J.: Die Zeit – eine Illusion?, Scheidewege. Jahresschrift für skeptisches Denken 36 (2006/2007), S. 397–406.

[Straub 1990] Straub, D.: Eine Geschichte des Glasperlenspiels. Irreversibilität in der Physik: Irritationen und Folgen, Birkhäuser, Basel, 1990.

[Tanabashi et al. 2018] Tanabashi, M. et al. (Particle Data Group): Review of Particle Physics, Physical Review D 98 (2018) 030001, S. 1–1898.

[Theimer 1977] Theimer, W.: Die Relativitätstheorie – Lehre, Wirkung, Kritik, Francke, Bern, München, 1977.

[Thomson 1881] Thomson, J.J.: On the Electric and Magnetic Effects produced by the Motion of Electrified Bodies, The London, Edinburgh, and Dublin Philosophical Magazine and Journal of Science 5 (1881), S. 229–249.

[Tipler 2000] Tipler, P.A.: Physik, Spektrum Akademischer Verlag, Heidelberg, 3. korr. Nachdruck, 2000.

[Tipler und Mosca 2008] Tipler, P.A., Mosca, G.: Physics for Scientists and Engineers, W.H. Freeman & Co., New York, 6. Auflage, 2008.

[Uwer und Albrecht 2018] Uwer, U., Albrecht, J.: Symmetriebrechung. Teilchen, Antiteilchen und der kleine Unterschied, Spektrum der Wissenschaft 3 (2018), S. 12–19.

[Vigier 1997] Vigier, J.P.: Relativistic interpretation (with non-zero photon mass) of the small ether drift velocity detected by Michelson, Morley, and Miller, Apeiron 4 (1997), S. 71–76.

[Wagner et al. 2012] Wagner, T.A., Schlamminger, S., Gundlach, J.H., Adelberger, E.G.: Torsion-balance tests of the weak equivalence principle, Classical and Quantum Gravity 29 (2012) 184002, S. 1–15.

[Wang 2013] Wang, C.-Y.: Thermodynamics since Einstein, Advances in Natural Science 6 (2013), S. 13–17.

[Weigand et al. 2016] Weigand, B., Köhler, J., Wolfersdorf, J. von: Thermodynamik kompakt, Springer Vieweg, Wiesbaden, 4. Auflage, 2016.

[Weinberg 1972] Weinberg, S.: Gravitation and Cosmology: Principles and Applications of the General Theory of Relativity, John Wiley & Sons, New York, 1972.

[Weinberg 1989] Weinberg, S.: The cosmological constant problem, Reviews of Modern Physics 61 (1989), S. 1–23.

[Weinberg 1993] Weinberg, S.: Der Traum von der Einheit des Universums, Bertelsmann, München, 1993.

[Weinmann 1929] Weinmann, R.: Der Widersinn und die Überflüssigkeit der speziellen Relativitätstheorie, Annalen der Philosophie und philoshischen Kritik 8 (1929), S. 46–57.

[Weyl 1927] Weyl, H.: Philosophie der Mathematik und Naturwissenschaft, Leibniz-Verlag, München, 1927.

[Wiedner 2018] Wiedner, U., Leiter des Bochumer Lehrstuhls für Experimentalphysik; zit. in: Exotischer Zuwachs im Teilchenzoo, Rubin Wissenschaftsmagazin (Schwerpunkt Grenzen der Wissenschaft) 1 (2018), S. 46–49.

[Wilkinson 2018] Wilkinson, G.: Standardmodell: Schöne neue Teilchenwelt, Spektrum der Wissenschaft 2 (2018), S. 12–19.

[Wittgenstein 1922] Wittgenstein, L.: Tractatus logico-philosophicus (1922), edition suhrkamp, Frankfurt am Main, 2003.

[Wöhrbach 2018] Wöhrbach, O.: Messungen in der Milchstraße. Und wieder hatte Albert Einstein recht, ZEIT ONLINE, 26. Juli 2018 (https://www.zeit.de/wissen/2018-07/messungen-milchstrasse-albert-einstein-beweis-relativitaetstheorie, abgerufen am 16.03.2019)

[Woit 2006] Woit, P.: Not Even Wrong: The Failure of String Theory & the Continuing Challenge to Unify the Laws of Physics, Jonathan Cape, London, 2006.

[Wolschin 2013] Wolschin, G.: Krönender Abschluss des Standardmodells, Spektrum der Wissenschaft 12 (2013), S. 19–23.

[Young 1977] Young, P.: Relativitätstheorie. Einstein hat doch recht. Jeder Versuch der Widerlegung bestätigt ihn aufs neue, DIE ZEIT 23, 3. Juni 1977 (https://www.zeit.de/1977/23/einstein-hat-doch-recht, abgerufen am 16.03.2019)

[Zeilinger 2003] Zeilinger, A.: Einsteins Schleier, C.H. Beck, München, 2003.

[Zlatev et al. 1999] Zlatev, I., Wang, L.M., Steinhardt, P.J.: Quintessence, Cosmic Coincidence, and the Cosmological Constant, Physical Review Letters 82 (1999), S. 896–899.

Formelzeichen

A / m^2	Oberfläche / Grenzfläche
B / J	äußere Energie
Bi / J	Bindungsenergie
c / km/s	Lichtgeschwindigkeit
c_i / mol/l	Konzentration einer Komponente i
C_V / J/K	Wärmekapazität bei konstantem Volumen
C_p / J/K	Wärmekapazität bei konstantem Druck
E / J = (kg·m^2)/s^2	Energie
E_0 / J	Ruheenergie, Nomenklatur [Einstein 1922, S. 49]
$E_{0,T}$ / J	intrinsische Energie („Ruheenergie") eines Teilchens
E_Q / J	intrinsische Energie eines Quantons
F / J	Freie Energie
F_g / N = (kg·m)/s^2	Gravitationskraft
F_h / N	Hubkraft
F_x / N	Federspannkraft
G / J	Freie Enthalpie
G_j / J/mol	Partielle molare freie Enthalpie der Komponente j in der Mischung
H / J	Enthalpie
$\boldsymbol{h}$ / m	Höhe
l / m	Länge
$l(v)$ / m	geschwindigkeitsabhängige Länge
L / (kg·m^2)/s	Drehimpuls
m / kg	Ruhemasse, Nomenklatur [Einstein 1922, S. 49]
$m(v)$ / kg	geschwindigkeitsabhängige Masse
m_T / kg	intrinsische Masse („Ruhemasse") eines Teilchens
m_Q / kg	intrinsische Masse eines Quantons
M / kg/mol	molare Masse
μ / J/mol	chemisches Potential eines Reinstoffes
μ_j / J/mol	chemisches Potential der Komponente j in der Mischung
n / mol	Stoffmenge
ν / 1/s	Frequenz
$h\nu$ / J	Energie eines Photons
Ω / rad/s	Winkelgeschwindigkeit
p / J/m^3	Druck
P / (kg·m)/s	Impuls
Q / J	Wärme
r / m	Abstand zwischen zwei Objekten

https://doi.org/10.1515/9783110656961-010

ρ / g/m^3	Dichte
S / J/K	Entropie
$d_i\,S_Z$ / J/K	Zerstreuung von Quantonen
$d_i\,S_A$ / J/K	Alterung von Quantonen
$d_i\,S_E$ / J/K	Entstehung von Quantonen
$d_i\,S_S$ / J/K	Selbstorganisation von Quantonen
σ / J/m^2	Grenzflächenspannung
σ_S / $\frac{1}{m^3\cdot s}\cdot\frac{J}{K}$	Entropieproduktionsdichte
t / s	Zeit
τ / s	Eigenzeit, Ortszeit etc.
T / K	absolute Temperatur
$T(v)$ / K	geschwindigkeitsabhängige absolute Temperatur
U / J	innere Energie
v / m/s	Geschwindigkeit
V / m^3	Volumen
W / J	Arbeit
W_A, W_V / J	Grenzflächenarbeit, Volumenarbeit
W_h, W_x / J	Hubarbeit, Federspannarbeit
W_{Nutz} / J	Nutzarbeit (z. B. Grenzflächenarbeit, chemische Arbeit, elektrische Arbeit)
W_n / J	Stoffaustausch
x / m	Federspannweg
Y / J	Prozessgröße
N	Teilchenzahl
W	thermodynamische Wahrscheinlichkeit
$\mathbf{P}$	Zahl der möglichen Permutationen im Zustandsraum
X	extensive Zustandsgröße (generalisierte Koordinate)
ξ	intensive Zustandsgröße (generalisierte Kraft)
Δ	integraler Änderungsbetrag
d	differentieller Änderungsbetrag (wegunabhängig)
δ	differentieller Änderungsbetrag (wegabhängig)
Δ_i, d_i	Änderung durch inneren Prozess
Δ_a, d_a	Änderung durch Austauschprozess
X_α, X_β	thermodynamische Kraft
J_α, J_β	thermodynamischer Fluss
$L_{\alpha\beta}$, $L_{\beta\alpha}$	linearer phänomenologischer Koeffizient
$\gamma = \dfrac{1}{\sqrt{1-(v^2/c^2)}} \geq 1$	Lorentz-Faktor
$\langle\ldots\rangle$	Mittelwert einer Größe

Indizes tiefgestellt

$i, j, t, k, \alpha, \beta$	Laufindizes
kin	kinetisch
pot	potentiell
trans	Translation
rot	Rotation
Null	Nullpunkt
S	System
E	Erde
K	Körper
M	Massepunkt
T	Teilchen
e	Elektron
P	Proton
N	Neutron
n	Neutrino
Li	Lithium-Ion
υ	Photon
Q	Quanton
V	Quantonenverbund
m	molar
sp	spezifisch
Up, Down, Top	Up-, Down-, Top-Quark
Vac	Vakuum
1, 2	Komponente in der binären Mischung

Konstanten

N_A	Avogadrozahl
R	Allgemeine Gaskonstante
k_B	Boltzmannkonstante
h	Plancksches Wirkungsquantum
$\hbar$	reduziertes Plancksches Wirkungsquantum ($\hbar = h/2\pi$)
u	atomare Masseneinheit
g	Fallbeschleunigung
G_k	Gravitationskonstante
λ	Kosmologische Konstante
k	Konstante, z. B. Federkonstante

Abkürzungen

SRT   Spezielle Relativitätstheorie
ART   Allgemeine Relativitätstheorie
RT   Relativitätstheorie
QED   Quantenelektrodynamik
QCD   Quantenchromodynamik
SMT   Standardmodell der Teilchenphysik

Tabellenverzeichnis

https://doi.org/10.1515/9783110656961-011

Register

https://doi.org/10.1515/9783110656961-012

www.ingramcontent.com/pod-product-compliance
Lightning Source LLC
Chambersburg PA
CBHW080239230326

41458CB00096B/2683